农业科研管理探究

杜霖春　罗　旋◎著

文化发展出版社
Cultural Development Press
·北京·

图书在版编目（CIP）数据

农业科研管理探究 / 杜霖春，罗旋著 . — 北京：
文化发展出版社，2023.10
ISBN 978-7-5142-4132-7

Ⅰ . ①农… Ⅱ . ①杜… ②罗… Ⅲ . ①农业科学－科
研管理－研究－中国 Ⅳ . ① S-36

中国国家版本馆 CIP 数据核字 (2023) 第 208795 号

农业科研管理探究

杜霖春　罗　旋　著

出 版 人：宋　娜

责任编辑：侯　娜　　　　　责任校对：岳智勇

责任印制：邓辉明　　　　　封面设计：守正文化

出版发行：文化发展出版社（北京市翠微路 2 号 邮编：100036）

网　　址：www.wenhuafazhan.com

经　　销：全国新华书店

印　　刷：天津和萱印刷有限公司

开　　本：710mm×1000mm　1/16

字　　数：290 千字

印　　张：16.25

版　　次：2024 年 1 月第 1 版

印　　次：2024 年 1 月第 1 次印刷

定　　价：72.00 元

ＩＳＢＮ：978-7-5142-4132-7

◆ 如有印装质量问题，请电话联系：010-58484999

作者简介

杜霖春，男，汉族，1979年生，辽宁凌源人，获得硕士学位，现任辽宁省农业科学院大连分院院长。主持完成农业农村部、科学技术部等科研项目12项；发表论文15篇。

罗旋，女，汉族，1985年生，辽宁沈阳人。毕业于中国农业科学院研究生院，获得硕士学位。

前　言

　　科研管理对于科学技术就是一个"转换器"，它使潜在的科学能力转化为现实的科学生产力。科研管理对于科学技术也是一个"加速器"，它能加速科学技术的发展。管理科学化可以调动科技人员的积极性、充分发挥他们的作用；可以合理地使用科研经费，提高物资设备的利用率；能加速科学劳动的过程，提高科学劳动生产率。科研管理也是科学技术的"放大器"，合理的科研组织结构可以使人、财、物和信息发生综合作用、产生整体效应，可以放大科学能力。反之，如果管理落后，人才的积极性得不到发挥，白白在内摩擦中虚耗了能量，而且财物使用不当产生严重的浪费，那么放大器就会变成缩小器，变成科学发展的减速器，成为科学生产的"亏损工厂"。

　　农业科研管理对于农业和农业科学的现代化起着关键性的作用，所以研究农业科研管理的规律，使管理工作科学化、现代化，是农业领域全面改革的迫切需要，是实现农业和农业科学现代化这个伟大的系统工程的关键环节，也是当前工作中的短板。

　　农业科研单位是我国农业科研的主力军，是农业科技人才资源的主要聚集地，是构建国家农业创新体系的重要基础。目前，我国科研单位绩效管理的实践经验不足，尚处于成长阶段，且仍然不完善。而农业科研单位科研活动的特殊性更加大了绩效管理推进的难度，当前农业科研单位绩效管理大多尚处于初期探索阶段，还存在着许多问题。积极应对科技全球化浪潮的各种挑战，更好地把握农业科技发展规律、遵循科技创新活动规律，建立科学、系统的绩效管理体系，完善与之相适应的激励机制，提升整体管理水平和科研绩效，逐步提升其组织和人才在国内外竞争中的地位，是农业科研院所落实科教兴国战略、人才强国战略和创新驱动发展战略的迫切需要，成为人们普遍关注的热点问题。

在内容上，本书共分为五章，第一章为绪论，主要从农业科研管理面临的机遇和挑战、农业科研管理概述两个方面展开论述；第二章为农业科研单位财务管理研究，主要围绕农业科研单位财务管理概述、农业科研单位预算管理、农业科研单位内部控制、农业科研单位科研经费管理、农业科研单位政府采购管理、农业科研单位财务管理创新探析六个方面展开论述；第三章为农业科研单位科研人员管理研究，依次介绍了科研人员管理制度的相关理论、农业科研人员发展的现状与问题、农业科研人员发展策略、农业科研单位绩效管理四个方面的内容；第四章为农业科研单位科研团队与建设研究，依次介绍了科研团队建设概述、农业科研团队的特点、团队领导力与团队精神研究、推动创新团队建设四个方面的内容；第五章为农业科研单位科技创新成果研究，分为四部分内容，依次是农业科技创新激励机制与评价机制、农业科研单位科技成果转化、农业科研单位科技成果管理研究、科技成果转化收益分配中的障碍与制度设计。

在撰写本书的过程中，笔者得到了许多专家学者的帮助和指导，参考了大量的学术文献，在此表示真诚的感谢。由于作者水平有限，因此书中难免会有疏漏之处，希望广大同行及时指正。

杜霖春　罗旋

2023 年 4 月

目录

第一章 绪论

农业科研管理学是一门应用学科,在实践中不断发展和变化,指导着农业科研的发展。本章主要围绕农业科研管理面临的机遇和挑战、农业科研管理概述两个方面展开论述。

第一节 农业科研管理面临的机遇和挑战

党的十八大召开后,党中央,国务院进一步突出了加快科技创新的战略意义,作出了"坚持以创新为第一动力引领发展"的重要批示,强调加快科技创新,就是推进高质量发展、实现人民群众高品质生活、构建新发展格局、顺利开启全面建设社会主义现代化国家新征程的需要,广大科学家、科技工作者应当承担起历史的重任,坚持"四个面向",继续向科技的广度与深度迈进。[①] 在现代农业高质量发展进程中,必须将农业科技创新作为攻关农业"卡脖子"技术的首要任务。在科研单位的主要工作中,科研管理是一项核心业务,担负着十分重要的责任。当前的新形势主要是科技创新,在这一背景下,为了达到农业现代化的要求,农业科研单位必须始终坚持不懈地努力推进农业科技发展,推动新兴交叉学科和重要的科研项目之间的融合发展以及推动为了解决"卡脖子"问题而产出的科技成果的发展。面对这些不断增加的考验和挑战,必须进一步提升农业科研管理职能,以及农业科研服务现代化的能力。同时,科研管理工作也必然需要有更多的创新措施并建立恰当的管理体系;使从事农业科学研究的技术人员的创新潜力源源不断地被激发出来,加速推广农业科技成果的应用。

[①] 中国政府网.习近平:在科学家座谈会上的讲话[EB/OL].(2020-09-11)[2023-06-8]. https://www.gov.cn/xinwen/2020-09/11/content_5542862.htm

一、农业科研管理大背景：实施科技创新战略

（一）当前处于构建科技创新体系新阶段

当前全球正处于一个前所未有的巨变时期，内部环境和外部环境都非常复杂，经过实践检验后证明，我国已经建立的科技体系是比较完整的，当前所拥有的科研团队的人员和技术都较为优秀和先进。在全球范围内，我国的部分科技正处于领先地位，其科技实力正在从数量积累向质量飞跃转变，从局部突破向系统能力提升迈进。这其中的关键就是建立与社会主义市场经济相适应的现代科技体制。这条科技体制改革之路，是国家在追求世界科技前沿、满足经济社会发展需求的过程中，历经数代人的不懈努力和不断奋斗，最终实现了由数量积累向质量飞跃的变化，经历了初步建立科技体系、全方位规划科技体系、科技体制改革、建立创新体系等四个阶段的曲折发展。当前，我国正处于全面推进高质量发展超越的关键时期，构建国家科技创新体系势在必行。基于当前客观形势下我国的基本国情，"创新是引领发展的第一动力"这一思想必须受到重视，在实践过程中对创新理论的内容进行更加丰富的深化，通过深化使得该体系更为完整，进一步凸显科技创新的重要性。

（二）我国科技创新战略面临新机遇

我国正处于全面推进高质量发展转型的关键时期，当前形势下，人们更加渴望美好生活，对生活的需求逐渐增加。但与此同时，社会发展的不平衡、不充分难以满足人们的需求，二者之间产生的矛盾便是当下我国社会的基本矛盾。经济建设、农业现代化显著增强的同时，创新能力不足的问题更加突出。农业科技发展缓慢难以解决民生方面的问题、制约农业发展的关键技术难题需要攻克等众多问题依然存在。这些问题的发展和成熟，与我国高质量发展新征程共同存在，二者并存的特殊特点为科技创新提供了重大机遇。为了把握这一机遇，需要深入分析并坚定地推进自主创新，在现有基础和应用研究基础之上，努力开拓新的研究方向，重点把握影响科技创新的关键问题。

（三）国家科技计划体系发生变化

为了进一步完善我国科技体制改革体系，消除我国原科技计划项目定位模糊、相互交叉、重复设置等现象，同时避免多部门管理存在的自成体系、各自管理、

低效封闭等问题，国家实施了向纵深推进科技创新战略体制改革计划，^① 发布了《国家中长期科学和技术发展规划纲要（2006—2020年）》等政策，这一举措标志着国家科技计划体系改革工作正式开始实施。改革的初期阶段是在2014年之前，国家自然科学基金、"863"计划（国家高技术研究发展计划）等变化不大，"七五"国家科技攻关计划被调整为当时的国家科技支撑计划。经过这次改革后，科技计划的总经费和专项经费得到了显著的提高。自2014年起，随着《关于改进加强中央财政科研项目和资金管理的若干意见》等文件的印发，国家全面进入深化科技计划体系改革的重要时期。其中最明显的改变是对科技技术部、国家发展和改革委员会、财政部等多个部门的管理，涵盖了国家高技术研究发展计划（"863"计划）、国家重点基础研究发展计划（"973"计划）、国家科技支撑计划等超过20个的计划类别，依照功能不同和需求不同将上述多个计划类别重新整合形成了新五类科技计划（专项、基金等）。其在统筹协调、组织实施上都有较大突破，更加明确了各项计划的功能，不仅继承了过去的优点也形成了各自的独特之处，对促进我国科技成果转化和提升创新能力起到了积极作用。为使该计划成为一个整体，其管理工作统一在国家科技管理平台上进行，同时建立了跨计划协调评估机制，以凝聚科技前沿焦点，避免重复交叉。为了避免在项目申报过程中出现不公开、不透明的情况，管理平台、跨计划协调模式、第三方评估和监管机制同步进行，从而更方便系统性地跟踪检查项目进展和经费开支。

例如，国家重点研发计划设立的目的是解决经济社会发展所面临的关键瓶颈和共性核心科技问题，是推进我国科技体制改革的重要举措。它具有明确的功能定位和目标焦点，致力于促进产学研协同服务生产发展和产业转型升级。该项计划还着重要求建立项目绩效评估监管机制，同时在绩效评价方面也采用了新的模式即一次性综合绩效评价。

第一，为了确保国家重点研发项目能够有序、高效的安排项目进度并完成制定的项目目标，需要建立紧密联系的管理机制模式，充分利用现代通信和交通优势，达成总课题下每个子课题之间有序、高效的管理以及不同课题之间的大课题有序、高效的管理目标。

第二，建立完善的过程管理制度。在了解项目进度和任务指标后，明确其时间节点，以实现动态管理机制的形成。

---

① 吕鑫，仇贵生，孟照刚，等. 对农业科研单位申请国家重点研发计划的思考[J]. 农业科技管理，2016，35（5）：19-20；56.

第三，监督评估制度。该机制将依托第三方机构对专项实施绩效、课题履职情况和经费开支管理情况进行评估监督，科研团队每个课题的最终评估结果都将被记录在科研信用体系中，在此基础上将项目执行与评估监督结合在一起形成一种新的监督评估形式。

第四，在新形势下，出现了一种全新的机制，即"揭榜挂帅"。在科研团队申报研究项目时，没有任何限制条件，对申报单位的注册时间不作任何限制，同时对团队负责人的年龄、学历和职称也没有任何限制，鼓舞广大优秀的科研团队积极踊跃地提出申请。

二、科技创新战略背景下农业科研单位科研管理有着新要求

（一）在新形势下科研管理有新任务

当前国家和社会的发展越来越依赖于创新驱动发展战略的有力支撑，农业科研事业长期稳定的发展走向成为更加密切围绕国家与经济社会发展需求、积极面向世界科技前沿的农业科技创新。当今社会发展形势较以往有了更大的不同，科技创新成为主流趋势，在这个背景下，将"四个面向"作为农业科研单位科研管理工作的政策依据，根据新发展理念和构建新发展格局的要求，要精准抓住农业高质量发展的重要优势，时刻关注限制农业发展的关键技术的需求，在建设现代化科研单位的新形势下融入科研管理工作，确保科学研究方向积极、健康，对社会发展有促进作用。通过科研管理新机制可以更好地进行科研诚信管理工作。为了推动农业科研单位积极向前发展，对经济和社会进步起到更好的促进作用，不断满足人民对更美好生活的需求，需要重新定位农业科研单位的科研管理工作。

（二）新形势下亟须构建农业科研管理新模式

农业科研单位在推进学科建设时越来越注重新兴交叉学科的特点，如何将新兴交叉学科建设得更快、更好，更符合不同地方的特色并与最新科技的联系更加紧密是当前提升科技创新引领能力的首要任务。作为科研管理工作中承担着主要责任的方面之一，学科管理在推动农业科技创新内生动能、提升农业核心质量效益和竞争力方面具有至关重要的作用。在新形势下，农业科研单位有必要重新定位和分析新兴交叉学科的建设，深化科研管理体系改革，突出新兴交叉学科的目标导向，推进现代化科研管理体系建设和功能重塑；逐步构建一套新的科研管理

模式，该模式从重大项目执行、前沿成果生成、高层次平台建设等多方面推进新兴交叉学科建设，并建立动态建设管理机制，为新兴学科的择优发展和滚动支持提供有力保障。

（三）农业科研管理面临新职责

每个地方都有当地独具特色之处，在农业高质量发展过程中，其对农业科技的需求也不同。为了解决这一问题，农业科研院所致力于开展农业基础研究、应用基础研究和应用研究，坚持以问题为导向，紧密围绕农业产业发展内容，包括区域特色种质资源收集与评价、特色作物品种分子育种技术、区域农产品绿色加工技术、农业产业化共性关键技术攻关、区域农业发展资政方案建议等，深入强化科研管理的职能定位，充分发挥科研管理的职责作用，合理安排科技计划编制、学科构建、科技资源配置、前沿技术创新等多方面工作。为了全方位推进区域特色农业高质量发展，还需要将关键项目立项作为重点关注内容，从项目经费投入、组建科研团队、学科设置和科技成果奖励等方面进一步推进农业应用基础研究和应用研究，多方面齐头并进，共同促进农业科技的进步，更专业、高效地为不同地区特色农业发展服务。

第二节　农业科研管理概述

一、农业科研管理学科理论

农业科研管理学是一门应用学科，它是在实践中发展起来的。它有自己的理论基础、研究对象和研究方法，是一门交叉科学。

农业科研管理是随着农业科学研究的开展而产生的。如果从 1834 年法国的阿尔萨斯（Alsace）试验站的建立算起，那么农业科研机构的组织管理已有一百多年的历史了。至于农业科研自组织的管理，应当说有更长的历史。一百多年来，农业科研有很大的发展，许许多多的农业科学研究机构已经被建立起来，科研队伍逐渐庞大。如何管理好农业科研系统和农业科研队伍，如何办好一个科研单位，是一个十分现实的问题。现在，我们已经积累了丰富的农业科研管理经验，亟须把这些经验系统化、规范化，并上升到理论的高度，这就是农业科研管理学应运而生的基础。

农业科研管理学的主要研究对象是农业科研系统；研究的基本内容包括农业科研管理学的意义和地位，农业科学的特点和发展规律，农业科学研究的特点和活动规律，管理系统和管理内容，管理的基本原理和方法，管理者的主要职责，管理者的素质和管理效果，农业科研的微观管理（包括计划、人员、条件、情报、资金、成果等方面的管理），农业科研的经济效益，农业科研管理的基本法规，农业科研系统和科研单位的基本模式，农业科学的系统工程和农业科研管理现代化等。农业科研管理学是农学中的重要学科，但其性质基本上属于社会科学；研究的基本方法是马克思主义的唯物辩证法和社会科学的方法，同时也借鉴了自然科学的方法。研究这门学科涉及农业科学、系统科学、经济学和管理学等多种学科，因此这门学科是一门交叉科学。

二、农业科研管理的含义与内容

农业科研管理有广义、狭义之分。广义的农业科研管理可指农业科研系统和单位的全部管理工作，这涉及农业科研系统和单位的所有管理人员所从事的全部管理工作。狭义的农业科研管理一般仅指农业科研系统和单位的业务领导（如院长、所长、室主任等）和业务部门（如科研管理处）所从事的管理工作。从我国各省级农业科学院的情况来看，管理其为单位的名称各不相同：有的称其为农业科研管理处，有的称其为农业科教管理处，有的称其为农业科技管理处，有的分成管理一处和二处，分别管理科学研究和技术推广，管理部门的内部分工及管理深度和广度也各不相同。但是，应明确农业科研管理的基本内容和它们之间的辩证关系，以便能实事求是地整顿管理机构，调整管理人员的群体结构，恰当地确定管理工作的业务范围，建立健全岗位责任制度，分工合作，有条不紊地做好农业科研管理工作。

（一）关于狭义的农业科研管理

农业科研单位的任务是出成果、出人才、为农业生产服务。其中，出成果是第一位的，成果的创造与人才的成长往往是相辅相成的，最终目的是要促进农业生产的发展，为人类社会创造丰富的农产品提供科学技术。要完成这个任务，必须要有一个明确的规划和计划，要通过科研人员利用科研条件来创造科研成果。仅从这个意义来看，农业科研管理应当包括对科研计划、科研人员、科研条件、科研经费和科研成果的管理。农业科研管理工作包括科研工作的计划管理，组织协调与协作，科研成果的管理与科研条件的创造，科研人员的培养，情报资料的掌握等许多直接与科研有关的方面。国外把组织管理工作概括为如何有效地使用四个"M"，即人员（Man）、机器设备（Machine）、材料（Material）和资金（Money）。农业科研单位的科研管理部门，可以说是处于管理的中心地位，不仅要从事科研计划管理和成果管理，同时还涉及科研人员、科研经费和条件的管理方面的问题。实践证明：科研任务的安排与必要的人、财、物的运用相协调、统一，是确保管理取得成效的重要条件。

（二）关于广义的农业科研管理

我国既是社会主义国家又是发展中国家，我们正处在建设物质文明和精神文明的过程之。一些发达国家的各项事业社会化和专业化的程度较高，他们是"社会办科研"；而我国社会化和专业化的程度还比较低，每个科研单位都是一个小社会。为了管理好这个"小社会"，确保完成农业科研任务，农业科研单位除了农业科学研究这项中心的管理工作，还必须辅之以行政的、经济的、思想教育的和法治的管理。这些管理机构所从事的管理工作的基本内容，虽然也涉及人员、计划、条件和经费，但却是一个更大的范畴。例如，人员不仅包括科研人员还包括行政人员、服务性人员和辅助人员，甚至包括组成这个小社会的家属等所有成员；其余各项管理不仅包括科研而且包括其他各方面所必需的计划、指令、条件和经费等；同时，也应管理好各方面所取得的成果。由此可见，这是个更大范畴的广义的农业科研管理。它之所以被称为"农业科研管理"，是因为所有的管理者所从事的各种管理工作都应当以农业科学研究为中心。它正如农业生产单位以生产为中心，农业教学单位以教学为中心，农业行政单位以党和政府的中心工作为中心一样，在管理方法和指导思想上应有自己的特点。简单地讲，狭义的农业科研管理是广义的农业科研管理的中心，广义的农业科研管理则是中心与外围的辩证统一。农业科研单位是一个有中心的社会系统，这个中心就是农业科学研究及其组织管理。通过制订科研计划，有效地运用人、财、物、时间和信息，成功地创造科研成果，应当是整个科研单位活动的中心。所有人员都应当正确地认识自己的劳动工作同科研活动的关系，将劳动工作融入科研活动之中，以发挥其应有的作用。一个科研单位的全面管理工作的直接目的是调动全体职工的积极性，并有效地运用和协调各种因素，将其汇集于农业科研活动之中，出成果、出人才，为农业生产服务。农业科研管理同其他管理一样，一是要有明确的目的，即确定管理目标；二是要有有效的管理方法，以有效地运用有关要素；三是要脚踏实地地去干，才会取得好的效果。按照马克思主义的观点，这两者是缺一不可的。目的（或动机）、方法和效果是辩证的统一，广义和狭义的农业科研管理也应当在这些方面辩证地统一起来。

（三）关于农业科研管理的对象和基本内容

农业科研管理的对象是农业的科研系统和科研单位及其科研活动。从农业科学研究发展的历史来看，起初的科研活动，总是以一个人为主的小规模的科研活动，是科研人员自己组织的科研劳动，属于自组织管理，随着事业的发展和大规模科研协作的出现，逐渐地分离出一部分人从事兼职的或专职的农业科研管理，直至形成一个集团来控制与协调一个具有共同目的的科研劳动集体，这就是他组织管理。农业科研单位是由一些基本要素组成的：一是人员和机构，包括科研人员、技术人员、管理人员和技术工人等；二是土地，包括建筑用地和实验用地；三是设施和设备，包括房舍、仪器和机具等；四是经费，它是对研究系统、管理系统和服务系统所需要的硬件与软件等的投资。组成农业科研单位的这些基本要素，也就是农业科研管理的对象。总之，农业科研管理就是农业科研系统或单位的管理人员运用正确的方法，进行决策、组织控制与协调一个以出成果、出人才、促进农业生产发展为共同目的的农业科研劳动集体的活动。

三、农业科研管理的特点

农业科研管理的特点是由农业科研管理的对象和内容所决定的，并与有关事物相比较而显现的。

农业科研管理同农业教育、农业生产及农业行政的管理相比较，管理活动的中心是不同的。农业的科研、教育和生产单位都直接创造产品，这些产品分别是科研成果、科技人才和农副产品。农业行政单位是以党和政府的中心工作为中心，对科研、教育、生产单位起领导（指导）、组织、协调的作用，这些不同性质的单位对管理方法的要求各有侧重。科研单位以学术方法为主，以有利于学术的发展，出成果、出人才、出社会和经济效益为中心目的；教育单位以教学方法为主，以造就社会所需要的人才为中心目的；生产单位以经济的方法为主，以生产优质、高产、低成本的农产品为中心目的；行政单位则以行政的方法为主，以完成党和政府的中心工作为主要目标。如果不重视科研单位的特点，运用行政的方法管理科研单位，忽视其中心任务——科学研究，那么就会削弱科研单位的作用，影响科研单位为社会作贡献。

农业科研人员所从事的劳动同其他科研劳动一样，都具有继承性（连续性）、探索性、创造性和精确性的特点。但是，农业科研人员所研究的对象是农业生物，农业科研劳动的特点表现在研究农业生物的智力劳动方面，是研究对象和研究活动的属性的综合表现。关于农业生物的研究，其是在前人的基础上提出新的课题，通过智力劳动探索农业生物、环境和人类之间的辩证关系，即通过实际操作、实地观察、记载与记忆，积累相当数量的精确的数据和信息，通过丰富的想象、创造性的逻辑思维，运用科学的方法（如归纳、分析、比较等），而创造出物质的或精神的农业科研成果，即新的农业科学技术。这种创造性的智力劳动的周期受农业生物生长周期的制约，一般时间比较长，往往需要许多个周期才能得到结果，而且这种结果可能是正确的，也可能是失败的，但是它对于后人却是有益处的。这说明，农业科研劳动具有更大的复杂性和艰巨性。有的学者认为，智力劳动的结构有五个基本要素，即实际操作能力、观察能力、记忆能力、思维能力和想象能力。这五个要素涉及一个人对专业知识、科学方法与手段的掌握、运用的程度。由于农业生物具有季节性和时间性，而且研究课题本身又有特定的要求，因此实际操作、观察记载也具有相应的季节性、时间性、间歇性和相对的阶段连续性。但农业科研劳动的记忆、思维与想象是无间歇性的，甚至在休息、散步的时候，有时也会闪现出灵感的火花，对创造成果往往起重要作用。它同一般的脑力劳动是共通的，只是因为农业科学是自然科学同社会科学的交叉，需要考虑的因素往往更多、更复杂。认识农业科研劳动的特点，对培养、选择、使用、考核、晋升农业科研人员来说，具有重要意义。

农业科学研究的条件、时间和空间也具有自己的特点。这种特点也是由研究对象——农业生物所决定的。传统的农业科学研究往往只是凭借肉眼和简单的工具及仪器进行的。现代的农业科学研究则要求较高的条件，就选育作物良种而言，加速育种过程有两种方法：一是异地繁殖，即在一定的时期（季节）到不同的地区去选择适宜的气候条件进行繁殖；二是使用人工气候箱或气候室，即在同一地区创造出不同的气候条件，以适应农业生物的生长和繁殖。农业科研管理者如何为农业科研创造适当的条件，以加速科研进展，这也是要根据农业科研和本单位的实际情况，采取适当的方法加以解决的问题。

农业科学研究同其他部门一样都应当贯彻科技、经济和社会协调发展的方针。农业科学研究在为国民经济建设服务的过程中也有着自己的特点。农业科研单位在为国民经济建设服务的过程中，既不像教学单位那样为国家输送人才，也不像行政单位那样提供行政性或业务行政性的指令，而是为农业提供可靠的科学技术，并尽快地将其转化为生产力，用于发展农业生产。任何一个社会单位的存在与发展，都是与它对社会的贡献大小，以及社会对它的需要程度息息相关的。农业科研单位应当把努力满足社会对农业科学技术的需要作为自己的根本目标；应当努力促使专家学者和科研人员积极参加学术活动和科技服务，运用学术思想、科技成果为发展农业生产、建设农村服务。

农业科研管理活动还必须适应农业科学发展的趋势。首先随着农业生产的纵向综合和主体农业的出现，在应用农业科学促进农业生产发展的过程中，农业科学愈来愈综合化。农业科学的宏观综合又是以微观的分工研究为基础的，两者是辩证的统一。其次是创造农业科研成果的劳动日益社会化，同时愈来愈要求科研成果能更好地适应社会的需要。再次是数学在农业科研中的普遍应用，使得农业科学愈来愈定量化；应用基础、应用技术和发展研究相互促进，成果的峰值交替出现，使得科研成果向生产力转化的周期愈来愈短。最后是农业科学从生产中解放出来，又同生产相结合，经历了潜在阶段、解放阶段、应用阶段、以科学为基础的生产阶段和科学与生产融为一体的阶段，以及科学直接转化为生产力的阶段。

农业是国民经济的基础，农业科研同农业教育一样分别是农业起飞的翅膀。党和政府把农业科学作为国民经济建设的战略重点，这就赋予农业科学研究及其管理以战略重点的地位。

四、农业科研的管理系统、管理层次管理目的

（一）管理系统

从整个农业科研管理系统的行政概念来看，农业科研管理部门有纵、横两方面的管理系列：纵向的管理系列有科学研究院、研究所、研究室和课题组；横向的管理系列有党政、组织人事、科研教育、后勤服务等各种不同的职能部门。然而若从管理的功能来看，则有下述结构方面。

1. 指令管理

指令管理是一项涵盖方针、政策、规则、计划的制订、发布和修改的综合性工作。满足客观规律的指令才是正确的指令。制订指令应采用科学的方法，并以足够数量的信息为依据。指令反映客观规律往往会有出入，因此既要注意稳定性又要注意可变性。我国是个统一的大国，空间十分复杂，指令既要有统一性又要允许多样性。客观规律的再现需要一定条件，指令既要有科学性又要注意可行性。

农业作为自然与社会的交叉领域，其指令应当兼顾社会效益、经济效益和自然效应；需要同时关注即时的成果和潜在的连锁反应。因此，指令必须符合客观实际，只有适应当地生产发展的需要，才能充分发挥其作用。对于系统的运动，正确的指令应该是具有生命力和稳定性的，这样才能最大限度地发挥系统的效能。

2. 人才管理

从个体来看，人才管理涵盖了人才的选拔、培养、使用、考核和晋升等多个方面。从群体上来看，人才管理指的是各级组织所拥有的人才构成的现状。提升人才效能的关键在于优化群体结构，而非仅仅提升个体素质。群体结构合理，人才效能可以呈几何级数提高，而劳动结构往往会出现逆向反馈，效能递减。在科研管理工作中，协调好人与人之间的关系，对发挥科研能力有显著效果。

3. 条件管理

条件管理指科研条件的管理，可分为硬件管理和软件管理。硬件指资源、机器、仪器设备、设施和能源等；软件指科学技术、科技情报和各种信息。我国往往重视硬件，忽视软件，不注意协调同步发展，致使硬件积压，起不到应起的作用。在硬件方面，又往往有重数量、轻质量及忽视配套的现象，这些都应在管理中予以纠正。

4. 资金管理

资金可以被看作条件、资源和产品等的价值符号。资金投放的目标主要是开发资源、改善条件、增加产品。投放时，应以能够持久地获得经济效益为原则，选择投放的最佳时间、空间和不同的系统或要素。

5. 成果管理

成果管理主要是指农业科研成果的鉴定、归类、使用、推广和评价管理。

（二）管理层次

科研管理层次是个相对的概念，除行政层次外，按其职能大体分为以下四个层次。

①决策领导层次：包括为决策服务的智囊机构，主要负责对所属范围作出决策，输出指令。

②传导协调层次：如实地传输上层的指令和下层的信息，并进行必要的定性、定量分析，协调各系列的关系和效能。

③监督执行层次：消化吸收指令，结合实际付诸实施，并取得初产品——科研成果。

④放大反馈层次：把科研成果用于生产，将其转变为直接的生产力，放大科研成果，并把获得的信息反馈给决策层次。

（三）管理目的

农业是国民经济系统的基础要素，同时它又是一个客观系统。农业系统包含生产、科研和教育三个子系统，其中生产是本原，是主体。大约在有文字记载的传统农业兴起之后，人们才逐渐地注意积累、传授农业生产技术和知识。在生产的主体上，产生了科研和教育两只翅膀。今天的生产竞争实质上也就是科学技术的竞争，在建设现代化的方针已经被确定的情况下，科研教育具有特别重要的意义。只有加强科研和教育的管理，促进科研和教育的蓬勃发展，才会有农业生产的飞跃发展。只有农业生产的飞跃发展，才会有科研的更大发展。

农业科研管理的目的就在于准确地选择目标，制订决策，有效地使用人才、仪器设备和资金，以创造出更多、更好的农业科研成果，并尽快地将其转化为直接的生产力，促进农业生产的迅速发展。由此可见，不断地研究并改进农业科研管理，不仅对丰富农业经营管理和管理学具有重要的理论意义，而且对发展农业生产，促进农业现代化建设也具有十分重要的现实意义。

五、农业科研管理的基本原理

农业科研管理工作同任何一项管理工作一样，都有自己的理论依据和指导思想。农业科研管理工作有自身的基本原理。这些原理的基本思想是在辩证唯物主义指导下用系统论、控制论和信息论的思想等，概括总结农业科研和管理工作的实践而产生的。

（一）系统原理

运用系统论的思想研究农业科研系统和农业科研管理，应当如实地把它们看成一个系统。农业科研系统是隶属于农业系统的一个子系统，它是一个具有一定层次、系列和结构的有机整体。农业科研系统包括两个相互渗透、相互制约的子系统，即管理系统和研究系统。前者着重管理受控系统，同时也研究改进管理；后者着重研究和创造科技成果，同时也要组织自己的科研劳动，进行微观的自组织管理。农业科学研究可分为应用基础研究、应用研究、发展研究三个层次，还有各个专业系列（子系统）。这些层次和系列都需要相应的管理系统从事管理和研究管理。农业科研系统通过物质、能量、信息、自然活动和社会活动等要素相互联系，形成一个既受外界制约和促进又受内部制约和促进的有机整体，同时对外在或内在的因素也有制约和促进作用。另外，系统具有确定的功能目标。农业科研系统的功能目标是出成果、出人才，为农业生产服务。这是宏观的功能目标，具体到不同的科研单位，则有一个出什么样的成果和人才，以及如何为生产服务的问题，而且在时间上又是具有不确定性的。由此可见，正确地（或者是准确地）确立功能目标，是解决系统建设的核心问题。

系统的整体功能不等于各部分之和，这就是系统的"非加和原则"。决定系统功能值大小的关键性因素，是系统的管理者或管理集团的素质和效率。举例而言，一个省的农业科研机构的科研能力是否得到了充分的发挥，主要取决于省一级的主管部门的素质和效率；一个农科院（所）的科研能力是否得到了充分的发挥，则主要取决于农科院（所）一级的主管集团的素质和效率。如果主管集团的素质和效率低，那么系统就会出现负的"非加和性"，就会显著地妨碍功能目标的有效实现。这时必须加以调整系统，调整的主要目标是系统的驾驭集团，通过比较和调整以确定系统的最佳化模型，并在运转中始终保持最佳状态。

（二）开放与封闭原理

系统的开放性与系统内的封闭循环，是一个系统的两种属性，是辩证的统一。前者着重体现系统的发展变化，后者则着重体现系统的相对稳定性。

农业科研系统是一个开放性的活系统。系统的开放性主要表现在两个方面：一是与交界系统存在密切的联系；二是"有输入—转化—输出"功能。这也是功能目标实现的基本模式程序。输入是可控的，转化功能是可以调节的，输出是可以定量的。输出与输入的质与量的差值，是转化系统功能的主要体现，正值为效果好，负值为效果差，若用经济指标来表示则称其为"农业科研系统的经济效果"。

农业科研系统内的管理手段必须构成一个连续、封闭的回路，才能发挥最大的效能。农业科研管理系统可以分解为指挥中心、传输和监督，接受和反馈等几个部分。在指挥中心和接收单位之间，通过传输和反馈形成封闭式的循环。这种封闭循环，一方面在时间上是连续不断地进行；另一方面在空间上是多渠道地交织进行。指挥中心向各个科研单位（研究所、研究室或研究课题组）发出指令，各个科研单位向指挥中心提供信息。各单位间相互渗透、相互影响，纵横交错，构成网络。指令和反馈的信息在有效、封闭的循环中，效能不断扩大，管理水平不断提高。如果是直线式的，那么构不成循环，发出的指令不能得到反馈，或者反馈的信息不能被指挥中心采用，进而不能形成有效的管理运动。连续、封闭的循环失调的主要原因：一是组织不健全，二是功能不良，三是层次或系列过多，进而造成阻碍。遇到这种情况，也应当及时调整。

（三）中心原理

农业科研系统有其中心系统。从垂直层次的隶属关系来看，它隶属于农业系统。农业系统的中心系统是农业生产系统，其又称"第一性系统"或"主体系统"。农业科研系统和农业教育系统则为第二性的从属系统。农业科研应当为农业生产服务的依据就在这里，离开这个依据，农业科研就会失去生命力。农业科研系统又可被分为管理系统、研究系统和服务性系统，其中研究系统是中心系统，管理系统和服务性系统则是第二性的从属系统。但是，当管理系统确立了以研究为中心的思想而作出正确的决策以后，研究系统和服务性系统则又自然处于服从地位。农业科研管理系统又可被分为全面管理和各种专业职能管理，这时全面管理则是较高层次的中心管理。在各种专业职能管理当中，就常设的职能部门来看，科研管理是中心，而科研管理又是以计划管理为中心的。在科研单位一般有三类管理，即政治思想领导，学术领导和行政领导。这三类领导与管理在高层次上是可分解的，在低层次则往往融为一体。就科研系统的功能目标来看，学术领导自然处于中心位置。而就保持与发展我国的社会主义制度而言，政治思想领导则往往不可被忽视，有时需要将其提到相当高的位置，并辅之以行政措施。由此可见，在研究改进农业科研管理的过程中，必须注意中心系统和系统的中心；在考虑管理系统和研究系统、母系统和子系统的位置和工作时，既要注意各自的中心，又要保证第一性系统在时间和空间上处于中心位置，促进整个系统在系统的中心和中心系统的辩证统一下正常运行。

（四）能级原理

能级是宏观存在的一种属性，主要体现在各级管理者身上，同时也体现在由管理者组成的管理机构和所制订的指令法规制度方面。管理者的能级高低，主要体现在管理者的素质和管理效果两个方面。管理机构应当是按高、中、低等三个不同的能级层次组成相对的稳定状态。高能级的人数较少，中级的较多，低级的最多，呈宝塔型。指令，法规和制度也有类似情况。高能级的、宏观的方针路线和政策比较抽象，起作用的时间也比较长，数量则比较少；中能级的、中观的政策、策略和法规，起作用的时间往往较短，数量较多；低能级的、微观的法规、制度和章程，变动比较大，数量也相当多。由此可见，能级原理既是用人和设置机构的依据也是立法的依据。

就用人而言，管理者同其在管理系统中所处的层次，或者是能力同职位，应当属于同一能级，相互协调一致。管理者或领导者应当能够驾驭管理集团，同时通过管理集团驾驭整个管理系统。高能级人才控制低能级系统，系统效能可以得到较好的发挥，但是会造成人才的浪费；低能级人才控制高能级系统，会阻碍发展系统效能，在能级相差不多的情况下，也可能会起到锤炼"人才"的作用。能级相差太多，长期得不到协调时，系统功能就会降低，因此应当及时调整。不同能级的人才，应当处于不同的管理层次，具有不同的贵、权、利。处于高层次的高能级的人才，应当有较大的权力，担负较重的责任，给予较大的劳动报酬和精神上的鼓励。遇到能级与权、责、利不协调，不利于发挥系统效能的情况，必须采取果断的措施，作出相应的调整。

第二章　农业科研单位财务管理研究

本章主要围绕农业科研单位财务管理概述、农业科研单位预算管理、农业科研单位内部控制、农业科研单位科研经费管理、农业科研单位政府采购管理、农业科研单位财务管理创新探析六个方面对农业科研单位财务管理研究展开论述。

第一节　农业科研单位财务管理概述

自改革开放以来，我国经济从高速增长阶段转向了高质量发展阶段，呈现出快速、持续、健康的发展态势，目前正处于转变发展方式、优化经济结构、转换增长动力的攻关期，调整经济结构已成为发展战略的新常态，创新驱动已成为转向方式的新常态，惠民生也已成为发展动力的新常态。2015 年，中共中央办公厅、国务院办公厅印发了《深化科技体制改革实施方案》。推进科技体制改革是落实创新驱动发展战略、构建创新型国家的根本要求所在。中央全面部署了科技体制改革和创新驱动发展，并出台了一系列重大改革举措，以构建一个系统、全面、可持续的改革部署和工作格局，从而打通科技创新与经济社会发展的通道，最大限度地激发科技第一生产力和创新第一动力的巨大潜能。在新时代我国进入新阶段，加快建设创新型国家需要更加突出创新引领作用。秉持中国特色自主创新之路，聚焦于实施创新驱动发展战略，推进以科技创新为核心的全面创新，推进科技治理体系和治理能力现代化，营造有利于创新驱动发展的市场和社会环境，主动适应和引领经济发展新常态。在科技体制、财政体制不断深化改革的情况下，农业科研单位要看清形势、适应趋势、发挥优势；要保持定力、加强研究、破解瓶颈、统筹兼顾、协调联动，把创新放在更加突出的位置，善于运用辩证思维谋划行业发展；积极围绕乡村振兴需求挖掘优势、拓宽领域，尤其是针对当前的新业态、新模式加大科技支撑力度。农业科研单位的财务工作要积极服务农业科研的新定位，紧密对接创新发展的新要求，把握好财政有所作为的边界和重点作为的领域，在"生财、聚财、用财、管财"方面下功夫，为农业科技创新事业提供有力保障。各级财政为积极落实党的十九大报告中建立现代财政制度的精神，在推进预算管理改革、实施绩效管理、政府采购、国库支付、内部控制建设等方面，对农业科研单位的财务管理不断提出新要求。在这种形势下，研究农业科研单位在财务管理方面的实践与创新就显得尤为重要。

农业科研单位的财务管理涵盖了预算、收支、资产、科研经费、负债、财务报告和分析等多个方面，其中包括合理规划预算资金、强化国家财产和财务收支管理、制定并监督执行各项开支标准及财务管理规章制度等多个方面。农业科研单位的财务管理目标在于执行国家财经法规的相关规定，合理编制预算，统筹安排，以保障单位正常运转，厉行节约，量入为出，降低行政事业成本，提高资金使用效益。农业科研单位财务管理的任务是进行定期的财务报告编制，真实呈现单位的预算执行情况，进行财务活动分析，推动建立完善的内部财务管理制度，从财务方面控制和监督单位的经济，加强对国有资产的监管，以确保国有资产不会因流失而受到损失等。

自 2019 年 1 月 1 日起，全国各地农业科研单位的财务管理能力将面临新的挑战，因为政府会计制度的实施对其提出了更高的要求。大数据、智慧云、区块链等信息技术的采用，农业科研单位财务管理机制变革，农业科研单位财会人才队伍建设等，对财务管理能力提升具有十分重要的意义。在农业科研单位的运营过程中，财务管理能力的提升是贯穿始终的，单位的经济活动、财务状况和经营成果等都离不开财务管理。经济活动需要相关人员通过财务语言、数据和技术等手段进行客观、真实的记录，财务状况和经营成果也需要用会计语言进行描述，单位的决策层也需要大量财务数据深入分析和整合后提供的有价值的信息。随着科研事业的蓬勃发展，农业科研单位的财务管理范围日益扩大，其在科研机构中的地位也日益凸显。

一、农业科研单位财务管理创新的背景

改革开放以来，我国农业科技事业经历了波澜壮阔的发展历程，与国家、时代同频共振，有力地支撑和推动了农业农村经济的发展。我国农业科技整体水平得到快速提高。我国农业科技始终坚持立足国情，围绕关键技术与共性技术，为解决不同时期的重大农业问题发挥了关键性作用，实现了科技先行、科技引领、科技支撑。我国农业技术推广成绩斐然，大量科研成果推广应用于农业生产，推

广农作物优良品种 3 万余个，主要农作物品种更换 5～6 次，良种覆盖率达到 96％以上。① 农业科研人才蓬勃发展，农业技术推广队伍更加稳定，作用更加突出。我国深入推进农业多边和双边合作，农业科技领域的国际合作向纵深发展。改革开放 40 余年来，农业科研单位工作者孜孜以求、披荆斩棘，农业科技成果落地开花、结成硕果，伟大时代的农业科技带来了惊人的变化。农业科研单位的发展呈现出双重性、知识密集性、实体性及层次性和区域性特征。

一是双重性。农业科研单位不仅积极履行公益事业所赋予的社会职责，不以营利为单位的发展目的，而且在遵循国家农业政策导向指引的前提下，以市场为导向，运用价值规律和市场规则积极策划科技成果的转化活动，创造社会效益，寻求自我完善的发展道路。同时，农业科研单位逐步实行"五个转变"，即从文献综述、实验室研究到大田研究、野外研究转变，从"重成果、轻转化"的工作意识向技术应用转变，从研究评价机制向服务农业产业转变，从忽视农业生产的管理方式向农村实践转变，从"做主持""晋职称"的思维定式向为三农工作服务的目标转变。

二是知识密集性。农业科研单位的主要任务是理论和技术创新，专业技术人员是创新任务的完成主体，分别从事种植业、畜牧业、渔业、农牧渔服务业、制造业、批发餐饮业、社会服务业和技术推广服务业等行业，其作用更加突出。这些专业技术人员是建设我国社会主义现代化农业的重要技术力量，在创新投入决策和收入管理方面起着主导作用，在技术发明和创造方面起着引导作用。

三是实体性。每个农业科研单位都是独立的实体组织，每个单位的名称、组织机构和研究场所也都是相对独立的，从业人员和经费来源都与其业务活动相适应，因此可以独立承担相应的民事责任。

四是层次性和区域性。农业科研单位所从事的科学研究活动深受自然因素的影响，其科研周期也相应较为漫长，加上我国农户没有足够的经济实力投入农业科技，致使农业科技工作者无法从正常的市场经营中获得相应的经济回报。因此，农业科研机构多定位为非营利的公益性机构，这是由农业科研的特点决定的。在分工上，国家级农业科研单位主要从事基础性和前瞻性研究，省级和地市级农业科研单位多结合当地的地域特点进行应用性研究和技术推广。国家级农业科研单位拥有大批高水平人才，科研实力雄厚，且大部分集中在北京，这有利于相互间的交流、协作，从而进行基础性、前沿性研究。

---

① 搜狐网．刘天金：中国农技推广改革发展 40 年成绩斐然 [EB/OL]．(2019-01-07)[2023-06-8].https：//www.sohu.com/a/287155802_100014286

农业科研单位的财务管理是其组织财务活动、处理各方面财务关系的一项重要的经济管理工作，为了确保政府计划及任务的全面完成，需要在遵循国家方针、政策、法规和财务制度相关规定的前提下，有计划地筹集、分配和运用资金，加强对单位经济活动的核算、财务监督与控制。在社会主义市场经济条件下，加强农业科研事业单位的财务管理工作，对于提高农业科研事业发展水平具有十分重要的意义。农业科研机构的研究工作聚焦于"三农"难题，其研究领域包括农业基础研究、应用研究和创新研究在内的多个方面，十分广泛。农业科学的研究受到多种因素的综合影响，包括但不限于地理位置、气候条件、季节变化等。农业科研单位在财务管理方面面临着新的挑战，这些挑战塑造了其财务管理工作的独特特征。

首先，会计核算的复杂性不容小觑。农业科研单位的资金投入包括政府拨款补助、事业收入和其他收入等多种渠道，同时由于国家级和省级项目、横向课题等多种类型和内容的研究项目，使得会计核算方式变得异常烦琐。考虑到课题研究的多样性和复杂性，甚至牵涉有机生命体（如动物和农作物）的成本问题，因此核算过程也变得异常烦琐。尽管农业科研单位是公益性机构，但其在核算过程中，也必须综合考虑其经济、社会和环境效益。

其次，对于财政投入的需求量相当巨大。农业科研单位的经费主要来源于政府拨款，其目的是维持单位的正常运转，推动社会公益职能的发挥，确保公共利益的最大化。在农业科学研究中，资金的投入是必不可少的，因此，农业科研人员需要通过多种途径争取更多的资金支持，以确保研究的顺利进行。可见，农业研究的成果和效果受到政府财政资金投入量的直接影响。

再次，农业科学研究成果收益率较低。由于农业科研单位的公益性质，其研究成果主要面向社会大众，因此其直接的经济效益相对较低。为了提高科研经费的使用效率，科研人员需要精打细算地控制科研经费的支出。

最后，市场和价值规律的体现是财务管理模式不可或缺的要素。在中国特色社会主义市场经济改革的推动下，各农业科研单位以法人单位的身份实现了独立自主的经济核算，对其科研的发展方向可以进行自主调整，积极开展科学研究、技术攻关及社会服务活动。自主制订财务管理工作的发展计划、筹集资金等需要在法律的监管下进行，同时为了确保国有资产不会出现新的流失情况还需要严格执行经费的预算管理工作，并合理配置各类资源。因此，农业科研机构的财务管理工作将更加贴近于市场和企业，从而提高资金活动的频繁和活跃程度，同时也将增加资金构成的多样性。

　　农业科研单位财务管理的研究从未止步。农业科研单位的发展面临前所未有的机遇与挑战，科技创新上升为国家战略，"放管服"改革全面深化。当前的努力与实践是否有效，未来改革的方向如何定位？如何突破政策管理上的瓶颈，提出系列措施来为科研经费使用"松绑"，建立符合农业科研规律的宽严相济的政策？农业科研单位如何适应科技创新发展的新要求，按照实事求是原则，制定符合农业科研工作规律的财务制度，更好地为科研服务，促进农业科研事业的发展？这些依旧是目前亟需解决的问题，也是笔者选取农业科研单位财务管理实践与创新作为研究对象的动机，以期为建立适应农业科研单位现状的科学、合理、有效的财务管理体系提供建设性思路。

　　进入 21 世纪以来，随着我国市场经济和全球一体化的进一步发展，我国财政、科技创新和人工智能的开发和利用，农业科研单位把财务管理工作放在稳定发展的重要位置上。农业科研单位由政府举办或者由其他组织利用国有资产创办，为了社会公益主要从事农业科学技术综合性研究。我国农业科研单位属于农业公益类单位，一方面承担我国农业发展全局性、方向性、基础性、前沿性、公益性、关键性的重大科技任务，在科技兴农、培养高层次科研人才、开展国内外农业科技交流与合作等方面发挥着重要的作用；另一方面要适应市场经济发展的需要和国家科技体制改革的要求，加快农业高新技术研究与创新，开展农业科技成果的示范应用和科技服务工作，做好科技成果的转化，为我国的三农发展和经济建设服务。农业科研单位财务管理全程参与，组织联系各方面经济关系，有力地促进了单位的发展。

　　第一，农业科研单位财务管理是保证实现单位预算的重要手段。预算管理作为财务管理的重要组成部分，其成功实现不仅取决于预算执行的组织工作，还需要大量的财务管理工作的支持。只有通过积极展开财务分析和必要的财务监督等活动，才能确保预算在每一个执行环节都得到充分的落实和实现。

　　第二，农业科研事业的蓬勃发展离不开农业科研单位财务管理的有力支撑。为实现社会主义市场经济体制的建设，农业科研事业必须建立在充足的经济实力基础之上。遵循党和国家的方针和政策，通过资金的募集、分配、运用、分析和监管等手段实现预算是农业科研单位财务管理的职责，更好地实现预算才能推动农业科研事业的快速发展。

　　当今社会发展迅速，不断出现新的挑战和机遇，只有紧跟时代步伐，树立创新的财务管理理念，持续提高财务人员的工作能力，才能推动农业科研单位财务管理水平的不断提高,使财务工作在服务和保障方面发挥更大的作用。随着政府会计制度的实施和新的预算管理规则、绩效管理思想和手段的采用,农业科研单位对财务管理工作的要求日益提高,对财务管理部门及其工作人员提出了更为全面、更高层次的要求。农业科研机构的财务管理部门及其从业人员应当紧密围绕核心使命展开工作,特别是在提升资金保障能力、规范科研经费管理、加强预算管理和执行、提高服务科研能力、促进财务人才队伍的稳定和健康发展等方面,积极探索农业科研机构财务管理工作的新境界。

二、农业科研单位财务管理的必要性

社会主义市场经济的不断发展、社会主义新农村建设与和谐社会构建,以及不断深化的科技体制改革,使得当前农业科研单位面临着更加严峻的形势和更加复杂的任务。在当前形势下,其财务管理的内外部环境也在不断变化。在财政领域,国家正在积极推进改革进程,致力于构建公共财政框架、实施各部门预算、推行国库集中支付制度及政府采购制度等措施。在单位内部,资金状况发生了翻天覆地的变化,不仅国家对农业项目经费进行了大力注资,而且科研机构的事业收入也实现快速增长,使得资金运营总量显著增加。同时,互联网和人工智能技术在财务管理中的开发与利用等新形势,对农业科研单位财务管理工作提出了更高的要求。

(一)预算管理体制改革的迫切要求

在依法治国的背景下,我国农业科研单位的财务管理还存在一些突出的、共性的问题,包括预算编制、预算控制、内部控制、政府采购和财务风险等方面的问题。这些问题的存在意味着我国农业科研单位的财务管理距离预算管理体制改革的要求还有一定的差距。如何对照经济体制改革的精神,针对财务管理工作实践中所存在的主要问题进行改进,成为农业科研单位亟须研究的重要问题。

1. 新预算法改变了财务管理工作

在 2018 年 12 月 29 日,第十三届全国人民代表大会常务委员会第七次会议《关于修改〈中华人民共和国产品质量法〉等五部法律的决定》第二次修正,自修订后,其内容更为全面,并且具有较强的可操作性。对农业科研单位来说,需要在财务管理方面制订更严格的标准,以促进农业科研单位财务管理能力的提高。

（1）预算管理的对象已从单一向全面转变

预算管理在农业科研单位的各个方面都起着至关重要的作用，它不仅能够预测、规划和监督活动，更是财务管理的核心组成部分。预算管理覆盖的范围不断扩大，产生的影响和效果也愈加显著。尽管我国的农业科研单位并非以营利为目的，但其同时也会根据社会主义市场经济原则主动或被动地参与各种农业经济活动。在过去，农业科研单位存在许多"预算外资金"即农业资金在预算外循环的现象，这是因为单位编制的预算仅限于上级财政拨款，未能全面覆盖该单位所有经济活动。由于缺乏严格的监管，这些资金往往成为违法违规行为的温床。在新的预算法中，对预算外资金进行了全面取消，并将各项收支全部纳入预算编制中，同时还颁布了相关的法律规定以确保实际执行过程的顺利进行。根据这些规定，预算编制中纳入了许多原本属于预算外的收入，从而有效地预防和制止了违法违规资金的出现，为了提升财务管理工作的水平，各单位应该确保新预算法中相关规定能够切实地贯彻实施。

（2）财务管理方式由粗放向精细转变

新的预算法更加注重预算的完整性和真实性，以及预算与决算之间的对应关系，例如，要求预算分列时严格按照预算数、调整预算数和决算数进行；一般预算支出按照功能和经济分类时，依前者将其归类为"项"，按照后者将其归类为"款"。这些规定的实施，不仅满足了不同会计信息使用者的需求，同时也推动了农业科研单位在会计核算和预算管理方面实现更加精细工作的发展。由于农业科研单位的财务管理水平参差不齐，管理方式粗放，因此导致报销审批手续不全不严、现金使用不规范、对收入和支出的会计核算不规范、收入核算比较混乱等对会计信息真实性造成影响的诸多问题出现。实施新预算法将推动相关单位优化管理机制，从而有效提升财务管理水平。

2. 预算绩效管理与评价成为重要组成部分

作为政府管理的有力工具，绩效管理是优化政府工作的重要举措和关键手段。绩效评价工作备受党中央、国务院的高度重视，强调了深化预算制度改革、加强预算绩效管理、提高预算资金使用效益和政府工作效率等方面的重要性。绩效管理、绩效评价已成为当前财务管理的重要组成部分。

3. 国库集中支付制度改变了财务核算方法

自 2000 年起，我国开始试行国库集中支付制度，这是在政府采购、部门预算和政府收支分类改革之后，国家财政预算管理的一项重大改革，也是构建社会主义公共财政框架的必然趋势。在面对财政改革和农业科研单位财务工作新形势的挑战时，财务工作者需要思考如何优化农业科研单位的财务管理，以应对新的形势和需求。

农业科研单位在采购商品、支付劳动或服务时，可依据国库单一账户体系，依托财政支付信息系统和银行间实时清算系统，制订预算并提出申请，经相关管理机构审核批准后，将审批的财政资金通过单一账户体系转移至供应商账户中，以支付所购买的商品或服务，这就是国库集中支付制度。国库集中支付制度有许多优势，不仅有助于国家从根源上规范农业资金的使用和控制资金金额，减少财政资金拨付的环节，而且能够避免财政资金在拨付过程中出现的许多违规行为如沉淀、闲置、挪用等，实现农业科研单位财务管理的全方位转型。

（1）财务管理核心的变化

在农业科研单位的财务管理中，预算管理扮演着至关重要的角色，成为不可或缺的核心环节。在实施国库集中支付制度后，各单位的预算计划经过财政部门的批准，直接决定了本年度可用于支出的财政资金，因此科研单位的预算状况将直接影响国库集中支付的实施效果。过去科研单位的日常财务管理是财政资金拨付，现今已转变为按预算计划、按项目、按进度合理支配资金的支出，加强了单位的预算执行力。财务预算的准确性、全面性、客观性和及时性是必不可少的，财务管理的核心职责已经从过去的资金管理转变为现在的全面预算管理。

（2）内部资金的拨付方式发生了变化

在国库集中支付制度下，农业科研单位获得财政资金的方式发生了变化，预算单位的预算计划经过财政部门的审核批复后，财政资金不再向科研单位的银行账户下拨，而是直接向规定的银行开设的零余额账户划拨用款额度。这一种资金拨付方式在资金周转和运作成本降低方面发挥了重要作用，同时也成功避免了中间环节对财政资金的占用，对财政资金安全性的提高有很大的促进作用。

（3）改变了财务支付方式

在实行国库集中支付制度之前，单位在使用财政资金时必须向上级财政部门提出申请，通过后资金会被划拨至预算单位的银行账户中，待资金支出完成后，再通过银行转账等方式将款项直接支付给供应商。随着国库集中支付制度的实施，各预算单位只需要通过该系统将所支付的资金转移至供应商，从而实现了从过去的资金流向当前的信息流的转变，这一转变彻底改变了预算单位原有的财务支付方式。

（4）调整了财政结转结余资金的管理方式

实施国库集中支付制度后，农业科研单位在年终决算时，为确保财政账户年末不会出现任何余额问题，其未使用的资金额度将被完全回收。在该项制度下，国家对财政资金的管理实行严格的监督和控制，要求所有单位的资金支出以单位预算计划为基础，并加强对财政资金的支出约束，以确保资金使用的透明度和规范性。

（二）国家各项改革加快推进的要求

1. 推进全面从严治党的要求

始终坚持全面从严治党，自党的十八大以来，中共中央颁布了中央八项规定，着力推进中央八项规定的贯彻落实，对"四风"问题予以严厉打击；出台了《中国共产党廉洁自律准则》《中国共产党纪律处分条例》《关于新形势下党内政治生活的若干准则》和《中国共产党党内监督条例》等一系列党内规章制度，扎牢了制度的笼子。在党的事业中，公益性科研事业扮演着不可或缺的角色，公益性农业科研单位同样应当服从党的领导，切实履行党的纪律规定。加强和改进公益性农业科研单位的财务管理，是推进全面从严治党、落实党的财经纪律的紧迫要求。

2. 农业科研单位改革推进的要求

自改革开放以来，农业科研单位的改革一直处于不断推进当中。中共中央在2011年发布了《关于分类推进事业单位改革的指导意见》（中发〔2011〕5号），旨在新时期分类推进农业科研单位改革。为了实现改革的最终目标，需要在农业科研单位的管理体制中确立一套监管有力、管办分离的机制，以便更好地管理外部环境；为了推动内部发展，需要在人事管理、收入分配等多方面明确其职能定位，完善治理机构，建立高效的运营机制。不断加强和改进财务管理，确保改革能够得到更加坚实有力的支持，才能推动农业科研单位改革不断向前发展。

3. 科技体制改革推进的要求

为了推进创新型国家建设，中共中央制定了一份新时期《深化科技体制改革的实施方案》。为了推进科研单位分类改革，促进现代管理制度的建立和完善，授予农业科研单位更大的自主权，使其能够自主决定核心事项，包括人员、编制、职称和工资等；为了确保科研单位的绩效表现，需要逐步建立财政拨款制度，将其与科研机构的绩效挂钩，并进行绩效评价；为了推动科研单位完善关键岗位、业务骨干和作出突出贡献人员的绩效工资制度，需要建立一个以能力和贡献为导向的分类评价和激励机制；为了促进农业科技成果的转移转化，需要将科技成果的使用权、处置权和收益权下放给相关单位，以支持其积极推进；为了优化科研项目和资金的管理，必须遵循科研规律，建立完善、高效、规范的机制，同时加强信用管理制度的完善。不断加强和改进农业科研单位的财务管理制度，确保相关规定得到贯彻落实，才能不断推进公益性农业科研单位相关领域的改革向前发展。

4. 财政体制改革推进的要求

中共中央提出了构建现代化财政制度的总体框架和路线图，推进财税体制改革不断深化。根据此框架，国家近年来制定了多项改革措施，包括完成对预算法的修订和实施；国务院针对预算管理和控制方式、跨年度预算平衡机制、权责发生制的政府综合财务报告制度、地方政府债务纳入预算管理、财政结转结余资金管理、预算资金绩效管理等方面的改革出台了《关于深化预算管理制度改革的决定》；财政部制定了一套规范的支出标准体系，并建立了支出绩效管理制度，同时提供了内部控制建设的指导意见。当前，以上改革措施正处于逐步落实之中。党的十九大报告提出了进一步完善预算制度的要求，同步实施全面绩效管理和全面规范透明，标准科学、约束有力的预算制度。未来的一段时间里，预算制度在凸显其全面性、规范性、透明度和执行刚性等方面的改革还将继续深化。公共财政是公益性农业科研单位运转和发展所需的主要资金来源，作为公共财政管理的一种延伸，财务管理也必须积极贯彻这些改革措施。不断加强和改进农业科研单位财务管理，将财政改革的各项要求贯彻到工作的各个方面，是顺应财政改革大势的必要手段。

（三）信息化科学技术革命的迫切要求

随着现代信息技术的蓬勃发展，以移动互联网、云计算、大数据等为主要内容的新经济革命正在深刻地改变着经济社会的发展方式和模式，对人们的生活、工作方式和财务管理工作都产生了深刻的影响。这些影响涵盖了三个方面的内容：一是提升了财务工作的时效性和效率；二是通过对单位信息资源的整合，实现了协同管理的有效推进；三是深入挖掘财务信息的价值，有助于推动单位财务工作从财务会计向管理会计的转型升级，从而更好地实现财务信息的有效利用。此外，这场革命性的变革已经深深地融入了信息化的洪流之中，不受任何个人和单位意志的影响。财务信息化的推进已经成为提升财务管理水平的必然选择和首选，这主要得益于大数据、云计算等先进信息技术的广泛应用。随着现代技术的不断发展，农业科研单位亟需加强和改进财务管理，以信息化为支撑，推进单位财务管理的转型升级，从而提高单位财务管理的效能。

实现农业科研单位财务管理信息化势在必行。随着现代信息技术的广泛应用和网络化，管理模式和管理手段也发生很大变化，财务管理作为农业科研单位重要管理内容，其管理手段也必须发生改变。因此积极推进管理信息化建设，不仅能有效适应财政体制改革要求，同时也是深化农业科研单位管理改革的有效途径。

1. 提高财务管理水平和效率的手段

财务管理信息化可以有效保证数据的真实性、准确性和时效性，是现代化管理的基石和实现全面核算的具体要求。为了方便单位对财务信息的采集和处理，实行了统一的财务制度和管理规范，确保责权利相对独立、计量单位和报表格式统一、考核决策一致的财务管理原则得以贯彻执行。

2. 推进农业科研单位整体改制

借助新的财务和会计制度的实施，可以加强财务管理信息化建设，实现财务管理的系统化和规范化，从而为农业科研单位的整体改制提供有力支持。

3. 实现部门之间数据共享的需求

目前，部分农业科研单位管理效率低下的原因之一是信息化建设仅限于财务部门，而其他部门，如科研管理等，尚未进行相应的信息化建设，使得财务管理所需的信息数据无法及时与其他部门及时对接。此外，管理效率低下的原因还包括在整体层面缺乏数据共享的战略思维，出现不同部门内部使用各自的信息化软件，缺乏数据接口，信息指标口径不一致等问题，从而妨碍了各个信息化软件之间的有效数据交换和共享，降低了信息化建设效率，对农业科研单位的活动开展造成了不利的影响。

（四）单位各项事业快速发展的迫切要求

1. 资金与资产规模的增长

近几年，全国各农业科研单位科研经费总量和资产总量有了大幅度提升，承担的农业方面的科研任务越来越多，如何用好资金、管好资金就成为摆在管理人员面前的一个重要课题。一是财政投入逐年增加，资金管理、防范风险压力加大。特别是有些农业科研项目预算执行缓慢，存在支出不到位的问题，如何实现农业方面各项经费协调管理，确保资金用在"刀刃"上，用在推动农业事业发展上，需要不断地创新，不断地提高管理水平，提高资金的使用效益。二是固定资产种类多、总值大，管理难度提高。要切实管理好固定资产，确保资产不流失，为农业科研单位各项事业可持续发展攒好家底、打好基础，需要不断提升财务管理能力。三是重大农业科研项目不断增多，科研经费不断增长，监管力度加大。资金量大，不仅对农业科研项目管理提出了更高的要求，而且对项目财务管理提出了新的更高的要求。

2. 出现财政审计问题

随着新农村建设和财政体制改革的不断推进，财务工作接受的财务检查、审计越来越多。从各项检查来看，各单位财务管理工作总体上是好的，但部分单位在财务管理上仍存在一些问题，如预算执行进度慢、项目资金结转不规范、不严格执行农业项目预算、随意扩大项目支出范围、会计基础工作不规范等。这督促单位要切实加强财务管理，不能这次检查出现的问题下次检查时还存在，审计要求对已经整改落实的问题不允许再反复，属于作风或技术操作层面的问题不允许再出现，属于主观故意的问题绝不允许再发生。

3. 不断改变的财务会计人员职能

随着我国经济结构调整和发展方式转变、供给侧结构性改革的推进、改革的深化和资本市场的发展、科研单位共享中心的不断建立、财务机器人的横空出世，财务人员的职能在逐渐转变，会计工作也面临许多新情况、新问题。这就要求财务规章制度、会计标准必须适应环境变化，要求会计从业人员必须转变观念、开拓创新，要求宏观会计监管上改进监管方式、形成监管合力和牢固树立服务理念。

4. 不断增加的财政科技支出

当前，国家高度重视科技创新工作，科技领域的投资占比在公共财政中呈现迅猛的增长态势，同时公共财政科技的支出也在持续高速增长。在当前的形势下，财政科技投入绩效、不断提高农业科研资金的使用效益受到了国家和地方各级科研单位的广泛关注，这就使得公益性科研机构加强和改进财务管理工作成为必然要求。

三、农业科研单位财务管理的现状与问题

（一）发展现状

当前，我国正处于加速实现经济增长方式转变、进一步提升国际竞争力、从科技大国向科技强国迈进的至关重要的时刻。农业科研单位经费随着我国对三农资金投入力度的加大而快速增长，这一现象使得其在财务管理方面显露出诸多问

题，这直接关系到了农业科研单位的整体运营和发展。当前形势下农业科研单位亟须解决的重要问题就是如何提升农业科研机构的财务管理水平和通过有效的财务管理推动科研事业的发展。

2013 年 1 月 1 日，《事业单位会计准则》《事业单位会计制度》开始实施，对科研单位会计核算、财务管理工作提出了更高的要求。为了保证财务管理水平的不断提升，全国多家科研单位普遍进行了财务管理相关工作的业务培训，并制定了各种提升财务管理水平的管理制度和办法，使各单位财务管理工作取得了显著成效。

1. 建立健全内部控制体系

为加强财务管理，适应农业科研单位会计职能调整需要，结合财务管理水平提升要求，单位成立了财务机构，配备了适应财务工作的财务人员，进行了岗位分工和职责划分，并要求会计人员持有会计从业资格证书。各单位会计、出纳工作落实了分工管理，支票、印鉴分开保管，会计、出纳相互监督，进一步强化了岗位间协作，加强了岗位间复核监督。

2. 健全制度规定

自《事业单位会计准则》《事业单位会计制度》颁布以来，各单位结合实际，依据国家的财务法规、财政政策及有关规章制度，分别制订了适合本单位情况的管理制度。如山东省农业科学院制订了综合性管理制度《财务管理办法》《经费管理暂行办法》等，单项管理制度《公务卡消费管理制度》《报销管理规定》《科研经费管理规定》《公务接待管理规定》《公务车辆管理制度》《财务室岗位职责》等；江苏省农业科学院制订了《江苏省农业科学院公务卡结算财务管理暂行办法》《农区所财务管理办法》《国有资产管理办法》《财务助理管理指导意见》《财务报账实施细则》等；四川省农业科学院制订了《国内公务接待管理办法》《资金存放管理实施办法》《预算调整实施细则》等。这些制度和办法的制订，使各科研单位的财务管理工作有章可循，进一步规范了财务管理工作。

3. 加强财务管理

在预算管理方面，各单位全面落实"零基预算"的预算编制方法，努力保证预算编制的科学性、全面性和准确性；认真编制和执行财务收支计划，严格执行当年部门预算，有理有据地安排好各项业务工作经费。在项目经费管控方面，项目负责人与财务人员共同参与、密切配合，严格执行项目经费预算，确保科研项目资金运作有序。财务人员定期与项目负责人分析支出进度及预算执行情况，在项目支出上严格把关，对每项课题严格按照经费预算安排各项支出，严格按照规定的用途和范围列支，保证了专款专用。在资产管理方面，多数单位成立国有资产管理机构，加强对固定资产管理工作的组织领导，明确资产管理人员；完善固定资产管理制度，严格固定资产的购置、调拨、处置相关手续；加强产权管理，防止国有资产流失。在资金管理方面，各单位能够严格控制"三公"经费等公用经费支出，切实降低单位日常运行成本；大力宣传公务卡的使用，严格执行公务卡管理制度，缩减了现金支付的额度和范围；严格执行财经纪律，按照财务报销制度和会计基础工作规范的要求开展工作；加强国库资金的管理，及时申请国库资金用款计划，分析编报国库资金支出情况，保证国库资金及时合理支出；规范票据管理，安排专人负责票据认购、票据领用、票据核销等工作，按照要求规范使用票据。

4. 整改审计及自查中的问题

各单位对检查中存在的问题，如会计核算不规范、会计报表数据不准确、虚列支出、支出单据不合规、资产管理混乱等，进行逐条分析并积极落实整改，提出具体解决措施和可行性建议。部分单位还应制订整改方案，形成整改报告，有效杜绝违规违纪问题的发生，进一步严肃财经纪律。

5. 树立绩效管理理念

通过举办各类财务会议、培训会议等加大绩效管理宣传力度，增强职工关于项目资金"花钱必问效、无效必问责"的绩效管理意识，并通过部署部门预算，多次强调"预算编制有目标、预算执行有监控、预算完成有评价、评价结果有反馈、反馈结果有应用"的预算管理体制。

6. 开展预算项目绩效评价

各农业科研单位组织资金使用单位进行自评，并确定业务主管部门重点评价项目，报送省级财政。对单位确定的重点评价项目，在单位自评的基础上，由财务部门牵头，组织科研专家、财务专家成立评价小组，进行项目绩效评价；对资金额度较大的项目，组织资金使用单位对照《项目支出绩效目标申报表》开展自评；对业务主管部门重点评价项目，引入第三方机构开展评价。

7. 实施新政府会计制度

在党的十八届三中全会上，提出了一项重大的改革措施，即"建立权责发生制政府综合财务报告制度"，随后2014年新修订的预算法中也提出了新的要求：各级政府按年度编制以权责发生制为基础的政府综合财务报告。2018年，我国通过了新预算法修正案，该修正案旨在进一步完善我国的预算管理制度，提高预算管理的透明度和效能。自2019年1月1日起，政府开始实施全新的会计制度。政府财务会计与预算会计应当遵循"双系统、双基础、双报告"的新制度要求，实现适度分离，双系统和平行记账。会计人员要同时采用财务会计和预算会计两种方法记账。新制度的实施，有利于规范会计核算，提高会计信息质量；有利于准确反映运行成本，科学评价预算绩效。新制度优化了会计科目，统一了会计核算方法，对财务人员账务处理精细化、规范化提出了更高的要求，对单位财务会计信息提出了更高的要求；细化了资产项目，对资产管理提出了更高的要求。

（二）存在的问题

自改革开放以来，国家将农业科研单位推向市场后出现了诸如财政对人员经费和公用经费的保障率不高、投入结构问题凸显，财政支持缺乏规范性等多方面的问题。根据数据统计，农业科研财政投入在农业GDP中所占比例目前仅约为0.71%，低于1%的全球平均水平，① 科研基础条件难以适应当前新形势下创新任务的需要，仍需进一步完善农业科技的投入结构和方式，建立稳定的支持机制，以确保一些长期性和基础性农业科技工作的顺利开展。到2020年我国将建立起一个稳定的科技投入机制，农业科研财政投入在农业GDP中所占比例将由当前的0.49%左右提高至1.5%。② 当前农业科研单位财务工作取得了较大成就，财务管理日益优化，但是随着财务实践的推进、信息技术的进步等诸多助推因素的发展，财务工作在人才队伍、信息化技术、严格事业单位会计制度等方面也存在着较多的不足。

1. 不严格的预算管理

省级农业科研单位及其内设部门财政预算编制的基本原则就是预算编制，其制订筹集和分配预算资金年度计划的预算活动时需要在法定的编制办法和程序下进行。预算编制是财务管理活动的起始，预算的严格执行对保证财政资金使用的

---

① 新京报. 全国政协委员王静：完善农业科研投入机制 突破农业科研瓶颈[EB/OL]. (2021-03-05) [2023-06-08]. https://baijiahao.baidu.com/s?id=1693371067622674593&wfr=spider&for=pc.

② 中华人民共和国农业农村部. 农业农村部关于印发《农业科技发展规划（2006—2020年）》的通知[EB/OL]. (2007-07-20) [2023-06-08]. http://www.moa.gov.cn/nybgb/2007/dqq/201806/t20180614_6151989.htm.

合规性、提高财政资金的效益具有重要意义。在实际预算编制与执行过程中，科研单位预算存在以下问题。

在进行预算编制时，一是部分科研人员存在对预算编制的理解不足的问题，造成填报项目支出时功能分类不准确、指标填报不够精准，预算缺乏科学性等问题出现。由于部分单位和部门缺乏预算执行意识，混合使用不同项目的资金，因此影响了各个资金项目的比例构成的规划。有些科研单位对预算编制认识不全，认为其只需要由单位财务人员负责，而非各职能部门和科研人员的共同参与。由于科研成果转化存在诸多不确定因素，科研单位普遍存在预算控制意识不强的问题，在财务制度难以得到有效监管的前提下，财务人员无法对科研票据与实际业务的相容性进行逐一核对，时常出现实际业务情况与财务账面情况不符等情况。科研项目负责人不能较为准确地编制科研项目预算，导致单位预算编制不全面，造成资金的浪费。二是业务部门对财务工作的专业性把握不够，各部门间的沟通效率还有待提高，预算编制往往只是在以前年度的基础上简单增减预算量，即实施简单的增量预算制度，预算工作主要由业务部门根据各级财务制度来完成，这不利于形成科学的财务预算体系。科学地编制预算需要对业务部门的活动进行充分的调研，特别是预计到突发性、复杂疑难性问题时，以使编制的预算具有科学性、规范性、可操作性等，不断提高预算的执行力度与执行效果。三是有些部门负责人认识过于片面、简单，没有根据单位具体情况进行预算，单纯地认为预算就是向财政、财务部门要钱，既然如此只需要金额越大越好，不考虑实际情况就会出现预算金额不合适的情况。

在预算执行过程中，一是有些科研单位预算执行不严格，出现无预算开支或超预算开支现象。单位内部"灵活"调整预算的情况依然存在，原因是项目预算编制过程中未全面考虑项目实施具体情况。在预算执行中的关键节点，一些科研项目为达到预算进度要求，会突击花钱，尤其是在年底时基本上所有的项目经费都要执行完毕，这时可能会出现项目支出超出项目总预算或项目对应明细科目支出超出项目预算额度现象。传统的财务系统无法实时监控科研人员全流程的经费使用状况，财务人员大多在年底大概核算预算项目支出，对项目结构不合理的部分较难及时进行账务调整。二是内部审计部门对预算执行的监督乏力，内部各单位预算问责机制匮乏，难以对未完成的预算的不良后果采取改进措施。

在预算资金的绩效方面，现在多数农业科研单位对绩效管理的评价尚未很好地开展，评价指标体系构建不合理，思想重视程度远远不够，以至于产生农业财政资金使用结构不合理、产出效率不高、经济和社会效益不理想及省级农业财政拨款被挤占挪用和管理不善等问题，造成严重损失和资源浪费。现实倒逼着农业课题的科学研究重视财政支出的使用效益。

2. 不合理的科研经费管理

农业课题的科学研究是学术领域内的复杂性智力活动，具有研究周期长、成果价值衡量难度大、农业社会利益衡量不确定性等特点，科研成果的最终去向、实际应用价值等绩效考核具有较大的困难性，财务部门很难对经费使用者的状况进行有效监督，也难以有效约束其偷懒行为、损人利己行为。财务部门无法时时监督农业科研者的行为，如财务部门对科研经费使用的监督仅限于财务票据的合规性和合法性，这种粗放式预算管理措施难以全程监督经费的真实用途，极易造成课题经费的支出混乱，以至于经费使用只有到了财务决算时才能搞清楚各类费用的列支情况，部分科研项目的经费投入与绩效产出不成比例，出现难以带来显著的经济或社会效益的被动局面。国家财政拨款为农业科研单位提供了较为充裕的资金，每年随着科研人员不断争取更多的研究课题，科研的资金拨入量也呈现逐年增多的趋势，同时由于科研资金使用完后可以再次申请，为了赶研究进度而重新配置科研设备、购买过剩的材料等情况，导致项目成本费用支出无法得到有效控制，从而导致资金浪费、流失和财务信息核算的不准确。

由于科研项目的预算科目与政府收支经济分类科目存在差异，无法清晰划定科研成本的归集和核算界限，导致科研支出的范围缺乏一定的合理性。有些外出会议费是按照会议费来支出的，但同样的费用有时也会被当作差旅费进行报销，这种支出的任意性导致会议费用缺乏专款专用，支出结构缺乏合理性。在科研经费急剧增长的情况下，由于其管理的规范性文件缺乏顶层设计，因此导致科研经费的管理和监督出现滞后，无法与经费增长的步伐同步，进而导致预算中对科研人员智力创新所需的脑力劳动进行成本补偿的情况极少或根本没有出现，没有对科研经费的经济合理性进行专业审核，没有针对纵向和横向科研经费的不同特点进行科学的分类管理。

3. 财务人才队伍建设不强

受到历史原因的影响，农业科研单位的财务人员学历职称整体层次偏低、年龄偏大、会计专业技能难以适应新形势。农业科研单位财务核算工作量较大，但是人员队伍较少。多年来，财务人员因对外交流合作机会少，且受传统会计核算方式的影响，重核算、轻管理。财务人员的平均待遇不高，一些高级职称人员的薪酬水平没有竞争力，部分单位人员老化，人员知识结构不够合理，青黄不接现象突出。一些单位的财务人员积累了较为成熟的工作经验后，就会跳槽到薪酬水平更高的单位，高水平财务人才用不长、留不住。随着国库集中支付、信息化技术的运用，政府采购、项目绩效评价等都增加了财务人员核算的工作量，财务人员疲于应对各类账目的报账、各类报表的编制等常规性工作，难有精力进行制度的管控分析。这种财务机构和人员处于"小马拉大车"的状态，制约了财务能力的提升，不利于科研单位事业的精细化发展。

从农业科研单位的人力资源管理现状可以看出，财会人员的激励机制和职称晋升机制还不健全，晋升通道狭窄。我国对高级会计师系列评审的条件过高，对正高级会计师的评审才刚刚开始，且难度过大，省级农业科学院正高级会计师极少。财会人员晋升高级会计师的难度过大，反过来会对其工作的积极性产生负面影响。

农业科研单位财务人才队伍的综合业务水平较难适应互联网时代财务的迅速变化。由于受到计划经济体制、农业科研单位性质等多方面因素的影响，农业科研单位的财务管理工作呈现重核算、轻综合服务的特点，成本核算观念淡薄，会计工作主要以日常收支、账表处理等简单业务为主，财会人员一般没有机会和主动性参与单位预测、决策等重大问题，不利于调动财会人员为单位服务的积极性、主动性。

农业科研单位财务人员业务素质偏低、专业知识更新慢，有不少财务人员不适应新时代财务工作的需要。一些老员工占有事业编制，对信息化条件下财务技能更新掌握得比较慢、落后于形势，那些业务素质高、技能熟练、工作效率高、年富力强的财务人员由于薪酬水平较低而跳槽，很大程度上制约了农业科研单位财务管理水平的提高。随着我国财政管理体制改革的持续推进，农业科研单位财务人员的综合素质需要不断提升，农业科研单位的财务工作也需要应对更加严峻的挑战。综上，确保农业科研单位的可持续发展，需要激发其财务人员的积极性。

4. 信息化系统建设滞后

多年来，尽管农业科研单位在财务信息化管理方面取得了显著进展，但随着新形势和新要求的出现，越来越多的实际问题亟须解决。因此，必须对现有的资产管理信息系统进行全面的重构和升级，使其在经费和资产管理方面实现更大的突破，在积极推进科研单位资产管理信息化的进程中必须要充分发挥现代互联网的优势。

农业科研单位的财务网络数据的运用滞后于快速发展的实践。大数据、云计算都是基于获取、存储、计算、输出数据的模式，由此需要重新评估农业科研单位财务信息化管理工作的流程、系统、软件等。各级管理部门对财务信息数据进行纵横交错的网格化梳理后，发现一些数据管理模式滞后于实践，财务管理主要集中在简单核算上，对数据深层次的加工乃至为领导决策服务等方面做得还不够好。2019年《政府会计准则制度》实施，农业科研单位财务信息化工作重视核算、轻视决策服务的弊端逐渐显现出来，财务数据信息共享性不足，财务数据信息互通互融的作用还没有发挥好，没有做到动态化、智能化管理。有的省级农业科研单位在部门预算、智能资产配置、财务信息共享等方面还处在摸索阶段，导致出现科研仪器设备购置重复、利用率低下等问题。提升大型仪器设备共享共用效率、提高财务信息共享率等还有大量的工作要做。加强农业科研单位财务信息化的规范化建设，建设高质量的为决策服务的财务信息数据库，并加以查询、分析与统计，为单位预测决策、项目申报、资产精细化管理等提供及时、有用的信息，实现财务信息的多级管理和数据的实时共享等方面还有诸多工作要做。因此，基于农业科研单位"互联网＋财务管理"的信息化系统建设，需要优化方案，配合信息系统研发部门、单位主管部门实施大数据条件下的实时监管。

农业科研单位的财务管理信息系统停留在简单运用财务软件的网上审核、网上制单等功能的基础阶段，在账务核算、台账登记、文书档案等方面的数据库还存在着部分数据登记不及时、不全面等弊端。由于农业科研单位资产、资金、设备采购、经费使用等方面存在着构成情况复杂、分布范围广等难题，虽然一些单位定期开展了资金与账目核对、清产核资等工作，但经费使用不够规范、农业资产设备重复购置等情况仍然发生。

农业科研单位内部部门间信息数据共享存在较多障碍。有些农业科研单位只有财务部门进行信息化建设，其他部门还没有进行，导致财务管理所需的信息数据不能及时应对经营环境的变化，财务所反映的信息往往较为滞后，据此作出的经营决策也就不够准确，甚至是错误的。除此之外，有些农业科研单位各个部门各自为政，缺乏数据共享的战略思维，部门内部采用各自的信息化软件，无法进行有效的数据交换和共享。

5.国有资产管理方面较弱

在资产管理方面，农业科研单位管理主体责任弱化，资产管理台账不健全，特别是部分资产存量使用、合同签订不规范。比如部分农业科研单位在这一方面依然缺少较为完善的台账，对于由集体出资负责建造的公益用房、集体资产、财政资金购买的办公设备和材料等，没能及时地纳入账务核算和台账登记管理。在资产资源共享方面，由于省级农业科研单位数量多、业务情况复杂、国有资产数据量大，各部门各自为政，共享信息少，地区的统一性较弱、缺少一致的规则、信息系统也各不相同，最终导致了"信息孤岛"这一现象的出现，难以保证财务信息质量。会计核算体系难以协调，财务数据口径难以统一、逻辑混乱，财务信息的及时性、准确性和相关性难以得到保证。大中型设备共享严重不足，共享、共用的成效不高。大多数农业科研单位都没有设置专门的固定资产管理机构，一般都是由行政部门、财务部门或者科研部门临时管理的，然而这些部门人员一般都是身兼数职，人员也经常发生变动，导致国有资产的管理缺乏系统性和连续性。岗位责任不够明确，职权不清晰，极易出现账实不符的情况，影响国有资产的有效管理。

6. 不规范的内部控制

随着经济发展的不断变化，经济活动往往都伴随着内部控制，不论是何性质的公司，在进行经济活动时都必须要制订内部控制措施，通过措施来保证管理目标的有效实现，防范财务风险，堵塞漏洞，促使单位财务健康发展。内部控制作为一种有效手段，能够确保组织权力的规范有序、科学高效运行，同时也是实现组织目标的长效保障机制，更是财务管理的重要保障。农业科研单位由于其单位性质的特殊性，在内部控制方面存在诸多问题。

内部控制是农业科研单位财务管理的重要组成部分，为了避免单位经济资源的安全性受到威胁、完整性遭到破坏，保证能够得到准确、可信的经济和会计信息，并且能够对单位各项经济行为和活动进行有效的规划，在单位内部之间进行了不同形式的分工，通过这种分工，单位不同部门之间可以形成联系与制约共存的状态，从而使管理层在单位内部制订出了一套能够规范职能的办法、实施手段和管理程序。为了使内部控制形成一个严密而完整的体系，对其进行了规范化和系统化的规定。一个合理而有效的内部控制体系应当包含环境控制、风险评估、活动控制、信息系统与信息传递控制、监督检查等多个方面。根据财经法规制度，实施内部控制能够有效提高业务活动的工作效率，避免资产的安全受到威胁，确保得到真实、可信的经济信息等。通过贯穿于整个业务活动的内部控制，才能得到准确、可靠的财务报告，才能为管理层作出准确的判断提供有力的支撑。

单位的管理层要实现经营方针和目标，需要通过各种形式的报告及时掌握准确的资料和信息，以便作出正确的判断和决策。

内部控制策略决定了整个内部控制体系建设的严密性和完整性，是单位财务管理体系中的"免疫系统"。当前，农业科研单位依然存在众多亟须解决的内部控制方面的问题。

（1）内部控制意识薄弱，管理能力相对差

部分农业科研单位内部控制意识薄弱、内部控制制度体系不够健全、内部审计监督制度不完善等影响了农业科研单位财务管理能力提升。农业科研单位的业务活动的公益性强，各个职能部门的内部控制意识没有得到有效的加强，其中最为突出的问题是由于缺乏对科研工作系统性的认识及工作各个环节中可能存在的风险的认识，导致难以实施有效的风险控制措施。并且各职能部门管理人员综合素质、职业素养和工作能力与内部控制制度的有效实施还存在差距，部分管理人员对内部控制机制的重要性认识不足，采取的方法适应不了新的形势。

预算业务管理、收支业务管理、政府采购管理、国有资产管理及科研业务管理等多方面的精细化工作做得还不够，管理效果不佳。部分单位内部控制工作流于形式，虽然制订了内部控制相关的管理办法，但其可操作性不强，没有具体发挥内部控制作用。科研单位的财务管理和科研管理要求和标准越来越高，为了及时发现管理中存在的问题，提高管理水平，确保科研单位的稳定发展，需要不断增强工作人员的素质，确保内部控制得到重视，不同部门之间的交流要更加频繁，完善内部控制的重要内容、建设信息系统，提高科研单位内部控制的水平。

（2）内部控制制度不适应互联网时代的新要求

农业科研单位属于公益性非营利单位，财务管理制度都是由上级部门制定的，并传达给下级部门。在传统模式下，各种财务制度制定、执行、反馈过程中，上下级部门之间沟通不够，内部各部门财务信息透明性不足、业务不统一、操作规范性不高、舞弊事件较多、事后控制为主、决策反应不及时，造成农业科研单位的财务制度可操作性不强，内部控制效果不明显，责任落实不具体，分工不明确。

在"互联网+"时代，利用云计算、大数据、物联网等对财务和非财务数据进行统计、分析，财务信息透明度高，舞弊少，并且多数舞弊能在事前和事中得到有效的控制。为了保证财务信息系统正常、安全地运行，提高内部控制的效果，需要确保查询统计数据的程序合法性以及数据监控、数据输出、各信息系统之间联络的安全性。省级农业科学院内部控制建设如果还停留在原有会计核算的基础上，就无法适应"互联网+"环境下财务安全性的可控要求。

"互联网+"环境给财务内部控制带来了新的挑战。在现有的环境下，所有的信息都以电子数据的形式集中存储在计算机数据库系统中，这就要避免财务信息系统遭到非法访问，甚至遭到黑客或病毒的入侵等问题。

（3）财务管理和科研管理融合的程度不够

项目立项时预算管理作为一项重要措施没有达到有效的执行，缺乏细致、严谨的管理制度；项目实施时，缺乏及时、全方位地引入收支业务管理、政府采购管理、国有资产管理等有效的内部控制行为，如何使用申请到的科研经费，怎样购买恰当数量的科研材料和有助于科研工作的设备，如何管理科研成果等问题缺少科学、有效的管理措施；项目结题时，未能有效地引入收支业务管理思路，未能制定项目结转结余资金管理制度，引入内部控制评价，制定项目绩效评估和考核制度等。因此，完善内部控制制度、提高信息安全性，包括信息安全控制、数据动态监控、程序修订控制及内部监督审计控制，做好新的环境下的内部控制显得尤为必要。

7. 内部监督作用不够

农业科研单位存在未将财务状况、经费使用等纳入常规审计范围的情况，有的农业科研单位对主要领导干部离任审计制度没有严格执行，流于形式，只有在专项检查中才会有所涉及，缺乏审计监督长效机制，审计宽松，管理中存在的问题长期得不到揭示和纠正。上级对农业科研单位责任人的监督较少，同级对农业科研单位责任人的监督太"软"，下级单位和职工监督几乎不可能（监督成本太高、无权约束），导致审计的监督作用不足。上级安排的纵向财政性资助资金，由于各级检查较严，因此管理较为规范。但对横向经费、社会捐赠资金等，资金核算不完整，监管乏力，资金项目套用现象仍然存在，虚开办公经费发票、虚列人员劳务经费、资金使用张冠李戴等行为较难禁止，一些开支费用未注明用途等现象较为突出。

第二节　农业科研单位预算管理

一、预算管理相关概念、流程与原则

2000 年，所有中央一级预算单位全部编制部门预算，并增加农业农村部、教育部、科学技术部及劳动和社会保障部四个试点部门。2000 年开始，我国中央和省两级逐步推行部门预算。2014 年 9 月，国务院出台《关于深化预算管理制度改

革的决定》；新的预算法将于 2015 年 1 月 1 日开始生效；财政部在 2018 年先后印发了《关于加强地方预算执行管理加快支出进度的通知》及《地方财政预算执行支出进度考核办法》；在党的十九大报告中，明确提出了加快建立现代财政制度、建立全面规范透明、标准科学、约束有力的预算制度、全面实施绩效管理、明确深化财税体制改革的目标要求和主要任务的要求。国家先后出台重大财政改革措施，财政管理体制机制产生了根本性改变，这些政策法规及新的要求对农业科研单位的预算管理工作影响深远。为了落实国家政策要求，扎实推进财税体制改革，实施全面规范、公开透明的预算制度，农业科研单位应结合自身特点，提高认识，积极、主动地适应改革要求，做好全面预算管理，提高财务管理水平，推动农业科研事业稳定发展。

（一）相关概念

1. 政府预算与部门预算

政府预算是指政府的基本财政收支计划，即经法定程序批准的国家年度财政收支计划。政府预算是实现财政职能的基本手段，是政府有计划地集中和分配资金，调节社会经济生活的主要财政手段和财政机制。

政府预算是通过政治程序决定、控制的预算过程，由编制决策、审议、批准、执行、调整、决算、审计、绩效评价等一系列环节组成。政府预算是一国政府的财政收支计划，反映着政府分配活动的范围和方向；实质是通过公共选择机制及政治程序构建的现代预算制度；是立法机关代表公众意志对政府作出的授权和委托，也是公众（纳税人）通过立法机关对政府行政权力的约束和限制。一般来说，狭义的预算指预算文件或预算书，是静态的预算；广义的预算指编制、审批、执行、决算、绩效评价与监督等预算过程，是动态的预算。

部门预算是现代政府预算制度的一种基础模式，也是市场经济国家的通行做法。我国部门预算改革中所说的"部门"具有特定含义，它是指那些与财政直接发生经费领拨关系的一级预算会计单位。

在中央政府部门预算改革中有关基本支出和项目支出试行单位范围的说明中，部门预算改革所涉及的"部门"可大致分为三类，首先是行政管理费支出的部门，包括人民代表大会、中国人民政治协商会议、政府机关、中国共产党机关、民主党派机关和社团机关；其次是公检法司的职能部门；最后是公务员管理的事业单位和事业单位。

根据《中华人民共和国预算法》的规定，我国实行一级政府一级预算，按照编制主体划分，我国的部门预算是政府预算的重要组成部分，各部门预算又由本部门及其所属各单位预算组成，部门预算编制应主要包括单位预算编制及本部门预算编制。

部门预算是各部门的收支预算，是各支出部门在未来预算年度的工作计划及财务计划，是部门根据法律法规、预算制度、政府政策重点及活动计划等编制的。

2. 部门预算的特征

就编制主体而言，只有那些与财政直接发生经费领拨关系的一级预算单位或主管预算单位才能符合部门的资质要求。

从部门预算内容涵盖的范围上看，它是一项综合预算，将各个部门及该部门下属单位的所有收支情况都包括在内。要健全一般公共预算、政府性基金预算、国有资本经营预算和社会保险基金预算定位清晰、分工明确、有机衔接、相互补充的政府预算体系，用足、用好地方政府债务限额，做到"四本预算"与政府债务预算（计划）一体编报、同步审核。

从支出角度看，分别按支出功能分类科目与经济科目将所有支出体现在部门预算上，不能有任何遗漏，部门预算必须全方位地体现一个部门及所属单位每一笔资金要用在哪里及怎么用。

从编制步骤上看，应是由基层预算单位开始编制，按照"二上二下"的总流程，经逐级审核批复形成。

从细化程度上看，部门预算的编制应细化到具体预算单位和项目，又细化到按功能科目及经济科目划分的各项具体支出。

从合法性上看，部门预算不能超出国家有关法律法规、政策制度的规定，要按财政部门核定的预算控制数编制。

3. 部门预算编制原则

（1）合法性

部门预算的编制要符合《中华人民共和国预算法》和国家其他法律法规，根据法律赋予部门的职权范围编制预算。组织政府性基金收入要符合国家法律法规的规定；行政事业性收费要按照财政部、国家发展和改革委员会核定的收费项目和标准测算；各项支出的安排要符合国家法律法规、有关政策的规定和开支标准，遵守现行的各项财务规章制度。

（2）真实性

部门预算必须在国家社会经济发展计划以及当下部门应当履行的职责的指导

下预测本部门的收支情况，在预算中的每一个数字都必须是经过仔细计算后得出的，以确保收支数据的真实性。

（3）完整性

政府部门所有有关收入和支出的预算都必须体现在部门预算中。部门预算编制时要体现综合预算的思想，各部门应将所有收入和支出全部纳入部门预算，全面、准确地反映部门各项收支情况，既包括财政部门的拨款和补助资金，也包括其他来源渠道及部门利用公共权力或提供公共服务取得的各种资金。

（4）科学性

预算收入的预测和安排预算支出的方向要科学，要与国民经济社会发展状况相适应；预算编制时要合理设置每一个程序，充分利用各个阶段的时间；预算编制不是随意的编制，需要依托科学的方法，确保每一个测算步骤都是合理的、有依据可查的；预算的核定要科学，基本支出预算定额要依照科学的方法制定，项目支出预算的编制要对项目进行评审排序。

（5）稳妥性

编制部门预算时不能出现赤字预算，所有预算都必须根据实际情况，避免收入和支出不平衡状况的出现。收入预算要留有余地，对于不能确定的收入项目和金额，必须将其从预算中排除；部门预算必须将基本支出作为首要关注点，如基本工资。

（6）重点性

要将每个项目中的每一笔资金进行合理安排，本着"统筹兼顾，留有余地"的方针，在支出资金时必须首先确保完成关键部分的供给。重点性要求首先安排基本支出，之后才是项目支出，另外，关键的、重要的和迫切要求的项目也必须排在首要位置。

（7）透明性

通过建立完善、科学的预算支出标准体系，实现预算分配的标准化、科学化，避免在预算分配中出现由于主观意识而造成的不合理安排，使预算分配更加规范、透明。建立健全部门预算信息披露制度和公开反馈机制，可以使得部门预算更加公开化。

（8）绩效性

绩效管理是部门预算中一项重要的管理措施，各个环节中都应该体现该理念。通过对绩效管理机制进行不断完善和发展，以及对预算的编制、执行情况和完成情况的全方位监督，才能使预算资金得到最大化的利用。

（二）流程和原则

预算管理是指政府依据法律法规对预算过程中的预算决策和资金筹集、分配、使用及绩效等进行的组织、协调和监督等活动，是财政管理的核心组成部分，也是政府对经济实施宏观调控的重要手段。

预算管理的手段包括计划、组织、协调、控制、评价、监督等，预算管理的目标是使预算过程规范和预算资金有序、高效、规范地运行。

1.流程

预算管理的流程是指一个相对完整的预算管理运行过程，按照各个运行阶段的管理内容，主要分为预算编制、预算审查与批准、预算执行与调整、决算与审计、预算绩效与监督等阶段。

（1）预算编制

《中华人民共和国预算法》第三十二条规定，各级预算的编制应当遵循年度经济社会发展目标、国家宏观调控总体要求及跨年度预算平衡的需要，并参考上一年预算执行情况、有关支出绩效评价结果及本年度收支预测，经过规定程序征求各方面意见后进行。在预算批准之前，各级政府应当根据其法定权限制定行政措施或决定，并在预算草案中作出相应的安排，以确保财政收入或支出的增减不会对预算造成影响。各部门、各单位在编制预算草案时，不仅需要遵守国务院财政部门制定的政府收支分类科目、预算支出标准和要求等规定，还要结合其依法履行职能等。

（2）预算审查与批准

预算的审批是指国家各级权力机关对同级政府所提出的预算草案进行审查和批准的活动。全国人民代表大会主要负责的是中央预算，而地方各级的预算由本级人民代表大会负责。经过人民代表大会批准的预算属于法律文件，具有严肃的法律效力，非经法定程序，不得改变。《中华人民共和国预算法》规定如下：在本级人民代表大会会议召开的45日前，各级政府财政部门应将本级预算草案的主要内容提交给本级人民代表大会的财经委员会或相关专门委员会进行初步审查。当全国人民代表大会召开时，国务院就中央和地方预算草案进行报告。全国人民代表大会主要负责中央预算的审查及最终结果的批准，以确保其合法性和合理性。在地方各级人民代表大会召开的会议上，地方各级政府向大会汇报本级总预算草案的情况。本级人民代表大会应当对地方各级政府的预算进行审查和批准。

在预算获得批准后，各级政府必须遵守法律规定，向相应的国家机关进行备案，以加强对预算的监督和管理。

预算草案的审查和批准应当更加细化。应当将本级一般公共预算支出根据其所承担的功能和经济属性的不同，分别进行不同的归类。对于本级政府性基金预算、国有资本经营预算等，应当按照其所承担的功能不同进行细致的分类。对于预算草案及其报告、预算执行情况的报告需要全国人民代表大会和地方各级人民代表大会重点审查。第一，需要审查上一年的预算执行情况，以确保其符合本级人民代表大会预算决议的要求；第二，需要对预算安排进行审查，以确保其符合本法规定；第三，需要审查其是否将国民经济和社会发展的方针政策贯彻到预算安排中，以及收支政策是否具有实际可行性；第四，需要审查其是否恰当安排重点支出和重大投资项目的预算；第五，需要审查预算编制的完整性，其是否符合本法中第四十六条的相关规定；第六，对于下级政府而言，需要审查其转移性支出预算是否规范和恰当；第七，需要审查预算安排举借债务的合法性和合理性，在报告中是否制定了相关的偿还计划和偿还资金来源的稳定性；第八，需要审查其是否清晰说明了和预算相关的重要事项。

经过本级人民代表大会的批准后的预算，本级政府财政部门有义务在20日内向本级各部门批复。在获得本级政府财政部门对本部门的预算批复后，各部门有义务在15日内向所属各单位进行预算批复。审查结果报告应当涵盖对去年预算执行和本级人民代表大会预算决议执行情况的综合评估；对于本年度预算草案的合法性和可行性的评价；就预算草案和预算报告，向本级人民代表大会提出建议；就年度预算的执行、预算管理的改进、预算绩效的提高及预算监督的加强等方面，提出相关的意见和建议。

（3）预算执行与调整

预算经过审批后即进入执行阶段，预算的执行既是将预算安排的收支计划指标实现的过程，又是决定各项预算决策是否能够落实到位的关键环节。这一阶段，财政部门要通过合理组织收入和有序安排支出来实现既定目标。若需改变经批准的预算，则要经过法定的调整程序。

本级政府负责组织执行各级预算，而具体工作则由本级政府财政部门全权负责。本部门、本单位的预算执行主体为各部门、各单位，其职责在于执行本部门、本单位的预算，并对预算执行结果承担责任。

所有单位的支出必须严格按照预算执行，绝不能出现虚假的支出情况。各级政府、各部门、各单位应当对其预算支出情况进行绩效评估，以确保其合理性和透明度。所有层级的预算在收支方面均采用收付实现的方式。

在预算执行过程中，若出现需要对预算总支出进行增减、需要将预算稳定调节基金调入、需要调减预算安排的重点支出数额、需要增加举借债务数额等情形之一，就必须进行预算调整。

各部门、各单位应当遵循预算科目的规定执行预算支出，对于不同预算科目、预算级次或项目间的预算资金的调配需要严格控制，若确有必要进行调整时，则应按照国务院财政部门的相关规定进行处理。

（4）决算与审计

根据财政部《部门决算管理制度》第二条规定，部门决算是指行政事业单位在年度结束时，根据财政部门决算编审的要求，依据日常会计核算，编制的一份总结性文件，该文件综合反映了本单位的预算执行结果和财务状况。部门决算管理主要内容包括部门决算的工作组织、报表设计、编制审核、汇总报送、批复、信息公开、分析利用、数据质量监督检查、数据资料管理以及对部门决算考核评价等方面。

在每个执行周期结束后，必须进行预算执行情况的综合评估，并进入决算过程。为确保决算草案的编制符合法律和行政法规，必须确保收支真实、数额准确、内容完整，并及时报送。

决算草案需要与预算相对应，应当按照预算数、调整预算数、决算数的形式进行呈现。一般的公共预算支出应当根据其功能和经济性质分类和编列到相应的项和款中。各部门应当对所属各单位的决算草案进行审查和整合，以编制出本部门的决算草案，并在规定的时间内向本级政府财政部门提交审核。各级政府财政部门有权对本级各部门决算草案中审核出的不符合法律、行政法规规定的情况采取纠正措施。

对预算执行情况的审计，是指按照一定的财务、会计、预算规定对预算实施的结果进行检查与评价的过程。其目的是通过对预算结果与预算目标的差异分析、预算执行成本与效益（包括社会效益）的分析、收支的实现与是否合法合规等的审查，及时发现问题，调整和纠正预算执行中的偏差，揭示和制止资金使用中的违法、违规等问题。良好的预算管理需要通过强化财政责任，增进公共利益，来提高公众对公共产品及服务的满意度。

（5）预算绩效与监督

在公共预算的前提下，公共受托责任的政府部门不仅要依法、合规地花钱，而且要将如何花好钱作为预算管理的重要内容，要在预算的全过程中引入绩效管理，建立起以绩效目标为导向、以绩效执行为保障、以绩效评价为手段、以评价结果应用为核心的管理制度。

预算监督是指对政府部门预算编制、执行、决算与绩效等过程进行监督，其目的是保证预算的法律性与严肃性，提高预算编制与执行的效率和效益，实现预算的政策目标。预算监督是预算管理整个流程中的重要内容，它贯穿于预算管理过程始终。

2. 原则

（1）公共性原则

预算应当充分反映公共财政的实际要求，持续优化支出结构，以确保财政性资金向满足社会公共需求的领域转移。

（2）综合性原则

预算是一份全面的资源预算，覆盖了各个部门的所有收入和支出，以确保资源得到充分利用。财政预算内外的财力综合平衡是财务部门必须坚守的原则，需要统筹安排预算内外各项收支计划，以确保资金使用的合理性和有效性。

（3）真实性原则

编制预算时，应根据各部门的职责、发展目标及现有资源的配置情况进行综合考虑，确保各项收支符合客观实际，并提供真实、可靠的预算依据，不得有任何隐瞒或虚列收支内容的行为。

（4）绩效性原则

编制部门预算时，应以中心工作为导向，注重投入成本与效益产出的性价比，基于科学、合理、必要的原则安排各项支出，致力于提高资金使用的社会效益和经济效益。

二、农业科研单位预算管理的问题及分析

在预算管理体系下，随着财政支出管理体制的变革和农业科研单位管理环境的重大变化，农业科研单位的管理面临着新的挑战，需要承担进行农业科学研究的重要责任，因此研究岗位是农业科研单位的主要岗位，而财务岗位则是为辅助科学研究而设置的岗位。每个农业科研单位的人员编制数量都有明确的规定，不能有超出规定外的任意增加，因此造成财务人员的数量严重不足，导致财务管理

工作缺少专业人员的加持。当前，农业科研单位在预算管理方面与预算法和建立现代预算制度的要求相比仍然存在多个薄弱环节，这是由于科研人员将更多的关注点放在了自身能力和业务的提升上面，没有正确认识预算管理工作的重要性，观念始终停在重视申请而轻视管理的阶段，从而使得改革措施落实不到位、预算管理不够完善。

（一）农业科研单位预算管理的问题

1. 预算编制细化程度不高

当前，预算编制不够科学、不完整、合理性不足、细化程度不高等问题在农业科研单位预算编制的个别项目中还依然存在。由于预算编制人员主要从事财务工作，对农业科研领域的知识缺乏深入的了解，难以精准细化支出明细科目和级次，导致执行中需要进行大量调整，出现预决算差异较大，预算的约束力和严肃性不够强的问题，影响了有效监督的实施情况。精细化程度不高的原因还包括由于单位内部信息的横向和纵向流通不畅，导致预算编制与实际需求脱节，项目库及预算文本均未说明资金使用分配情况，项目资金安排未细化到地区，未分地区进行编制，出现"宁可多报，不可错报"的错误思想和重复购置的情况。

2. 缺乏有效监督

预算执行既是将预算安排的收支计划指标实现的过程，又是确保各项预算决策落实到位的关键环节。科学的预算编制需要积极、全面的预算执行来实现。从目前农业科研单位整体情况来看，预算执行环节缺乏有效的监控机制，存在着执行不到位的问题。

第一，预算执行缺乏明确的责任主体，缺乏专门机构监控预算的执行。相关管理人员没有正确认识预算管理重要性，预算意识不够强，认为预算只是财务部门的职责所在，与其他部门无关。在这一理念的指引下，严格执行预算的职责没有落实到各业务部门和项目负责人身上，而仅靠财务部门不仅难以推进部门预算的执行进度，也无法单方面应对部门预算执行中的问题并进行调整。

第二，预算执行的规范性受到预算控制力度不足的影响，因此无法根据实际情况进行必要的调整。在当年预算批复下来后，没有对预算进一步分解安排，未制订预算实施方案，项目执行过程中，未加强对预算进度、科研进展的监督管理，再加上受环境气候等不可控因素的影响，农业科研单位的实际支出无法准确依照预算执行，直接影响了资金的使用效率。

第三，对预算执行缺乏有效的监督措施。预算管理应该包括事前调研、事中控制、事后监督三个部分，当前在预算执行中的跟踪问效大多不到位，缺乏长效机制和有效的监督措施。

第四，纵向、横向科研经费相互挤占、挪用。农业科技研究方面的资金来源一般包括横向和纵向两个渠道。纵向科研经费是指国家农业主管部门及省级行业机构向科研团队提供的资金及相关资产，以及农业科研单位提供的资金支持，如国家自然科学基金、农业科技重大专项等科研项目经费。横向科研经费是指农业科研单位与社会其他部门和企业之间进行科研合作、科研咨询或科研成果转让所获得的科研经费。对于纵向科研经费，国家主管部门、省级主管部门分别制定了各自的科研项目经费管理办法，而对横向科研经费的监管则缺乏具体的管理办法，这就造成了纵向、横向科研经费之间的相互挤占、挪用现象的发生。

3. 不健全的预算绩效管理体系

预算绩效管理是一种以支出成果为导向的预算管理模式，在政府绩效管理中扮演着重要角色。目前，克扣挪用、截留私分、虚报冒领等不良现象在预算绩效管理中还时有发生，究其原因离不开绩效理念未能深入人心、绩效管理的广度和深度不足等；还未完全建立起绩效评价结果与预算安排和政策调整的紧密联系机制，致使绩效激励约束作用不够显著。在农业科研单位预算绩效目标的编制过程中，一般是将要申请的项目定好，然后再开始编制绩效目标。这就会出现编制时间紧迫的问题，而此时许多科研人员出于应付心理，在编制《编制绩效目标申报表》时只是希望形式上通过审核即可，还为了绩效评价时能够顺利通过而故意降低目标要求。该行为违反了绩效目标的制订目的，使得绩效管理的作用仅仅浮于表面之上，很难深入，难以达成有效提高资金使用效益的目标。不断加深对绩效评价方法的研究和评价结果的应用，是当前亟须解决的问题。

（二）存在问题的原因分析

1. 预算管理意识薄弱

农业科研单位的预算管理是全员、全过程的管理工作。预算的编制需要大量的基础数据，需要财务部门、业务部门及管理部门的参与，预算的执行又需要各个部门相关人员的配合。有些单位预算管理负责人不具有财务管理的经验，对预算管理的相关规定不甚了解，认为预算编制只是取得财政资金支持的一个途径，没有给予预算管理工作足够的重视，并且认为编制预算是财务部门的事情。在实际操作中，预算编制多是以单位财务部门的个别人员为主，其他部门人员参与度不高。甚至有些单位未设立专门的预算管理机构，预算编制缺少相关职能部门和职工的共同参与，不重视基础数据的搜集，这就造成了编制的预算质量不高，预算方案与预算实际执行存在较大偏差的问题。

2. 预算编制仓促

农业科研单位编制部门在上年年末编制下一年的部门预算，由于预算编制时间紧迫、任务繁重、准备不充分，使得预算编制有些仓促且过于片面，同时难以保证数据的精确性，从而导致预算编制与实际产生偏差，最终影响资源的合理配置。由于部门预算是在上年年末编制的，而下一年度的工作任务、目标计划等都是在当年年初布置的，部门收支计划和许多专项支出因目标任务不具体而难以被细化和准确预计，导致预算执行中追加追减的情况经常发生。

3. 各部门之间缺乏有效沟通

组织管理学家切斯特·巴纳德（Chester I.Barnard）认为"沟通是把一个组织中的成员联系在一起，以实现共同目标的手段"[①]。没有沟通，就没有管理。预算管理工作是一系列组织、调节、控制、监督活动的总称，涉及预算单位的各职能部门和业务部门。从组织预算编制到预算执行，各相关部门必须有效、及时地沟通，相互配合，使各类信息被正确地传递、理解与贯彻，有助于形成全面、系统的横向、纵向沟通机制，进而有利于各部门及相关人员积极参与预算管理工作，推动预算各阶段工作的顺利进行。

当前农业科研单位预算管理中存在众多问题的原因之一是普遍缺乏有效沟通机制，缺乏组织有效沟通的预算管理组织机构和人员。农业科研单位财务管理信息化程度不高，财务信息化中的预算管理、财务分析、报表汇总、实时监控等管理功能启用不理想，使得信息反馈不及时，科研人员与财务人员在缺乏有效沟通的情况下编制出来的部门预算很难保证质量，也将会影响预算执行进度。

4. 缺乏预算管理专门人才

财务处理的日常工作比较烦琐复杂，加之农业科研单位的编制限制而出现财务人员不足的情况，使得有些单位在财务工作中难以实现不相容的岗位分离。随着不断深化的财税体制及科技体制改革，新形势、新常态下的科研任务对财务工作提出了更高的要求，但财务人员缺乏充足的时间和精力来加强业务学习，使得他们难以适应当前形势。

---

① 胡坚兴.管理的思考与实践[M].北京：企业管理出版社，2015：161.

三、农业科研单位预算管理的措施

随着我国经济发展进入新常态，财税体制改革不断深化，各种规范制度、措施、专项审计、绩效评价也进入新常态，对农业科研单位财务管理提出了更高的要求。农业科研单位要把握新常态、引领新常态，以农业由增产导向向提质导向转变的新需求为中心，结合自身特点，以积极主动的姿态适应新常态要求。在加强预算管理的同时更要采取切实有效的措施，让有限的资金实现其效益的最大化，真正实现以科技惠民生，以服务惠民生的目标。

（一）控制预算编制

按照财政要求，结合单位实际，在预算管理方面，明确思路，认真贯彻省委、省政府关于预算编制的通知精神和省财政预算编制要求，全面落实单位决策部署，实施"三保一统筹"，即保运转、保民生、保重点及强化资金挖潜统筹，牢固树立"过紧日子"的思想，大力压减一般性支出，按职能、按编制保障运转经费。对人员基本支出据实安排，重点支出优先安排，加大重点支出保障力度。加大资金统筹力度，将财政拨款、自有收入、科研经费、结转资金、事业基金等全口径纳入预算管理，通盘考虑、统筹安排，为单位事业发展提供强有力的资金保障。制订预算编制原则依据以院本级为例，一是压减一般性支出，从严控制专项资金。大力压减日常公用和业务类预算财政资金，"三公两费"预算安排只减不增，后勤运转经费实行分摊，对运转经费和带有项目性质的支出严格控制。二是挖掘资金潜力，强化资金统筹。三是实施专项整合，优化支出结构。四是强化绩效填报，规范支出范围。规范强化绩效目标管理，对所有使用财政资金的政策和项目全部实行绩效目标管理，合理设置绩效指标及目标值，按规定提报绩效目标。

（二）全面实施预算绩效管理

全面实施预算绩效管理需要建立在全方位、全过程、全覆盖的预算绩效管理体系有效形成的基础之上。首先需要实施全方位的管理措施，以确保预算绩效实现全面的覆盖。完成预算绩效管理实施对象的转变，即从以项目支出为主向政策、部门整体绩效拓展，同时从一般公共预算为主向全口径预算拓展。通过转变实施对象形成从纵横两向分别覆盖各级政府、所有部门单位的预算绩效管理体系。其次，建立完善的绩效管理链条，全流程实施预算绩效管理。预算管理全过程应时刻体现绩效理念和方法，构建涵盖事前、事中、事后三个环节的"三位一体"预算绩效管理闭环系统，从而实现预算与绩效管理的无缝衔接。其包含了五个环节，分别是事前绩效评估、绩效目标、绩效监控、绩效评价及结果运用。所有新推出的重要政策和项目，必须在实施前进行绩效评估，出具事前绩效评估报告，作为预算申请的必备要件。年中追加项目，要依托项目库编报项目和绩效目标。对预算调整项目，要重新编制绩效目标。加强评价结果应用，省财政部门将评价结果作为以后年度乡村振兴重大专项资金分配的重要因素，权重不低于10%。对评价结果优秀的，增加下一年度资金分配；对评价结果较差的，减少下一年度资金分配。再次是确立权责分工，强化预算绩效管理职责。秉持权责对等、约束有力的原则，进一步明确各方在预算绩效管理中的职责，以增强其约束力。预算绩效管理的责任主体为各单位，其中单位的预算绩效责任由本单位主要负责同志承担，而项目预算绩效责任由项目负责人承担。最后是加强管理考核，引入创新的激励和约束机制。在预算绩效管理中需要不断加强管理工作的组织领导，树立绩效意识，结合单位实际情况制订实施方案，全面谋划推进措施。同时还要加强预算绩效管理人员的配置，促进有关政策措施的全面贯彻落实。

（三）加强预算管理基础工作

1. 提高财务管理信息化程度

不断提升财务管理的信息化水平，有助于提高其工作效率，并且可以为决策提供及时、准确的依据。为此需要结合农业科研单位的业务特点、财务工作实际，以及与其对接的上级财政部门的管理要求，研发或引进合适的财务管理软件系统。

2. 建立部门预算管理信息平台

为加强财务人员与科研人员的有效沟通，农业科研单位可以利用现有局域网络，在单位内部建立部门预算管理信息平台。财务人员与科研人员通过平台沟通，随时了解和掌握经费的使用情况，有效避免经费预算执行的盲目性。

3. 加强预算管理制度建设

完善科研项目预算管理制度，建立有效的预算编制工作流程，建立预算执行通报制度，建立健全科研项目经费管理办法，制订科学合理、符合实际的项目支出定额标准。

4. 完善会计记录及数据的管理

预算不能凭空进行，必须有依据。项目实施过程中的会计记录对今后的预算管理工作具有重要意义，它直接反映农业科研项目执行的大致过程和总体的质量水平。因此，要不断充实和完善财务数据及相关基础数据，包括各项经验数据、消耗定额、行业资料、国际国内的经济指标，确保财务数据的准确、真实、全面、完整。

第三节　农业科研单位内部控制

内部控制是指一个单位为实现其经营目标、保护其资产的安全和完整性、确保其会计信息的正确性、可靠，确保其经营政策的实施，确保其活动经济、有效地运行所采取的一系列方法、措施和机制。从本质上讲，内部控制将制衡机制嵌入业务流程中，以减少甚至消除欺诈的机会。相互制衡是指在单位的岗位设置、功率分配和业务过程中形成的相互约束和监督的机制，是内部控制的核心概念。内部控制包括控制环境、风险评估、监督决策、信息和沟通、自我监控和检测，涵盖了该单位业务活动的各个方面。内部控制作为现代管理理论的一个组成部分，它的重要性日益受到社会各部门的重视。

为提高行政事业单位内部管理水平，规范内部控制，加强廉政风险防控机制建设，财政部门于 2012 年 11 月正式颁布并在 2014 年 1 月 1 日起正式实施《行政事业单位内部控制规范（试行）》。

农业在我国具有举足轻重的地位，是我国的基础产业，也是朝阳产业。在新时代，加快农业现代化发展，提高我国农业竞争力，对于经济发展转型升级、全面建成小康社会至关重要。作为推动新型农业发展的科研单位，农业科研单位在推动农业成果转化、实现经济结构优化与发展再升级中发挥着不可替代的作用。因此，重视农业科研单位的自身建设与内部管理，设计一套操作性强、系统完整、规范合理、行之有效的内部控制制度，对于促进科研发展具有重要意义。

一、内部控制概述

（一）内部控制的基本框架

1. 相关概念界定

（1）内部控制

很多年前内部控制的概念就在欧美国家被提出，1949 年由美国注册会计师协会（AICPA）定义为：基于保护企业资产、检查会计数据的准确性和可靠性、提高运营效率、促进管理政策的贯彻和实施而在企业内部采取的各种方法和措施。直到 1992 年由美国反虚假财务报告委员会下属发起人委员会（COSO）对内部控制整体框架定义为：为实现经营效率和效果、财务报告可信性及相关法令的遵循等目标而提供合理保证的过程。内部控制的实施者为企业董事会、经理层及其他员工。从国外内部控制的定义可以看出内部控制发展、演进和完善的过程，对我国内部控制概念的界定具有很好的借鉴作用。

我国的内部控制主要是从内部会计控制即会计监管开始的，而不是从内部控制框架开始的。根据《企业内部控制基本规范》，内部控制是由企业董事会、监事会、经理层和全体员工实施的过程，旨在实现控制目标。内部控制的目标是保证企业经营管理合法合规，资产安全、财务报告及相关信息真实、完整，提高经营效率和效果，促进企业实现发展战略。

内部控制是一个过程而非结果，不是单一的制度、机械的规定，而是一个发现问题、解决问题并且贯穿于企业管理始终的动态过程。

（2）内部牵制

内部牵制是指业务流程的设计，目的是提高企业的效率，使企业能够更好地运作，避免出现差错和其他不合法的业务行为。它的最大特征是以任何个人或部门不能独立控制任何一项或一部分业务权力的方式展开组织上的责任分工，每项业务都可以通过正常发挥其他个人或部门的功能进行相互检查或相互控制。设计有效的内控牵制，使各项行动能够完整、准确地按照既定的流程进行，而在这个既定流程中，内控牵制总是不可或缺的一环。内部牵制按照实现机制的不同，可分为分离式牵制和合作式牵制两种。

（3）企业风险管理

2004 年，COSO 为企业风险管理确立了一个被普遍接受的定义，该定义融入众多观点并达成共识，为各组织识别风险和加强对风险的管理提供了坚实的理论基础。企业风险管理框架的主要贡献在于其重新定义了风险管理，即由目标、要素和组织三个维度组成的有机整体。第一维度为企业目标，即战略目标、经营目标、报告目标和合规目标。第二维度为构成要素，即内部环境、目标设定、事项识别、风险评估、风险应对、控制活动、信息与沟通和监控。第三维度是企业的层级，包括主体层次、分部、业务单元及子公司。

2. 内部控制规范结构

基本规范和配套指引是我国内部控制规范体系的两个层面。在内部控制建设与实施过程中，必须遵循基本规范这一基本原则和总体要求，这些规范具有强制性，那些被纳入实施范围的企业必须严格遵守并执行。补充和说明相关规定的配套指引，具有指导性和示范性，可为读者提供更深入的理解和应用指导。我国企业内部控制规范建设已初步完成了从"五步法"到《企业内部控制基本规范》再到配套指引的发展历程，但与国际先进水平相比仍有较大差距。应用、评价和审计三个方面的指引构成了一个有机的整体，它们相互独立但又相互关联。企业在建立健全内部控制时，需要遵循内部控制五大原则和五大要素。而应用指引则在配套指引及整个内部控制规范体系中扮演着主导角色，包括控制环境、控制活动和控制手段等方面的指引；为企业管理层提供自我评价内部控制有效性的指导，以供企业董事会或类似决策机构进行全面评价、形成评价结论并撰写评价报告的过程；评价指引是企业为了加强自身管理而制订并实施的内部控制目标及措施等内容的指导性文件，主要由企业内部各级管理人员依据相关法律法规规定及本单位实际情况自行制订。注册会计师和会计师事务所在执行内部控制审计业务时，必须遵循审计指引作为其执业准则。

3. 内部控制的基本内容

内部控制是以目标为中心的，它是整个控制系统的起点，系统的运行方式和运行方向都是由内部控制的目标所决定的。企业应通过制订内部控制目标来确定内部控制措施，并将这些措施付诸实施，以达到预定的目标。五大目标和五大要素共同构成了内部控制的核心框架。

内部控制的五大目标构成了一个健全的目标系统，每个目标在整个目标系统中占据的地位有所不同，发挥的作用也有很大区别，这是因为每个目标在控制系统中的层级不同。

一是合规目标。作为内部控制目标之一，合规目标主要关注公司所从事的各项活动是否均符合法律法规所规定的标准，其中包括但不限于知识产权、市场营销、价格策略、税收政策、环境保护、员工福利及国际贸易等方面。合规目标与其他目标相比具有更高的重要性，它是实现企业战略目标的基础。

二是资产安全目标。资产安全目标在于确保资产的安全性，关注点包括公司资产是否处于可持续状态，资产是否有重大变化或风险，资产是否存在流失或其他问题，资产是否被非法转移等。

三是报告目标。其关注的焦点在于公司管理层所作出的决策，以及对内报告中有关公司活动和业绩监控的精准、及时、全面的信息；向外界披露真实、可靠、完整的信息，以满足投资者、监管部门和其他相关信息需求者的需求；并且为企业和政府机构提供有关政策建议的内部报告。信息的涵盖面不局限于财务层面，以确保其全面性。

四是经营目标。经营目标即为实现价值最大化或财富最大化的目标。其关注点包括：经营目标与公司战略目标及战略计划一致，经营目标适应公司所处的特定经营环境、行业和经济环境等，各个业务活动目标之间保持一致，所有重要业务流程与业务活动目标相关，适当的资源及有效配置，管理层制订的公司经营目标及他们对目标的负责程度。

五是战略目标。企业绩效现状的评估是管理层监控前期战略和制订新战略的基石；进行内外部环境的检测与分析，以确保系统的稳定运行；为实现公司目标而实施的具体行动方案以及在这些措施中所使用的方法和手段等方面制订一套战略目标框架，以及如何通过这些方面来实施企业战略。在制订战略时，必须遵循一系列必要的流程，并进行充分的讨论，以确保决策的合理性和有效性。对于企业而言，评估其目标实现与现有资源状况之间的匹配度以及如何将目标转化为行动方案是一项至关重要的任务。

我国企业内部控制的要素包括内部环境、风险评估、控制活动、信息与沟通、内部监督。内部环境包括治理结构、机构设置、权责分配、内部审计、人力资源政策、企业文化等。风险评估包括目标制订、风险识别、风险分析、风险应对。控制活动指企业根据风险评估结果，采用相应的控制措施，将风险控制在可承受的范围内。信息与沟通指企业及时、准确地收集、传递与内部控制相关的信息，确保信息在企业内部、企业与外部之间的有效沟通和正确应对过程。内部监督指企业对内部控制建立与实施情况进行监督检测，评价内部控制的有效性，一旦发现内部控制缺陷，应当及时加以改进。

总之，内部控制的目标是一个体系，按照 COSO 的观点，每一个目标都要有相应的控制程序，从横向角度看，所有控制程序一定存在某些共性，抽出所有控制程序的共性并进行归类就形成了内部控制的各个构成要素，即内部控制的要素结构。

（二）内部控制的重要性及不足

1. 重要性

作为现代组织管理框架的重要组成部分，内部控制不仅是组织持续发展的机制和重要保证，还是确保组织稳健运转的关键要素。在经济全球化、知识经济时代，企业之间的竞争日益激烈，而这又与内部控制密不可分，因此加强企业内控建设具有十分重要的现实意义。现代组织理论和管理实践表明，建立完善的内部控制制度是组织所有管理工作的起点，所有组织活动都必须与内部控制紧密相连，不能脱离其控制。

①内部控制是实现企业发展战略的基础。一般认为，要实现企业长远的发展战略就要有健全有效的内部控制作为支撑。而在我国，具有强制性要求的内部控制基本规范形成较晚，许多企业并没有自发地认识到建设与执行内部控制的重要性。建设和完善内部控制体系是我国企业融入国际社会和健康、可持续发展的必由之路。

②企业经营管理效率的提升离不开内部控制这一重要保障。企业的经济活动和经营管理需要建立完善的内部控制体系，以确保内部控制贯穿于企业经营管理的各个方面。

③企业信息质量的提升，离不开内部控制的有效实施。建立有效的内部控制机制，有助于重塑投资者的信心，维护资本市场的公正和透明，从而确保投资者的利益和国家经济的安全。

④加强企业制度管理的根本在于内部控制的有效实施。同时，也能为管理者提供有效决策支持。为了确保企业所有者的权益得到最大程度的保障，企业所有者有必要对代理人进行监督，以避免代理关系中的信息不对称，降低代理成本，并实现公司治理目标。通过内部控制的实施，企业的管理水平和会计信息质量得到逐步提升，从而提高了经营效率和效益。

2. 不足

内部控制在实现企业预期目标的同时，也不可避免地受到其内在固有模式的制约。

（1）成本限制因素

在内部控制系统中，成本主要是指为了确保信息质量而采取的一系列活动的费用支出。考虑到成本与效益原则的限制，应当根据其所需的成本来确定内部控制系统所需的保障水平。通常情况下，程序的控制成本应当控制在风险或错误所带来的损失和浪费之内，以确保资源的最大化利用。在内部控制中，成本包括内部审计费用、人员薪酬支出及其他相关成本。在考虑潜在收益时，需要综合考虑多种特定因素，包括可能发生的不理想情况、各项活动的特征以及时间价值对实体可能产生的潜在财务或经营影响。

（2）由于人为疏忽所致

由于设计人员的经验和知识水平的限制，内部控制的设计可能会受到人为因素的干扰，从而导致失误。

（3）串通欺诈之举

在内部审计中，如果公司的管理者有意与外部机构沟通某些重要财务和非财务方面的信息，那么他们就有可能利用这些信息来帮助自己达到某种目的，从而使公司丧失了内部控制。内部控制的有效性可能会受到两人或多人合谋活动的影响。个人从事犯罪或试图隐瞒某项行为时，常常会试图篡改财务数据或其他管理信息，以使其无法被内部控制系统识别。

（4）滥用职权

在公司中，管理人员的权力主要表现为决策权。尽管各种控制程序都是管理工具，但它们并不能防止那些负责执行监督控制的管理人员滥用职权或不当用权，这一点需要引起高度重视。作为企业管理的重要组成部分，内部控制必须严格遵循管理人员的意愿，特别是对于企业负责人的决策具有至关重要的影响。当决策出现问题时，内部控制机制便失去了其应有的掌控能力，从而无法有效地贯彻决策人的意图。

（5）公司内部的管控机制已经失去了效力

企业处于不断变化的环境中，为了保持竞争力，必须不断调整经营策略，这将导致原有的内部控制制度失去对新增业务内容的有效控制。

二、农业科研单位内部控制分析

在财税改革不断深化推进的过程中，农业科研单位的运营活动所面临的问题和风险与改革趋势不相适应，这些问题和风险将成为制约农业科研单位事业发展的重要障碍。因此，必须要从国家财政体制改革的视角出发，加强农业科研单位财务内部控制建设工作。内部控制，是指通过制定制度、措施和程序，对一个单位在经营过程中出现的各种风险，采取一种综合的、有针对性的预防措施，从而达到预期的控制目的，并与金融政策和财经法律相结合，把一些需要重点控制的业务和事项纳入一个统一的控制系统之中。

2012 年财政部门印发了《行政事业单位内部控制规范（试行）》（以下简称《规范》），要求加强廉政风险防控机制的建设，并于 2014 年 1 月 1 日开始实施。《规范》发布实施以来，得到了财务管理部门的重视，但实施手段多流于形式，局限于对《规范》内容的生搬硬套，并没有通过梳理自身业务活动需求建立较为系统的内部控制体系。2014 年 10 月财政部门又发布了《内部控制基本制度》，明确八类重点控制的风险。由此可见，农业科研单位的核心业务活动，如财务管理、资产管理、采购和购买服务管理及人事管理都应成为内部控制的主要内容。

2017 年财政部门印发了《行政事业单位内部控制报告管理制度（试行）》。为了提升机关事业单位经济活动的管理水平，加强风险防控机制的建设，内部控制信息化建设成为行政事业单位内部控制工作的重要组成部分。通过信息化建设，可以将单位层面及业务层面的建设成果内容放入系统，真正反映内部控制建设成果。信息化系统将单位内部控制建设中的业务流程、管理制度、岗位职责等进行有机结合，实现了内部控制的程序化和常态化。

（一）实施内部控制的必要性

中共中央陆续印发了《关于进一步完善中央财政科研项目资金管理等政策的若干意见》和《关于实行以增加知识价值为导向分配政策的若干意见》，继续深化科技体制改革，关键是要进一步扩大科研自主，放开体制，实行"放管服"，在资金使用、管理等方面进行改革与创新。农业作为国民经济的基础，备受党和政府的重视，国家和地方都在不断加大对农业科技的投入，与此同时，农业科研机构的科研经费来源也呈现出多样化，所要承担的科研项目越来越多，农业科研的财政支出也越来越大，项目和经费管理的任务也越来越重。

1. 内部控制是保护机制

内部控制的目标之一就是要明确自己的责任，通过梳理业务流程，制订控制措施，减少出错的概率，减少人为干预的因素，提高工作效率。通过内部控制，保证一切工作有序进行，把权力关进制度的笼子，避免负责人和操办人在利益相关方的压力下出现舞弊行为。

2. 推进绩效管理

内部控制的执行过程是动态的，它可以随着企业的发展而不断地进行调整。企业内部控制系统评估机制的建立，为企业业绩管理提供了依据。内部控制可以通过对岗位职责进行明确，从而对资金和资产的控制进行改进，从而推动对现有资源的高效利用，使得有限的资源能够高效地被用于农业科研活动和单位事业发展中。

3.完善制度建设

在对单位的业务进行全面的分析和掌握之后，农业科研单位应该以全面覆盖、预防为主的原则为指导，对其内部的控制系统进行进一步的完善，对其岗位职责进行明确，并构建出一套有效的约束机制。完善过程控制机制，加大控制力度，将审批过程提前；要强化预算控制体系，构建有效的约束机制，明确预算编制、执行、审批、调整、考核和监督等各个方面的责任。在全国范围内，各地各部门纷纷出台了有关深化财税体制改革的意见和办法。在此基础上，进一步完善内部控制文化，增强公司内部控制的风险意识，增强内部控制的责任意识，增强内部控制的自律性。

随着国家财政体制改革的不断深入，各省级部门相继颁布了有关深化财税体制改革的意见和措施。这些文件为推进我国公共财政体制建设提供了强有力的政策支持。行政事业单位的财务管理机制受到了深刻的影响，因为地方政府积极出台了预算管理改革中的预决算公开、预算绩效管理、国库集中支付范围扩大以及支出管理改革中的厉行节约各项规定、存量资金盘活和工资制度改革等措施，同时也对内部控制建设提出了更高的要求。

在目前国家科技体制改革持续深化和财政体制改革持续深入的情况下，为了适应形势的发展，满足内部管理的需要，提高工作效率，防范风险，推动科研事业的健康发展，农业科研单位需要构建一种内部控制机制。

（二）实施内部控制的内容

1.建立控制系统

根据农业科研单位的工作范围、工作性质和任务特点，建立一套针对农业科研单位财务管理的内部控制系统。同时，在规范农业科研单位财务会计的运作程序基础上，设计合理的财务业务流程，并明确岗位及各控制点监督的主要内容。

2.完善控制制度

农业科研单位在完整的会计制度体系基础上，建立完善的内部控制制度，包括岗位责任制度、业务流程制度、收入审核制度、支出审批制度、会计核算制度、考核奖励制度、内部稽核制度和内部审计制度。根据农业科研单位的性质和工作特点建立有效的内部控制标准，如成本费用率、支出率降低等。建立规范的农业科研单位财务审计制度，推行绩效审计。

3. 完善控制机制

农业科研单位的财务审计要深入单位的各个部门、各个环节，覆盖全面，权责分明，控制简便。通过完善控制机制，提高控制效果，达到为单位提高效益、节约开支的目的。

4. 完善控制方法

农业科研单位财务内部控制应该在完善、科学的控制方法基础上，综合运用组织规划控制、授权批准控制、会计复核控制、全面预算控制及内部报告和内部审计控制；在区别业务性质和工作特点的同时，综合运用多种方法，灵活组合，合理搭配，以达到内部控制的最佳效果。此外，要加强风险控制，即根据关键任务的重要环节，明确风险控制点，对控制点的活动加强预测并建立关于评估、报告、应急和防范的风险控制规范，避免大的损失和失误。

财务分析通过财务活动反映单位业务活动和经济活动的效果。财务分析中形成的财务报告将分析结果及时反映给单位领导和上级主管部门，为单位经费收支决策提供科学、可靠的依据。财务分析的主要内容包括财务收支预算执行情况、财务收支情况、资金运行情况、专项经费使用情况、资产使用和管理情况及其他事业发展的财务效果等。财务分析可以通过财务指标的计算来进行评价。

（三）内部控制存在的问题

1. 农业完善的内部控制制度体系

科研单位的领导没有充分认识到内部控制建设的重要性，他们的思想意识淡薄，他们更多时候认为内部控制建设仅仅是财务部门的工作，将财务制度与内部控制制度画上等号。因此，企业的内部控制建设在很大程度上受到了制约，这对企业内部控制体系的构建与完善是不利的。企业的内控建设应该从企业的组织层次、业务层次两个方面进行。当前，许多企业在内部控制方面存在着不健全、不合理、不科学等问题。企业在组织结构层次上，其内部控制管理存在着严重的缺陷，甚至没有发挥应有的作用。企业经营层次的管理体系相对滞后，与企业经营发展的需要存在较大差距。

2. 预算编制不科学

承接科研课题是农业科研单位工作的重要方面，课题的管理制度是科研课题研发的重要保障。随着国家对科技发展重视程度的提高，科研课题经费来源渠道多样化，科研人员可以通过多种渠道申请到不同类型的科研项目。经费来源不同，主管部门不同，经费管理办法不同，哪些项目可以从科研经费中列支，哪些项目不可以列支，相关人员对此了解、掌握得还不够全面。各单位在准备提交预算的时候，通常情况下，财务部门都会要求其在一个比较短的时间内将预算提交上去，这样就会导致在编制预算的时候，基本数据采集得不充分，从而导致了预算的科学性和预算的质量不高。特别是在专项预算的编制中，明细编制线条较粗。有些单位的预算管理流程还不够健全，在内部还没有对预算编制、执行评价及监督协调等工作流程进行明确，造成了预算管理职责界定不清等现象，这些都会导致在后期的预算执行过程中出现与预算脱节的现象，从而降低了对预算的约束控制力。与此同时，财政决算也没有真正做到与预算的实质对应，缺乏对资金运用效果的监督。

3. 政府采购不规范

政府采购制度是一种对行政事业单位采购活动进行规范的制度，是一种对公共财政进行规范的制度。当前，我国农业科研单位在预算编制、制度建设和岗位设置上都出现了一些漏洞。例如，政府采购流程中的岗位职责设置不明确，政府采购计划与单位预算无法衔接，没有严格遵守已批复的预算来对政府采购计划作出安排，符合要求的招标方式没有被采用，已经采用的招投标方式不规范等，都会造成政府采购安排的不合理。由于受到人员编制的制约，农业科研单位可能会出现岗位设置不合理，岗位职责不明确，审批与执行等不相容岗位没有进行有效分离的问题。《行政事业单位内部控制规范（试行）》对行政事业单位的各项支出有新的规定，如果不能及时、有效地学习新的财政法规，那么就会导致有关支出不合法、不合规，从而形成一定的风险。

4. 财会队伍的管控能力不高

农业科研单位的财务管理存在人员数量少、业务能力有待提高、管理手段落后等问题。第一，由于财务人员数量较少，会出现一人身兼多职的现象，导致财务部门的管控能力较弱。第二，由于专业水平的局限，财务人员很难做到定期轮换，而且往往会发生超越权限的情况。第三，会计核算、财务管理任务繁重，财会人员忙于工作，很少有时间、精力进行全面的思考，对于制度的构建也只是走个过场，并不能根据企业的具体情况制订出一套适合企业的制度和办法，仅仅是照搬国家、省级部门的宏观规定，使得企业在日常财务活动中缺乏一套有效的制度规范，并且一般只局限于金融软件的使用。由于多种原因，在财务信息化中，预算管理、财务分析、实时监控等管理功能的构建和应用效果并不是很好，财务管理主要依靠人工进行，工作量大，工作效率低，很难实现经费的全方位、全过程的可控。

5.票据和现金管理方面问题

(1) 内部审计制度不完善

一些农业科研单位没有进行内部审计或审计管理不到位，存在原始票据作假或使用假发票报销等现象，导致部分会计信息失真。

(2) 票据流通和财务业务缺乏足够的内部牵制

支出流通凭证不严格履行报批以后再经办、再进行严格审核、审核后付款、付款后制单、最后记账的标准程序，存在颠倒票据管理程序的情况，加大了财务风险。

(3) 授权审批制度不健全

一些农业科研单位的领导下放财务审批权限，没有书面委托等资料，不利于事后的责任追查。

6.预算控制方面问题

(1) 忽视预算管理

部分农业科研机构在财务工作中忽略了对预算的管理，造成了人力资源短缺，与预算执行部门之间的沟通不畅，造成了预算的不及时和不精确，不能高效地完成预算执行的日常监督、控制和分析工作，预算的执行效果也没有达到预期效果。

(2) 收入预算控制失效

在收入预算执行过程中，财务部门没有严格检查实际收益和收入发票，对于金额不一致的情况也没有找出原因，并及时采取对策，造成了对应账款的回收不及时等现象，最终导致坏账发生率上升。

(3) 预算支出不明确

在支出预算执行中，职责划分没有根据业务部门的支出权限，没有明确的审批机关，也没有规范的业务流程，对于重要的业务没有由单位领导集体决策，也没有要求两个或两个以上的人员一起办理。"三公"费用管理不够规范，没有健全的管理体系，不能有效地管理好各项费用，不能严格按照规定进行管理。

三、农业科研单位实施内部控制的程序

在农业科研单位中，由于缺少可供参考的实际操作经验，所以在进行内部控制时，会出现一些问题，也会遇到一些阻碍。所以，有必要结合农业科研的特点

和事业单位的性质，对内部控制建设的实施过程和方法进行探讨。

（一）建立机构体系

在三个层次上建立一个专门的内部控制实施机构：一是成立一个由单位负责人牵头，各有关部门负责人一起参加的领导小组，在领导的带动下，对有关工作进行协调和落实。他们需要建立完善的决策流程，健全的议事程序，对实施方案、业务培训、流程、风险控制、《内部控制手册》的编制负责，对自身进行检查和纠正，对决策进行落实，对结果进行跟踪和问责。二是明确具体的执行组织，按照单位的职责设置，细化内部控制的工作任务，并由审计、财务、人事、资产管理、纪检监察、办公室等各职能部门对各自职责范围内的管理和业务事项进行流程的梳理和重新设计。根据单位的实际情况，通过对公司内部控制的学习和培训，确定公司内部控制的关键环节，并根据实际情况，制订相应的管理对策，并编写《内部控制手册》。对职能交叉，需要多个部门协作完成的工作，要明确主要责任部门。三是建立一个独立的评估组织，与各执行部门共同制订评估方法，每年都要制订评估工作计划，在经过批准后才能进行评估，并将评估结果写成评估报告和改善计划，以促进相关部门的改善工作或对相关人员的问责。

（二）制订实施方案

具体执行部门应根据本单位的实际情况及发展计划，制订具体的执行工作计划，包括制订控制目标，准备工作，执行原则与要求，组织形式与职责，执行范围与内容，流程梳理，风险评估，编制《内部控制手册》，完善相关制度等。计划的实施及评估准则的建立，应依既定程序向领导小组报告以作决定。领导小组对所作出的决定进行记录流转，并形成了一份书面决议，下发给各执行部门，由他们来组织执行。

（三）开展业务摸底

领导团队带头学习内控的有关业务知识，为所有员工制订内控的培训方案。在专业机构的帮助下，对单位全部人员进行问卷调查，对重要岗位进行调研等，针对内部环境、风险评估、业务控制、信息利用及评价监督等方面，展开专业的分析，帮助发现单位内部管理存在的风险与薄弱环节。具体的执行机构会以分析的结果为基础，对执行的重点和建议进行研究，并按照既定的流程向领导小组报告，最后以批准的结果为依据进行执行。

（四）逐项梳理流程

农业科研机构的内部控制不仅要重视企业经营过程中存在的主要风险，而且要重视企业的内部环境建设。单位内部管理部门和业务部门之间进行了紧密的合作，他们分别对管理流程和业务流程展开了详细的描述，并绘制出了一张流程图，根据政策要求与改革方向，对工作步骤作出了相应的调整，使其与内部控制管理的实际需求和控制目标相一致。农业科研单位应该以预算管理为主线，以资金管理为中心，将可能会对目标实现产生影响的因素进行梳理，并以农业科研的特点为依据，寻找风险点，并将其汇总形成一份风险清单。结合管理过程与业务过程，明确责任分工、岗位设置，制订优化方案，细化已有的过程，确定风险点。按照既定程序向领导层提交决定，并以决议为依据进行下一步的工作。

（五）开展风险评估

以流程梳理与重组为基础，根据单位内外环境对内部控制的约束，对已经辨识并确认的风险展开排查，并采用各种方法对其进行定性分析。以科研经费管理为例，对大额项目、大额资金收支、农业科研特殊业务进行跟踪分析，找出其中的风险点，并对其发生的概率和影响程度进行分析，使用量化指标来对其进行设置，并对其进行比例和影响系数的设置，从而对风险等级进行划分。根据排查结果，制订规避风险、降低风险、分担风险及承担风险等方面的应对措施与策略。

（六）制订《内部控制手册》

在此基础上，结合前期工作中发现的流程缺陷、风险点、风险等级和对策，组织有关人员进一步完善管理流程和业务流程，明确部门职能、岗位职责、工作分工，健全内部控制实施的监督和奖罚机制，并编制《内部控制手册》提交领导小组审批。

（七）反馈评价

应由独立评价组织完成评价工作，并与执行内控组织分开进行，对评价过程作出真实的记录与反映。在对内部控制进行评价时，要注意其执行的效果，不仅要注意其是否符合法律规定，而且要注意其执行情况。关注在实施过程中的反馈，定期评价内部控制元素及运作过程，并对识别出的风险点进行检验。当风险点、风险度设置发生变动时，应及时研究相应的对策，并对《内部控制手册》进行修订。领导小组应当把独立评价机构的评价结果与有关部门的业绩评价相结合，并针对评价结果所反映出来的不足和问题，及时加以纠正。

四、农业科研单位内部控制建设的策略

内部控制建设是一项复杂的工程，贯穿单位经济活动的全过程，因此必须周密部署、精心安排，实现上下联动、整体贯通，方能取得实效。

（一）增强实施内部控制规范的意识

为了更好地执行内部控制规范，农业科研单位的工作人员一定要改变观念，抛弃陈旧思维，不要一心扑到科研上，一点也不关注外界发生的事情，应全面了解、学习、熟悉内部控制规范，深刻理解内部控制的重要意义，自觉遵守有关规定。在党的十八届三中全会中，政府特别强调要坚持用制度来管权、管事、管人，并建立一个科学决策、坚决执行、有力监督的权力运作机制。在某种程度上，建立有效的内部控制机制相当于搭建好了一个很好的制度牢笼。

所以，在目前的社会经济和政治条件下，农业科研机构必须要加强自身的建设，加强内部控制和管理。各单位应加强对内部控制的学习和宣传，加强对内部控制思想的宣传。通过组织学习，邀请专家授课，引入第三方的方式帮助建立内部控制，为企业创造一个良好的氛围，使企业能够积极地开展内部控制工作。与此同时，通过强化责任，防范风险，营造出一个人人都能学习内部控制规范、理解内部控制要义、参与内部控制管理、执行内部控制程序的良好氛围。

（二）协同推进单位内部控制建设

建立内部控制建设工作领导小组，由农业科研单位的主要负责人担任组长，按照内部控制的重点内容，领导小组成员由农业科研单位相关部门的主要负责人组成。领导小组应制订《内部控制建设方案》，明确各部门之间的责任和任务。

内部控制的建设是一项关系到整个单位的工作，它不是一个部门的工作，而是涉及单位内部所有成员的工作。各相关部门、科室和岗位之间应加强沟通和协调，形成工作合力，从而保证内部控制工作的顺利进行。要对内部控制建设工作作明确划分，对财务、审计、资产、基建、纪检等部门在内部控制中的职责和权限进行落实，构建协作机制，推动内部控制建设。

在农业科研单位中，特别要加强项目和资金的协调和配合。在此基础上，结合本单位的实际情况对项目与资金的工作进行梳理，使其能够很好地衔接起来，防止项目与资金出现"两张皮"现象；同时，根据国家财政法律法规、财政政策及相关的规章制度，建立健全本单位的各项管理制度，如《财务管理办法》《科

研项目经费管理办法》《单位内部控制制度》等，逐渐构建起一个科学合理、分工明确、覆盖全面的管理制度体系。

（三）发挥内部控制规范实效

单位对内控工作的重要性进行了深入的研究，并在此基础上提出了切实有效的内部控制规范的要求。遵循"工作有程序，程序有控制，控制有标准"和"事有专管之人，人有专司之职，时有一定之期"的要求，对单位业务层面活动流程展开系统的整理，并以此为基础对单位经济活动中存在的风险点进行系统分析，找出风险防范的有效措施，并制订相应的风险防范应对方案。根据《内部控制规范》的规定，对收支、单位预算、政府采购、工程项目、资产、合同等六大类业务进行重新界定和划分，确定各个业务的目标、任务、范围、内容及风险后进行重新规划，并形成一个新的业务流程。

明确岗位设置情况、岗位职责范围及工作规范，识别不兼容岗位；根据业务实现的时间顺序和逻辑，把各个业务的执行机制、决策机制、监督机制分散到每一个业务步骤中，对各个环节的部门和岗位设置进行细化，对其职责范围和分工进行明确，设计出相互制约、相互监督的机制，保证在经济活动中，决策与执行及监督的环节相互分开，保证内部监督检查部门的工作可以做到自主、客观、公正。

（四）推进内部控制制度的信息化管理

加强内部控制的信息化建设，将内部控制的理念、控制程序、控制措施等运用到信息化系统中去，通过信息化手段实现对单位经济活动的自动和实时控制，减少人为干预的因素。通过信息化系统做好以下六个方面的内部控制工作。一是健全管理制度、流程、表单和标准，有效防范各项风险。二是通过优化制度、流程、表单，完善内部控制机制，实现权力制衡，预防腐败。三是实现控制手段标准化和程序化，防范业务信息失真，保证资金安全。四是准确提供各项管理信息，及时预警，支持管理决策。通过规范管理，实现业务数据输出的及时、准确；通过提供全面、精确、及时的经济活动数据、统计报表及相关分析报告，辅助领导层决策。五是有效衔接财务业务，提高业务效率，减轻工作压力。重新定位财务部门的管理作用，统筹单位财力，发挥专业价值。工作有章可循，有据可依，有效分解，实现流程控制代替经验管理。六是转变传统思维与工作方式，变"先支后审"为"先审后支"，工作依据得以明确，避免人为因素干扰和人为矛盾的困惑，在审核把关时减轻了冲突与压力，也从源头规避了经济责任风险。

（五）推进内部控制长效机制建设

在建设内部控制体系的过程中，需要不断地完善自身，符合动态化要求。农业科研单位要按照国家科技、财政等方面的新变化、新要求，与本机构的业务特征和经济规模相结合，定期评价其内部控制的有效性，并在必要的时候对其进行完善，改进措施，调整流程，持续地对其进行修改和完善。更加强对企业内部控制工作的研究与实施，就必须加强对企业内部控制工作的制度建设。在理顺各种制度之间的内在关系的前提下，找到各个部门有关制度的关节点，将关节打通，描点成线，将零散的管理制度有机地连接在一起，从而构成一个完整的、系统的制度体系，用制度控制事前防范，之后展开事中执行控制，最后进行事后监督与纠正。

在农业科研单位，一般都存在管理人员少、科研专家忙的现象，所以可找一些专业的机构来帮助单位制订内部控制评价方案及办法，单位内部控制建设小组要在制订的全过程陪同参与，对内部控制进行客观性的评估测试，最后单位据此进一步调整、完善内部控制制度建设。

第四节　农业科研单位科研经费管理

在农业科研单位开展科研活动时，农业科研资金是必要的经济基础，这也能体现出农业科研单位的整体实力。当前，随着国家不断地推进科研资金监管的改革，加大对科研资金的事中、事后监管力度，同时也加大了对科研项目承担者的管理力度，各级农业科研单位对科研资金的管理已经越来越规范。但仍存在很多问题，例如，科研项目的重复申报、科研经费的违法挪用及使用效率不高等情况的发生影响了农业科研单位的发展，在社会上造成较恶劣的影响，引起社会公众的广泛关注，党和政府也对其高度重视。在全面从严治党、进一步加强党风廉政建设的背景下，纪检和审计等部门进一步加强对科研经费监督和审计，并且对科研经费管理不断提出新的要求，科研经费使用情况成为各农业科研单位加强经费监管的重点领域，可见加强科研经费监管势在必行。保证农业科研资金的安全，使投资的资金得到最大程度的利用，这不仅是国家和地方农业科技部门的管理职责，也是每一个农业科研单位和项目研究人员的职责。所以，以农业科研活动的主体承担者为出发点对科研单位的项目经费管理进行分析，找到当前出现的亟须解决的问题，并建立健全一套行之有效的科研项目经费管理制度。

提高农业科研资金"放管服"的力度，对于提高农业科研资金的安全与效率，规范农业科研资金的使用，实现农业科研资金的科学化与规范化使用，提高科研项目的完成质量，改革与创新农业科研资金的管理模式，提高农业科研资金的管理效率与质量，都有着十分重要的作用。

一、农业科研单位科研经费管理的概况

（一）不断增长的农业科研经费总量

最近几年，在乡村振兴战略的深入实施和农业供给侧结构性改革的不断推进下，国家在农业方面的资金投入，尤其是在农业科技方面的投入一直在增加，并明确提出了财政对农业的投资要高于国民经济增长的比例。同时，各省市对农业科学技术的关注程度也在不断提高，投入力度也在不断增加，农业研究机构每年的研究经费也在快速增长。科研经费的迅速增长，对农业科研事业的发展起到了巨大的推动作用，为乡村振兴提供了强有力的技术支持。与此同时，科研经费也增加了农业科研项目及经费管理的工作量和难度。

（二）多元化是农业科研经费来源

近年来，不断深化的事业单位体制改革使市场经济体制与农业科研单位之间的联系更加紧密，农业科研经费的来源渠道也越来越多元化，各大企业、非营利组织及科企合作为农业科学研究提供了大量经费，横向项目在农业科研项目中的比例逐渐增加。

多样化的科研经费渠道虽然能在一定程度上缓解科研经费不足的问题，但是对科研经费管理来说却是一个新的挑战。渠道来源不同的农业科研项目的研究目标和重心不尽相同，科研经费在拨付方式、使用范围和内容上也有非常大的区别，经费管理方式也不同；不同类型的科研项目的经费管理办法有较大不同，不同项目主管部门对经费管理要求也不同；项目经费预算科目名称与会计核算科目名称不统一、不对应；主管部门之间缺乏关联与沟通，导致同一个农业科研单位可以多头申报项目经费，一个科研课题可以从不同渠道申请经费，科研成果重复申报，进而导致农业科研项目资金核算的难度也相对增加。这些都对农业科研单位资金管理水平和财务管理方式提出了更高的要求。

（三）不断深入的农业科研经费管理改革

为更好地发挥科研资金的使用效益，财政部、科学技术部先后共同制定了《国家重点基础研究发展计划专项经费管理办法》、《国家科技支撑计划专项经费管理办法》、《国家高技术研究发展计划专项经费管理办法》、《公益性行业科研专项经费管理试行办法》和《关于调整国家科技计划和公益性行业科研专项经费管理办法若干规定的通知》等一系列管理办法进行规范和调整。国家对财政支农资金的监管力度也越来越大，相继出台了《关于改进和加强中央财政科技经费管理的若干意见》《民口科技重大专项资金管理暂行办法》《现代农业产业技术体系建设专项资金管理试行办法》和《国家科技计划和专项经费监督管理暂行办法》等一系列管理意见和办法。

2014 年 3 月，国务院印发了《关于改进加强中央财政科研项目和资金管理的若干意见》，对科研项目管理、经费使用、资金监管都提出了明确的要求。国家对项目资金的监管更加严格，财政部对财政支农资金进行全面检查；各省市财政部门对财政资金（重点是项目资金）收支进行财政检查，对结余资金提出了明确的处理意见；审计部门将科研项目经费列为重点审计项目，要求科研项目验收和鉴定必须首先通过科研项目经费财务验收等。这就需要项目执行既要遵循财务管理总要求，也要遵循所属的经费管理办法的要求。

2016 年 11 月，中共中央办公厅、国务院办公厅印发了《关于实行以增加知识价值为导向分配政策的若干意见》，旨在加快实施创新驱动发展战略，激发科研人员创新创业积极性，在全社会营造尊重劳动、尊重知识、尊重人才、尊重创造的氛围。2018 年 7 月，国务院出台了《关于优化科研管理提升科研绩效若干措施的通知》，赋予科研单位科研项目经费管理使用自主权，并提出项目承担单位要强化服务意识，推行一站式服务，优化管理与服务。

在 2018 年中国科学院第十九次院士大会上，习近平总书记提出："不能让繁文缛节把科学家的手脚捆死了，不能让无穷的报表和审批把科学家的精力耽误了！""有关部门要认真听取大家意见和建议，继续坚决推进，把人的创造性活动从不合理的经费管理、人才评价等体制中解放出来。"[①]

2019 年 3 月，政府工作报告指出：要充分尊重和信任科研人员，赋予创新团

---

① 中国政府网．形成天下英才聚神州的创新局面——习近平总书记在两院院士大会上的重要讲话引起热烈反响 [EB/OL]．(2018-06-03) [2023-06-13].https：//www.gov.cn/xinwen/2018-06/03/content_5295959.htm.

队和领军人才更大的人财物支配权和技术路线决策权；要进一步提高基础研究项目间接经费占比，开展项目经费使用"包干制"改革试点，不设科目比例限制，由科研团队自主决定使用；要在推动科技体制改革举措落地见效上下功夫，决不能让改革政策停留在口头上、纸面上；要大力简除烦苛，使科研人员潜心向学、创新突破。

科学技术部、财政部发布的《关于进一步优化国家重点研发计划项目和资金管理的通知》提出：给研究人员在技术路线上的自主权。在申请科技课题时，首先要对研究人员所提出的技术方案进行论证；在科研项目执行过程中，科研人员可以对自己的研究方案和技术路线进行调整，但必须保持其研究方向不改变，且不降低考核指标，并由项目牵头单位向项目管理专业机构进行备案。课题负责人在申请过程中，可以按照课题的要求自行组织科研小组；根据项目的进度，在执行过程中遵守相关的规定，并作出相应的调整。同时，在遵守科研人员的限制和诚实的要求的基础上，对项目的骨干、一般参与人员进行了调整，并由项目牵头单位向项目管理专业机构报告。要对各种报表进行整合和精简，降低信息填报和材料报送，简化检查过程，赋予科研人员更大的技术路线决策权，简化预算编制要求，扩大承担单位预算调剂权限，规范结题财务审计，实施一次性项目综合绩效评价，突出代表性成果和项目实施效果评价，加强科学伦理审查和监管，强化承担单位和项目管理专业机构责任，做好项目政策衔接。承担单位应按照国家有关规定完善管理制度，并由单位主管部门报项目管理部门备案，按规定制订的各项制度、内部管理办法应当作为预算编制、评估评审、经费管理、审计检查、财务验收的工作依据。

（四）不断建立的农业科研经费管理制度体系

最近几年，国家对农业科研经费的管理制度进行了持续的改进，对科研体制进行了深入的改革，采用了去行政化、强市场性等措施，提高了研发投入的使用效率，提高了研究的针对性、及时性和有效性，并利用市场机制对研发资源进行更合理的配置，为研究工作提供了更好的环境。但要实现这一目标，仅凭一套全国性的系统管理系统是远远不够的，还需各级农业科研部门的共同努力。农业科研单位已经开始意识到了科研经费管理的重要性，他们非常关注科研经费的规范使用，并逐步构建起一种行之有效的、合理的科研经费内部管理模式，让科研经费的监督管理与科研活动紧密结合，从而保证科研资金的有效利用。为了规范农业科研资金的使用，我国各级农业科研机构已开始制订一套科学的科研资金管理办法，并在实践中取得了一些成绩。

改革和创新科研经费使用和管理方式，让经费为人的创造性活动服务，主动为科研人员着想，聚焦如何使财政资金发挥最大效益的问题。做好"放管服"工作，简化预算编制科目，经费预算不对具体科目设置经费额度限制，劳务费预算不设比例限制。规范预算调剂程序，预算调剂由项目承担单位自主负责，调剂后的最终项目预算纳入单位部门预算。在项目总预算不变的情况下，直接费用中的材料费，测试化验加工费，燃料动力费，出版／文献／信息传播／知识产权事务费及其他支出预算可相互调剂使用；差旅费、会议费、国际合作与交流费预算按规定统筹安排使用，但不得突破三项总额，未编制国际合作与交流费预算的不得调剂为该费用；设备费、劳务费、专家咨询费、项目间接费用不予调增。直接经费预算内部可以统筹调整，实现"打醋的钱可以买酱油"，解决经费使用不务实的问题。完善制度，明确标准，提高制度的可操作性。

一是制订差旅费、会议费、培训费管理办法，合理确定科研人员乘坐交通工具等级和住宿费标准，会议次数、天数、人数和会议费开支范围、标准。对于难以取得住宿费发票的，在确保真实性的前提下，据实报销城市间交通费，并按规定标准发放伙食补助费和市内交通费。对于因工作需要，邀请国内外专家、学者和有关人员参加会议，确需负担的城市间交通费、国际旅费，可由主办单位在会议费等费用中报销。

二是制订完善因公临时出国（境）经费管理办法，对科研经费中列支的国际学术交流费用管理区别于一般出国经费，根据预算切实安排。

三是制订完善横向科研经费管理办法，强化风险管控，横向科研经费纳入单位财务统一管理，规范支出及收益处置。

四是制订完善劳务费、咨询费管理办法，明确劳务费、咨询费开支范围和标准，解决科研项目执行过程中人力支出难以满足实际需求的问题。坚持以人为本，提高间接费用预算比重，在间接经费中按照直接经费预算扣除设备费后的20%核定科研业绩奖励经费，调动科研人员的积极性和创造性。坚持优化服务，在检查评审上"做减法"，在服务方式上"做加法"，为科研人员潜心创新研究营造良好的环境，切实提高财政资金使用质量和效益。

二、农业科研单位科研经费管理的问题及原因

尽管在科研经费管理方面，我国各级农业科研单位都构建起了一定的初期制

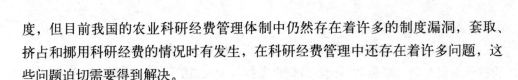

度，但目前我国的农业科研经费管理体制中仍然存在着许多的制度漏洞，套取、挤占和挪用科研经费的情况时有发生，在科研经费管理中还存在着许多问题，这些问题迫切需要得到解决。

（一）农业科研单位科研经费管理的问题

1. 科研经费管理制度不科学

（1）项目经费管理缺乏制度保障

建立和实施农业科研经费管理制度标志着科研管理向科学化和规范化迈进，只有这样，才能确保各个农业科研机构所制订的各项政策得到有效的落实，才能发挥出其应有的作用，发挥出最大的效益。良好的科学基金管理体制环境应具备权责明晰、信息交流通畅、机构高效运行等因素。当前，许多农业科研单位，设计了比较简单的科研经费管理制度，这就出现了许多不足，对农业科研经费的管理仍然是粗放型，项目管理和经费管理制度还处于单一方向管理的模式上，缺少了相互间的联系，造成了项目执行与经费使用之间无法衔接。

举个例子，某农业科研单位，其管理制度体系中仅设立了一项名为《项目管理试行办法》的规定，旨在规范科研项目的申报、立项、执行和验收等业务流程，但并未对经费核算管理提出具体要求。该科研单位现行的科研项目经费管理模式是将经费全部由科研部门统一拨付给单位领导，并通过层层下达指标来控制资金流向及分配。在该试行办法中，对于项目经费的使用，强调了必须遵守国家相关规定，严格执行项目经费开支预算的范围和标准，但并未规定具体的项目经费管理内容、标准和实施方法；同时还未建立相应的规章制度来约束科研人员的行为，导致科研项目资金管理存在很多漏洞，造成科研活动难以开展。该科研单位在审核项目经费支出的合理性和合规性时，主要遵循《财务支出管理规定》和《财务管理审批权限规定》等财务制度。在日常业务报销中，经费支出的审核完全由财务人员把关，但缺乏监督检查环境设置，导致项目经费管理执行主体不明确，缺乏完善的制度保障。

该研究院所在资金的支出与使用过程中，采取了最简单的直线型模型，即与研究院所的直线型组织结构中的各部门的功能管理相一致。这种自上而下的垂直领导的金字塔式结构，是一种最基本也是最简单的管理组织形式。它的优势是具有简洁的结构，明确的责任，但缺点在于部门之间的协调能力不足。这种管理模式虽然能够满足单位内部控制规范要求，但由于缺少有效的监督制约机制，容易造成项目资金失控，使项目建设目标难以实现。

在该科研机构现有的制度框架下，项目负责人并未被授予全面的管理权力和责任，特别是在项目经费使用和支出方面，其职责仅限于业务内容，缺乏对项目经费使用和支出的有效管理，导致出现了经费使用和项目实施的"两张皮"，无法及时监督和管理项目经费使用情况。另外，由于单位内部各职能部门之间存在职能交叉，使得科研项目经费支出与业务管理相互脱节。在跨部门合作项目中，同一项目经费的使用缺乏统一管理，导致财务人员发现支出超出预算后，会通知业务经办人员进行调整。业务经办人员收到信息后，会重新层层向领导请示汇报，再决定项目经费支出。审批汇报流程烦琐，需要进行多次决策，决策管理缺乏有效性。此外，由于科研项目经费来源渠道单一，资金拨付方式也较为传统，造成部分科研活动难以开展。由此可见，当前的简单管理模式和制度已经无法适应该科研机构的需求，无法有效规范项目经费的支出和管理，从而导致经费的执行和使用效率低下。

另外，还有很多农业科研单位的科研经费管理制度未及时得到修订或条款存在漏洞。有的单位虽然制订了《科研项目经费管理办法》，但较长时间未根据上级部门出台的新政策、新制度、新办法、新要求进行修订完善。例如，某研究所的《科研项目管理办法》是于2013年制订的，虽然国家早已新出台并执行相应管理制度，但该研究所未及时对其进行修订。有的单位科研耗材采购管理制度不完善，例如，某研究所虽然制订了《库存材料采购、验收、保管、发放和盘点管理办法》等，但部分条款存在缺陷，制度中未明确大宗材料的金额标准，监督岗位职责、采购报批程序也不明确等。还有的农业科研单位在制订制度后，并未严格执行。很多研究所均明确规定要对科研管理制度执行情况进行检查，但在实际工作中，相关职能部门和课题组从未按规定进行检查。

（2）项目经费缺乏统一协调管理机制

农业科研经费管理是一项全面、系统的工作，需要各级的统筹协调。它需要项目所涉及的所有部门的协调配合，还需要相关的技术人员的积极参与。举个例子来说，一个采取直线型职能管理模式的农业科研单位，按照业务类别将单位内的每一个技术中心业务内容进行划分，然后由每一个中心负责人对项目实施内容进行管理，并对项目经费使用进行初审。在这种垂直领导的线性结构中，尽管每一个技术中心都拥有完全的、绝对的权限，能够确保业务活动的决策、执行的快速，但是却很难对其展开全面的协调管理，使得这个科研单位缺少一个统一的对项目和经费进行管理的机构，项目相关信息的汇总、整合速度缓慢。

在许多的科研工作中，农业科研单位存在着学科内容相互交叉，项目经费由单一部门进行管理使用的情况，缺少了一个统一的、协调的机制，造成了科研经费的使用与管理的责任主体不清的问题。一些农业研究机构在编制预算时未能及时、全面、准确地获取有关业务活动所需资金，造成项目资金预算与实际需要存在较大差距，常常是在资金使用过程中才发现问题；一些项目的预算可通过申请进行调整，但人工费用、设备购置费用等却不能进行调整，从而使得项目实施与预算存在较大差距，或只能利用其他相关资金来支撑项目的顺利实施，出现了资金"错配"现象。在这种管理方式下，项目负责人只关注项目的具体内容的执行，而对项目经费的管理和使用却很少关注，还没有对项目经费进行全面管理的意识，把管理经费的使用看成中心负责人和财务部门的事情。在项目申请、合同签署等环节，项目经理的预算编制存在一定的随意性，这就造成了预算与实际需要之间的差距。在财政部门对工程预算进行审核时，由于缺少技术人员为其提供准确的基本数据，从而影响了工程预算审核的合理性。领导在审核的过程中也很难发现预算编制不准确、可行性差的问题，这就导致在项目实施后期，经常是为了完成项目结题验收，按照预算使用经费而不是按实际需要使用经费，从而降低了项目经费使用效率。

（3）农业科研经费使用与项目实施协调性不足

有些农业科研项目的经费到位时间与项目实施时间不符，影响预算的执行。有的农业科研项目经费是一次性拨付，而有些是分期拨付，零余额项目经费一年一拨付，部分项目经费不能按期到位。根据财务规定，项目经费没有到位不许列支，这就影响了预算的执行，导致突击支出经费现象时有发生。

近年来，有些农业科研项目在立项时，项目主管部门要求地方财政、企业单位自筹经费，要按一定比例配套经费才能立项，但在项目实际执行中经常出现配套经费一部分到位或完全没有到位的情况，导致项目结题时不能正常验收，即使验收通过也是应付了事。这些现象均影响了农业科研项目成果的质量。

2. 不够完善的科研经费内部控制和监督

国家虽然已经针对农业科研经费管理制定了一系列制度，但尚没有对科研项目的过程制定完善、规范的监督机制。基层农业科研单位在内部控制和监督机制上也存在较多"欠账"问题，缺乏一些关键性内部控制制度设计。例如，某研究所虽然制订了14个科研管理制度，但缺乏作为科研项目管理"制度总则"的《科研项目管理办法》及《科技档案管理办法》。

部分农业科研单位在科研项目的内部控制制度建设和协调机制方面存在缺

陷，需要进一步完善和加强，建立一套科学、合理的内部控制制度和协调机制。一般情况下，科研项目经费管理模式是：科研项目管理部门负责组织课题立项和结题，记录科研进展情况、科研成果情况；科研项目承担部门负责成立项目组申报科研项目、开展科学研究工作和安排经费预算与支出；财务部门负责会计核算和督促预算执行、配合财务验收；其他部门负责合同审核和采购管理等。这就造成了很多科研项目资金管理的环节无法进行有效衔接，没有充分的沟通协调空间，大家都是埋头做自己的工作。

目前，科研项目的管理仍处于一种松散的状态，缺乏坚实的基础和有效的支撑。由于我国长期以来实行计划经济体制，科研投入相对较少，导致一些科研单位对科研管理缺乏足够的认识，对科研投入不够重视，造成科研经费的大量浪费。对项目申报的重视程度高于对项目管理，对经费申请的重视程度高于对经费管理的重视程度，对结题审计的重视程度高于对绩效管理的重视程度，而经费管理制度的严格落实却常常被忽视，导致经费被随意使用。这种情况不仅不利于农业科研事业的发展，还会导致科研活动不规范、成果转化困难等现象发生，从而影响我国农业科技水平的提高。

目前，直线型的职能组织形式是大部分农业科研单位所采用的一种形式，以逐层审批的方式上报业务内容和经费使用管理情况，这种模式造成一种对领导的依赖心理，总是觉得经费支出由上级领导负责，责任不在自己，但是关于具体的业务细节，单位领导很难完全弄清楚，从而影响项目经费支出结构的合理性。在农业科研单位中，一些重要事项由单位相关具体负责工作人员牵头管理，包括政府采购、财务管理、合同管理和固定资产等事项，这样仅由个别工作人员组织就会造成监督管理力度不足，缺乏领导和业务人员的参与，难以将监督工作做到尽善尽美、细致入微、全面到位。此外，许多农业科研单位内部缺乏对项目经费使用的随机检查和监管机制，这可能导致在审批过程中出现寻租空间，从而出现规避审批权限、超出规定适用范围支出资金的情况。

一些农业科研单位在实际工作中仍然存在没有明确岗位职责、业务流程缺乏规范性、缺乏程序化限制的现象，尽管他们已经制订了内部控制制度，但是每个环节的主要负责人对自身所承担的相关责任和风险的认识并不是很清楚。在审核票据的过程中，可能会出现"敷衍过去"、缺乏细致的审核。在最终阶段，一旦相关部门和主要负责人签署了协议，财务部门就必须严格遵守，支出的自由度较高，边界也变得模糊不清。

例如，某研究所的研究小组成员需要前往科研管理科申请出差审批单，详细说明出差的时间、地点、使用的交通方式及出差时长等信息。出差任务完成后，经过课题组负责人的签字确认及科研管理科的签字审批，方可前往财务部门进行报销。这样做可以防止工作人员随意报销费用，避免科研活动过程中的浪费情况发生。然而在实际操作中，许多出差人员的出差审批单填写的信息不全面，而课题组负责人和科研管理科已经签字确认，所以财务部门不得不报销，因此，虚报出差经费的情况时有发生。最后造成了在内部控制制度下，所有的矛盾都集中在了财务部门，而所有的风险都集中在了最后一步，也就是财务审核上。这在某种程度上加重了财务人员的工作量，使财务人员的工作风险增加，单位资金使用方面也存在风险。许多农业科研单位的领导将重点放在了项目及经费争取上，而对科研经费使用的监督却没有给予足够的重视，科研经费基本上都是由课题组负责人自主支配使用的。因此，在实际工作中，一些基层农业科研管理部门往往忽视了科研课题经费监管问题。尽管规定科研经费使用应由科研管理科进行监管，但由于科研管理科人员数量不足，再加上其财务管理方面的相关知识匮乏，因此难以真正发挥其监管作用。研究小组的成员普遍缺乏财务风险意识，他们普遍认为科研项目的经费就像自己的钱袋一样，可以随心所欲地使用。在这种情况下，如果没有严格地进行科研经费管理，那么势必会导致科研经费浪费严重、违规违纪现象发生，进而影响单位整体工作的正常开展。

对农业科研经费内部控制和监督机制不完善的问题进行总结归类：一是由于农业科研单位和经费使用人员不遵照科研经费管理规定而导致的违规行为，主要表现在有些单位没有按照项目任务书要求，违规拨出经费，超预算、超标准、超范围支出经费等。二是管理疏忽带来的违规行为，主要表现为报销不该报销的费用，如假发票报销、违规列支餐饮招待费、手机通信费等。三是没有完善管理仪器设备验收。例如，某科研院所在验收材料时，只填写一张由采购员和库管员签名的入库单而没有使用部门的签名，不清楚具体的责任人，极易产生资产流失的风险。四是对存货的监督管理存在缺陷。例如，从 2016 年 1 月开始，某科研单位的仓库管理员就开始负责这项工作，但是目前为止，其还没有做过一次仓库物资的清点工作。部分特种物资采购仍然存在着预支现象，比如在物资未到时，已完成验收入库、报账、列支、汇款等程序。五是专家咨询费的发放不合理。例如，某研究所多个课题组的专家咨询费发放时，都没有附带电话咨询事项的记录，只是列出了总金额和次数，有些发放表上甚至没有审核员的签字，这就存在着虚领专家咨询费的廉政风险。六是合同的管理还不够完善。一些合同未按合同规定履行，经营单位未对其进行及时的跟踪监督。有些仪器设备延迟到货，超期的情况比较严重，并且没有相应的说明，也没有要求供应商进行索赔。七是横向项目费用的集中没有到位。例如，一家科研机构在承担科研课题的过程中，在课题费用的结转中又增加了一些与课题无关的其他经费，导致了课题费用的增加。从以上七个方面来看，部分农业科研机构在资金管理上存在着制度上的缺陷、监督上的缺陷、重项目而轻管理等问题。

3. 农业科研经费绩效管理刚刚起步

（1）农业科研单位尚未完全树立绩效管理理念

绩效管理是目前我国农业科研资金管理中的一个重点，它反映了农业科研机构财务管理的科学化和精细化水平。近年来，无论是在国家层面，还是在地方层面，无论是在立法层面，还是在政策层面，都对如何推动科学基金的绩效管理提出了更高的要求。但是，目前我国农业科研单位的绩效考核，从层次上看，仍以财政向主管部门和主管部门向基层单位为主，并未向内部扩展；从对象上看，其仅限于一些资金项目，尚未扩展到全部项目和全部资金；从范围上看，其目前仍以重要的项目支出为主，尚未将整个部门的支出及政策、制度、管理等方面的支出纳入其中；在应用方面，对绩效考核的结果并未充分地成为调整支出结构、改进财政政策及编制财政预算的重要依据。由于长期以来受到计划经济的影响，农业科研机构和主管部门还没有彻底地建立起绩效管理的观念，他们对于绩效是什么，绩效与发展之间的关系，绩效与资金支持之间的关系，缺乏一个全面而深刻的理解。

（2）农业科研单位的绩效评价缺乏针对性和操作性

大部分农业科研单位还没有构建起一套行之有效的科研经费使用绩效评价体系，高水平成果和高层次人才在利益分配上并没有发挥出其优势，也没有将科研人员的实绩真正地反映出来，在科研项目成果转化、科研经费使用、科研收益界定等方面都存在着一种不明确的管理状况。当前，我国农业科学研究机构在项目管理中存在着重数量轻质量，重形式轻绩效的问题。在对科研绩效进行评估时，存在指标过于简单化，绩效模型过于粗放化，评估机制单一化的现象，一般都是将论文、著作、专利的数量等当作判断项目是否成功的标准，或者是衡量科研人员研究水平的条件。特别是在当前的科研资金政策环境下，科研人员的智力投入没有被充分肯定，也没得到相应的经济补偿，导致科研人员超出工作量的智力投入无法体现在科研资金中。这就导致了科研人员缺乏工作热情，关注更多的是形式化的、可量化的年度考核。

　　尽管一些农业科研机构已经制订了绩效评估指标和制度，但这些指标并未充分考虑到农业科研机构的业务特点，缺乏针对性和可操作性。一是对于科研项目中的不确定性和存在的风险等因素没有作出充分的考虑。以一个研究所为例，在其所从事的项目中，公益性、基础性项目数量较多，并且研究周期较长，研究过程和结果受到了外部条件的严重影响，具有很强的未知性，因此，经常会出现经费预算周期与研究周期不一致的情况。例如，外场观测工程的收益是一个长期的过程，其收益与经费预算的周期存在着很大的差别。基础研究具有很强的探索性，在研究中有一些失败是很正常的，但是，我们不能把这些失败的研究看作没有价值和效益的。二是未考虑到科学基金投资的分散化问题。尽管单位的经费大部分来自政府的财政性拨款，但是由于现有的科研经费管理制度的限制，导致在同一项目中使用的资金有可能来自不同的主管部门，不同部门之间的需求虽然不同，但是在业绩指标设定上有一定的重叠，其本质是不能真实地反映出一类资金的使用效果。三是未考虑到公益科技成果很难量化这一现实问题。目前的绩效管理要求单位在确定绩效目标时要做到规范完整、明确清晰，而农业科研单位的成果往往是不能被量化的，也很难被具体化，这就造成了后期绩效评价欠缺可操作性，并且针对性不足。

　　（3）农业科研单位的绩效管理工作机制体制不健全

　　部分农业科研单位在进行第三方评估时，没有充分考虑其局限性。农业科学研究项目具有预测性、专业性、不确定性等特征，虽然可以借助外部专家的参与来弥补这一缺陷，但由于其"小同行"的特殊性，对项目的客观评估造成了一定的限制。

　　部分农业研究机构在资金投入方面存在着不足，激励作用不强。对农业科研单位进行绩效考评，其目的在于利用财政支出的评估结果对公益性产品的供给效率和效益进行分析，因此，在预算安排上要与绩效评价结果密切结合。但是，许多农业科研机构尚未建立起科学的、稳定的、长期的财政资金保障机制，其自身获得的资金不足，绩效考核的依据也不牢固。

　　4. 农业科研单位的科研资产管理效益低

　　科研资产包括有形和无形两方面的财产，它是农业科研单位在科研活动中所形成的财产。当前，许多农业科研单位在科研资产管理上存在许多问题，比如同时存在资产浪费和资产不足，收益降低等问题。一方面没有充分共享信息，造成严重重复购置问题。由于科研经费来源渠道众多，特别是横向经费不容易被农业科研单位掌握，同时各个课题组是相互独立的，每个课题组工作时都会重复购置科学仪器或者重复购置其他固定资产，致使科研资产分配不合理，资源未达成共享。另一方面是在科研资产的管理上存在资金流失的情况。有些团队领导把用团队资金购买的固定资产当成自己团队或者自己的财产，没有及时办理注册手续，致使其游离于单位固定资产的管理范围之外；在工作调动和岗位变动的时候，他们也没有严格遵守规定来进行资产交接，导致东西随人走，造成了严重的损失。另外，许多农业科研单位没有将研发资金中产生的专利技术等无形资产纳入自己的财务管理中，从而导致了无形资产的流失。

5. 未充分发挥科研经费预算管理作用

预算是进行科研经费收支管理的一种重要手段，它是农业科研单位一种主要的管理方法，在农业科研单位中，它可以有效地组织、协调、优化配置各种资源，推动农业科研事业的持续、健康发展。科研基金是农业科研单位发展科研事业的一个重要的资金支持。

根据《中华人民共和国预算法》要求的"收支平衡、统筹兼顾、保证重点"原则编制好农业科研单位科研经费预算，合理、有效地分配利用好现有资源，是农业科研单位实现整体发展的重要基础。当前在农业科研单位中，预算管理在科研经费管理中发挥的作用明显不足。

（1）科研经费预算与财政预算管理没有实现无缝衔接

预算管理是农业科研单位财务管理的重要内容之一，将科研经费编入单位财政预算，全部纳入预算管理，需要农业科研单位各部门全面参与和配合。但是，在很长一段时间内，一些农业科研单位没有足够重视财政管理，各有关部门之间的合作也不够紧密。一是许多单位的领导对预算管理的重视程度不够，认为预算只是财务部的事情，只想着完成上级和财务部下达的预算任务，而不是将预算管理当成一个重要的单位管理工具，亲自去组织和指导预算的编制。二是部门间协同不够。科研经费预算编制比较烦琐，需要财务部门、科研管理部门、课题主持人和科研经费使用经办人（或科研财务助理）共同配合完成。财务部门受人员、水平和时限，以及其他部门和人员不积极主动配合等因素影响，经常会对科研经费预算抱着一种敷衍了事的心态，财务部门一般不愿意花时间和精力与各个业务部门进行充分的沟通和协调，每一个业务部门也没有收到分解的预算编制工作，大部分情况下都是按照传统的做法进行的，这样就导致了科研经费预算管理流于形式。三是对于科研经费预算，农业科研单位的各个职能部门和工作人员没有意识到其重要性。科研人员将主要精力放在了争取科研项目、开展项目研究上，但是他们对于参与科研经费预算管理并没有表现出很高的热情，也没有很好地配合和支持财务部门，导致预算很难真正地为单位的中心工作提供有效的服务，因此，预算管理也就成了一个空壳。四是科研经费年中追加较多，当年没有纳入单位财政预算，造成科研人员对科研经费纳入单位财政预算管理的认识不足。五是科研经费预算项目与财政预算科目不一致，造成科研经费预算编入单位财政预算时，支出归集缺少统一的口径和标准，人为调整增多，操作难度大，工作量大。

（2）科研经费预算编制科学化程度不高

农业科研单位在预算编制时往往时间紧、任务重，难以编全、编实、编细，而且大多数农业科研单位将精力过多地放在了财政安排的科研经费上，弱化了横向课题的预算细化，从而造成了部分科研经费管理缺乏科学性。很多农业科研单位在编制科研经费预算时基础数据收集不足，使得预算不够科学，预算编制质量低，大部分农业科研单位只细化了财政项目预算，而粗略地编制了自有资金安排的科研经费预算及横向课题的预算，导致了很多科研经费执行缺乏预算依据，没有详细的资金使用的范围。

一是对科学基金的预算编制没有进行充分的调查和论证；农业科研单位主要根据科技主管部门、上级主管部门及业务有关部门的项目申报指引，进行项目申报预算的编制。一般而言，因为科研项目具有不确定性，所以它的预算编制要更加谨慎，要在调研、论证和方案设计上花更多的时间和精力。但在现实生活中，由于受到目前科研课题申报制度的限制，农业科研人员将大量的时间和精力放在了课题申报上，而对科研经费预算的编制却没有给予足够的关注。大部分农业科研项目预算都是由科研人员编制的，财务部门通常不会参与其中，科研人员对相关的财务制度也没有太多的关注，有关预算管理方面的知识也比较薄弱，所以在编制科研经费预算的时候，他们经常只会按照项目资助额度简单地、随意地分配相关的支出，没有充分考虑该项支出的资金量该是多少，是否充足。许多农业科研单位的预算编制只是走个形式，以满足申请科研项目的需求，这就造成了科研经费预算的质量无法得到保证，给后期的预算执行造成了很大的困难。

二是当前我国农业科学研究机构的技术、开发等专项的总体预算与政府采购预算之间没有形成有效的联系，导致了项目实施过程中出现了一些问题，如审批流程复杂，审批周期长等。

三是财政预算变动频繁，但力度不足。虽然财政预算公开工作取得了一定的进展，但是在财政预算执行过程中，仍然出现了一些改变预算的现象。

四是财政预算案的执行速度较慢，平衡较差。在科研项目中，资金的下达和任务的完成时间之间存在着不匹配的问题，一些项目的资金到账较迟，这就造成了农业科研单位的科研项目的实施进度和预算的执行要求之间出现了脱节，出现了大量的突击花钱的现象。

五是基金支持的经费不足，对基金的运作也有一定的约束作用。政府采购流程复杂，耗时长，致使工程实施进展缓慢。

(3) 科研经费预算执行不到位

在国家财政预算管理改革的基础上，必须全面地管理科研项目的经费预算，并在立项后严格按照预算执行报销。由于农业科研项目的周期较长且季节性较强，因此其预算存在不健全的问题；由于科研人员缺乏对项目预算编制、经费管理办法和财务规章制度的深入了解，导致科研项目经费预算编制的合理性存在缺陷；项目负责人对预算内容理解得不深，缺乏有效的沟通协调机制；由于财务人员未参与项目经费预算编制，导致项目管理和经费管理之间出现不匹配的情况。

一旦获得有关部门的批准，预算便具备一定的法律效力，因此加强科研经费预算管理非常必要。然而在实际的执行过程中会经常性地作出预算调整，而在科研项目经费预算执行方面，经常出现挤占和挪用的情况，这对预算管理工作的质量和效率有很大影响，而且也增加了追加和调减的可能性。

许多农业科学研究项目的经费支出缺乏合理的规划和控制。由于前期科研课题的预算编制缺乏科学性和合理性，科研人员可以随意地支出科研经费，即未严格按照预算内容执行，未按计划进度使用经费，导致预算项目和科目之间频繁出现"串用"调整，比如非直接相关设备的设备费开支以及大批量购置材料采购程序的不规范。在某些情况下，存在一种先花费资金后进行调整的行为，这种行为不仅违反了相关专项资金管理办法的规定，而且给财务工作带来了很多挑战。

(二) 经费管理问题的原因分析

1. 经费来源多样化加大管理难度

目前，农业科研单位可以从不同渠道获得科研项目，这也使得科研项目经费来自不同的渠道。不同的项目或任务（合同）委托方对经费管理的要求有所差别，缺乏统一的制度和管理口径，各类科研项目的经费使用方向和结构也各不相同，有些项目的开支范围较广，有些则受到严格的限制。有的科研单位对科研资金使用缺乏有效监控和控制，致使科研活动中出现大量浪费现象。科学研究人员在不同的渠道上进行申请可以获取各种类型的研究项目，因此各研究项目科研经费的预算与支出管理存在着很大的差异。

随着国家对农业科研投入不断加大，科研经费越来越多地被用于基础性研究和应用性研究等公益性事业发展领域。针对农业科研单位承担多种科研项目的情况，由于经费管理标准过多，导致财务人员在执行过程中难以把握，从而对经费的有效使用产生了影响，进而影响了科研项目管理的整体效率。目前农业科研院所的科研项目都是由农业部门直接下达，其经费的预算分配与实际完成情况之间存在一定差距。科研项目结题验收时，由于组织财务验收的专家对科研经费管理办法和政策的解读存在差异，一些专家对某些支出项目的要求十分苛刻，这种不一致的审核标准也会对科研项目的结题造成影响。

2. 对科研经费的自主权把握不够

尽管《关于进一步完善中央财政科研项目资金管理等政策的若干意见》已经出台，然而，许多基层农业科研单位并未在相关工作方面取得实质性的进展。《关于进一步完善中央财政科研项目资金管理等政策的若干意见》在财政、审计和纪检等部门的理解和把握上存在差异，未能实现无缝衔接，所以在实际执行过程中、在落实方面存在一些问题。农业科研单位是实施单位，却难以准确把握科研经费自主权的运用标准。例如，农业科研单位预算变更审核批准，由单位审核批准还是由科研管理部门审核批准，这些都是需要慎重考虑的；尽管农业科研经费有所增加，但是否将绩效奖励内容等纳入事业单位绩效总额、其所占比例以及是否会超出同等单位的范围，仍是一个值得探讨的问题。此外，尽管农业科研项目的劳务费比例并未受到限制，但其并不适用于在职人员的补助，这是否会导致劳务费管理失调及潜在的补贴问题，目前仍未明确。以上问题都直接影响农业科研单位科研经费自主权的落实与应用，最终影响着农业科研成果产出效率和质量。

3. 对科研经费管理的重视不够

（1）农业科研单位对科研经费管理制度的认识不到位

有些农业科研单位认为，针对专项经费的管理，财政部门、科技部门及其他上级部门已经采取了多种措施，并且在专项经费的立项或审批过程中也存在相关的约束规定，因此财务人员和经办人员只需遵循执行程序，无需另行制订本机构的科研经费管理制度。由于缺乏相应的配套制度保障，导致项目申报与实施之间存在较大差距，甚至出现部分立项人员弄虚作假、虚报成果等情况。

（2）农业科研单位对科研经费执行管理重视不够

农业科研项目的实施周期不同，一年到五年不等，项目类型不同，其结题验收组织形式也不同。通过对农业科研项目的验收审计发现，有不少项目没有实施上级部门的最终验收，个别项目甚至没有组织任何层级的验收。这种重视项目申请却忽视项目验收、未严格把关的做法，会影响项目的执行质量，不能有效地促进、监督科研经费的使用，造成科研经费使用效果难以得到掌控。

（3）农业科研单位对科研经费使用中的风险认识不够

当前农业科研单位在职职工普遍学历高、职称高，大多数都是出身理工科的专业技术人才，而那些拥有经管类学术背景的从业人员却寥寥无几。这些人往往综合管理意识和风险意识薄弱，传统观念根深蒂固，在他们的观念里，在单位使用的都是国家财政拨款，只要不出现原则作风问题，爱岗敬业就不会有大的风险。此外，在使用农业科研项目经费的过程中及其管理过程中，他们从来没有认真考虑过相关的风险因素，觉得那都是财务人员该考虑的问题。在农业科研单位的日常工作中，无论是中层干部还是基层员工，经常忽视单位科研项目的预算管理工作，对内部控制方面也缺乏足够的重视，认为只有科研工作才是他们的重要工作，只想着要把科研工作做好。因此，在实际科研项目管理过程中，存在着一定程度的风险隐患。

4. 财务部门的管控能力较弱

（1）农业科研单位财务部门的人员数量较少，业务水平不高

由于当前国家在科技和财政方面进行了体制改革，会计核算和财务管理的工作任务十分艰巨，财务人员没有时间深入地学习，在制度建设上没有与企业的具体情况相结合，导致了在日常的财务活动中，没有形成一套行之有效的制度约束。

农业科研单位的财务部门未能充分认识到自身的价值和重要性。财务部门通常将自己视为后勤辅助部门或行政内勤部门，以完成财政部门或其他上级部门的任务为主要工作，没有深入地研究过如何高效地完成自己的本职工作。

（2）农业科研单位财务部门工作压力大，被认同感低

一般农业科研单位的财务部门是一个工作量大而工作人员紧缺的部门，所以财务部门办事效率往往不尽如人意。在实际工作中，财务部门常常需要对科研项目进行大量烦琐的财务审批和报账，目的是加强风险防范，并在报销后出现大量的附加单据。对于研究所的科研人员而言，从采购立项到报销付款的全过程中，经过多个审批环节，需要各个部门参与审批，所需的时间相当漫长。若在报销前填写了报销申请书和发票，又需将相关信息上传至财务系统，流程复杂，耗费大量人力、物力。这导致科研人员认为财务部门的要求非常多，产生了不满情绪。

尽管财务人员面临着巨大的工作压力，但他们却无法获得科研人员的认可，这使得他们的工作受到了很大的限制。

（3）农业科研单位的财务服务跟不上农业科研发展形势需要

在日常财务工作中，许多农业科研单位的财务从业人员只在意经费的核算工作，没有意识到监督管理的重要性。当前，农业科研单位的财务从业人员主要从事会计核算工作，包括记账、核算和报账等方面，未能与业务部门进行有效的沟通，这不利于财务部门工作的展开。虽然科研经费的来源各不相同，但不少农业科研单位都有各自的具体账本对科研经费进行管理。但是对于各类农业科学研究经费的使用，目前还没有明确的方法，也没有完善的制度，导致科研人员和财务人员无法针对所遇到的问题提供具体的解决方案，无法严格按照规章制度办事，科研经费也因此被白白浪费。另外，由于农业科研单位内部控制制度不健全，使得科研经费的使用存在着很大风险，科研管理人员的风险意识比较薄弱，缺乏有效的风险管理措施。

按照财务制度的要求，财务人员所使用的指标仅限于经费自给率、资产负债率、人员支出及公用支出占事业支出的比率等指标。这些指标太过单一，很难适应目前复杂的科研活动需要，不能对科研经费的具体使用进行详细的分析和解释，也不能给单位带来更多的科研经费，对科研经费的管理提出有价值的意见，更不能有效地起到财务服务和促进单位中心工作的作用。

农业科研项目的立项具有很大的不确定性，农业技术研究的周期往往比较长，导致科研经费的实际支出往往与项目的实际需要不一致，科研经费使用周期与财政预算周期不一致。而国家对农业科研项目的管理采用经费划拨和任务管理两条线，按照科研项目管理要求，项目一经立项，就应该着手科研工作，一些费用便开始产生了，但是从立项至经费到位需要一段时间，可能会导致科研工作无法按预定计划实施，往往错过最佳季节，延误时机，对科研项目的效果产生不良影响。经费支出的进度与科研任务的进展无法保持一致，这是很多农业科研单位面临的突出问题。

农业科研往往是实验室研究和田间试验结合完成的，但在田间试验过程中所发生的费用往往难以报销。如支付给农户的调查试验费、下乡蹲点住宿的费用往往很难取得正规的发票，报销困难。

5. 各部门之间存在信息不对称的问题

在众多的农业科研单位中，财务部门、科研管理和科研项目承担部门之间存在着严重的信息不对称问题。科研人员经常面临着来自财政部门、科研经费管理部门及其他相关部门的种种压力。由于科研人员专注于科学研究，他们缺乏对新政策的了解，特别是那些与科研经费使用相关的政策。他们不知道如何利用国家的科技拨款，也不清楚如何获得这些科研经费。由于缺乏对财务管理政策变化的深入了解，他们无法充分利用当前的政策红利，如预算转移管理、报销现场科研考核和绩效奖励，从而增加了无谓的工作负担和财务限制。科研人员一般对科研经费有一定了解，但是缺乏必要的知识和技能。项目的具体管理包括资金的管理，是由科研人员承担的职责，然而在预算、实施、验收等方面，他们常常面临着管理方面的难题。为了保证科研项目顺利完成，必须制订出详细而合理的预算方案。在预算编制过程中，必须综合考虑当前的研究现状及未来的目标，以确保预算的合理性和可持续性。除考虑专门的设备、材料、测试等开支外，还需要考虑出差、出国计划、国外会议和雇用劳工等交易事宜。

在农业科研单位中，许多财务从业人员缺乏对课题任务的了解，未能积极参与资金管理并发挥其管理作用，同时科研人员对科研经费的管理存在不足，所以经费到位后交由课题组人员管理资金。课题组人员通常支配着科学研究项目所需的设备和资金，然而由于管理不善、采购重复等多种因素的影响，这些资源和资金可能会被白白浪费。农业科研机构的其他从业人员在财务管理方面存在认知不足和缺乏重视的问题，因此在财务核算中出现了许多问题，造成一定程度上的损失。

6. 科研经费管理信息化程度较低

由于国家对农业科技的投入支持力度不断加大，农业科研单位对农业发展的贡献作用明显增强，农业科研单位在推动科技进步、促进科技与经济结合方面发挥了重要作用。但农业科研单位信息化水平与科技创新单位极不匹配，特别是财务会计信息化。目前会计核算工作已经基本脱离了手工记账操作阶段，会计核算软件在绝大多数单位财务管理工作中被广泛应用，财务信息化水平不断得到提升。但是，农业科研单位的财务信息化进程明显滞后于其他单位。大多数农业科研单位仅仅通过通用软件实现了最基本的核算软件化操作，预算管理、报表分析、综合查询等功能尚未真正得到应用，无法实现财务管理系统与科研管理、日常办公系统的信息集成和数据共享。一是科研项目管理信息化水平低，许多单位没有建立从科研项目申报和审批立项、科研经费预算编制和审核到科研经费预算执行和结题财务验收、科研结题验收和档案管理等一套完整的科研项目管理系统。二是科研经费管理系统还不够完善，预算控制、支出查询、报账系统等还没有被建立起来。三是科研项目信息化系统和科研经费信息化系统对接不够，还未实现两个系统之间相互提取数据。

三、加强农业科研单位科研经费管理的措施

针对农业科研单位科研经费管理中出现的多方面的问题，广大科研单位应予以充分重视，可以采取以下措施进行改进。

（一）健全科研经费管理制度

1. 完善科研经费管理制度

对我国农业科研投入经费的管理与监管进行系统的改革与创新，这是提高农业科技投入效益，推进创新型国家建设的关键。农业科研单位应当在遵守农业科研单位会计制度，财政部、科学技术部等部门出台的经费管理规范和办法的基础上，结合单位自身的实际情况，对本单位的科研经费管理办法进行有效地制定并予以完善，保证经费管理的每一个重要环节都能够高效地运行，让经费管理制度能够真正地起到作用。

一是农业科研单位要制订《科研项目管理办法》，并制订《科技档案管理办法》等配套管理制度。《科研项目管理办法》要明确项目管理职责、业务管理流程、财务经费管理、监督与考核、成果管理等方面的内容，可根据自身具体情况进行设计、调整、完善。同时，要推动制订《科研人员廉政负面清单》，严格把好各道风险关口，提高财政资金的使用效益。

二是要及时修订完善相关条款。要组织好对《关于进一步完善中央财政科研项目资金管理等政策的若干意见》等的学习、研究、落实，及时修订完善《库存材料管理办法》，明确大宗材料的金额标准、监督岗位职责和采购报批程序及验收、保管、发放和盘点等，在制度源头堵住监管漏洞。

三是要强化对各项制度执行情况的督导和检查。定期组织工作人员参加制度的学习与培训，通过专家讲解、学习研讨、制度领学、监督检查等形式，确保制度在各个单位落地生根，开枝散叶。农业科研单位还应该时常地开展政策培训，将新老政策进行比较，找出政策变化的关键点，让农业科研人员能够更快地掌握新政策。以农业科研工作的特点为基础，强化顶层设计，制订出关于会议费、差旅费、绩效奖励、横向经费、信息化管理等方面的制度，尤其是针对野外科考、

农村实验、差旅费标准等农业科研项目特有问题的管理办法，切实为农业科研人员做好制度落地服务，充分释放政策红利。

例如，山东省农业科学院于2014年制订了《山东省农业科学院科研项目经费管理办法》作为科研经费管理的制度依据。2017年，山东省农业科学院中国农业科学院、中国农业科学院棉花研究所、河南省农业科学院、江苏省农业科学院、浙江省农业科学院进行专题调研，并在广泛征求院属各单位意见的基础上构建了"1+6"的科研项目资金管理制度体系。该体系以问题为导向，重点解决了以往在科研项目预算编制、经费调剂、绩效比例和会议差旅、专家咨询等经费支出中想解决而未被解决的突出问题，为科研人员"松绑、减负"。在山东省农业科学院的指导下，其下属的各研究所制订了内部实施细则，并针对实施过程中出现的新情况、新问题，制订完善了相关配套办法，形成了符合实际的科研经费制度体系。

2．强化对科研经费的监督和控制

农业科研单位要认真落实财政部、科学技术部等部门下发的关于科研经费管理的文件，并结合自身的实际，对内部控制机制进行完善，强化对科研经费的监督管理，制订并完善科研经费管理办法。明确单位科研管理部门、科研项目承担部门、财务部门、审计部门及其他相关部门在科研经费管理中的职责，各个部门之间相互制约、协助合作，对科研项目的进展起到全面的监控和管理作用。科学研究课题资金的合理使用，是科学研究课题资金管理的先决条件。项目承担单位应该对项目的实施进度和中期检查情况保持高度的重视，在收到专项经费之后，要严格按照任务书或者是签订的项目合同书的预算来使用资金，要做到专款专用，不能挪用、挤占专项资金。配套的资金要按时足额到位，分配到各参与单位或者合作单位的资金要按时到位，在项目到期的时候要按时提交验收或者延期申请。对已经验收的项目，要按时、保质保量地完成合同的任务目标，推动专项结余资金的使用，达到预期的效果。日常要对经费到款情况进行统计，以达到科研项目管理工作的有效衔接，保证科研项目能够顺利完成，将真实、可靠的财务信息上报给单位的管理决策人员。

在工程结束或即将结束的时候，科研管理部门要在第一时间告知财务部门，而财务部门要告知项目负责人，让其尽快完成项目的结算手续，并按照相关的要求编制出一份项目结算情况表格，如果出现了结余，那么就必须按照相关的要求进行处理，以免出现长时间的挂账现象。对于那些没有正当理由而又迟迟不能完成结账的科研项目，相关部门要加强对项目各个阶段的监管和检查。在农业科研项目结束后，要严格地审计科研经费，将科研项目中的各项支出、实际成本及剩余经费等详细地列出，并对与项目有关的设备资产及债权债务等进行及时的清查和盘点。同时，对工程的验收结果进行严格的审核，找出问题并加以解决。

在工程竣工后，要做好工程的产权登记工作，做好工程的资产交接工作，确保工程竣工验收符合相关部门的标准。农业科研行政管理部门要对每一项研究课题进行严格的审批，防止浑水摸鱼的情况发生，注重科技经费的分配，并加强对立项、实施和验收等环节的监督。在监督检查时，要注意及时发现问题，根据问题的严重性及时提出整改建议并加强处罚，从而对违反规定的单位起到强大的震慑作用。农业科研单位可成立一个联合督查小组，由审计、资产、科技、财务、开发等部门组成，对科研资金进行定期或不定期的监督，使科研资金的管理更加规范。

农业科研单位还应重点关注委托代理机制不健全问题，以全面执行内部控制规范为抓手，以健全责权利相一致的激励约束机制为导向，以落实最新政策文件要求为重点，以规范财务活动为主线，以大协同信息系统为支撑，确保科研活动科学高效、财务信息真实完整、经费管理合法合规、资产使用安全有效。农业科研单位要结合本单位实际和不同科研项目资金特点，制订《固定资产管理办法》《收入管理制度》《预算管理制度》《科研项目资金管理实施细则》《合同管理办法》《科技成果奖励办法》《财务报销细则》等相关内部管理办法和审批制度，报项目主管部门备案。按规定制订的各项制度、内部管理办法应当作为预算编制、评估评审、经费管理、审计检查、财务验收的工作依据。在相关管理办法中，要体现简政放权。比如在科研经费管理办法中，要简化预算调整审批，按相关文件规定的最大比例要求下放预算调剂权给课题组。明确劳务费开支范围，不设比例限制，据实编制。完善科研项目间接费用管理，按照科研人员的实际贡献公开、公正地安排绩效支出。改进项目结转、结余资金管理，规范剩余资金使用。完善科研项目资金结算方式，推行公务卡、银行转账等非现金结算，对确实无法实行公务卡结算的，只要符合主管部门或委托单位的要求，在确保真实性的前提下，有相关依据凭证即可报销，不受公务卡结算限制。对野外考察等科研活动中无法取得发票或者财政性票据的，在确保真实性的前提下，可按实际发生额予以报销。农业科研单位还要明确单位内部各相关主体职责和权限，以实现"职权清晰不交叉、责任明确难推诿"。一是明确农业科研管理部门职责。农业科研管理部门的职责和权限是负责农业科研项目的立项管理和合同管理，按照相关合同要求对农业科研项目执行的全过程进行监管。二是明确财务部门职责。财务部门的职责和权限是为课题组编制科研项目经费预算提供指导和服务，对科研项目经费使用进行会计核算和合规性监管。三是明确课题负责人职责。课题负责人的职责和权限是编制科研项目经费预算和决算，按预算和相关规定使用经费，承担经费使用的经济与法律责任，自觉接受监督检查。

为了控制农业科研单位的科研经费被挪用或被挤占、避免经费被随意支出，财务人员要合理审核项目开支，灵活运用、严格审核，在确保顺利开展农业科研工作的同时，还要节省不必要的开支，避免资源浪费。此外，项目预算中要预留出应急费用，因为科研项目不是一朝一夕能完成的，其具有复杂性、失败不可逆性及季节性等，长时间的研究会增加不可控因素，从而出现突发事件。

农业科研单位还应科学设定人员岗位职责，建立岗位风险防控机制，对所有岗位的风险点进行全面梳理，明确关键控制节点，完善应对措施。建立业务流程规范，细化业务权力运行流程，合理配置业务权利与责任。完善单位"三重一大"事项决策机制、风险评估机制、风险应对机制。

3. 科研项目组织模式的创新

大多数农业科研单位目前所采用的直线型管理模式，已经无法适应单位所承担的多部门合作项目，无法保证财政性资金支出规范的落实，农业科研单位应当借鉴项目型组织管理的模式，强化在单个项目执行上的管理。而采用矩阵型管理机构的模式，既保留了原来直线型管理，又能以项目为导向，将项目经费支出的协调和管理工作交给项目组来承担，从而更好地协调跨部门合作的项目。在矩阵型管理机构的模式中，行政管理与项目实施分开，单位设置专人或机构对项目经费支出中的重要事项、环节进行检查和把关，项目负责人具体对项目执行和经费使用负责，承担项目实施进度信息汇总，沟通协调跨部门合作事宜，协调编制项目经费使用计划、安排项目支出、及时调整项目支出预算等。

（二）提升财务人员的科研经费管理水平

1. 提升服务意识及水平

在农业科研单位，行政管理部门应当以提升服务水平为主要任务，优化制度、简化服务流程，这样才能减少多余的手续，减轻科研人员的工作压力，让他们有更多的精力来开展科研活动，让科研经费能够发挥真实的效用，具体可以采取以下措施：将农业科研单位的内部审查标准降低，为科研人员减负，降低管理成本；要主动改进工作方法，采取灵活的服务方式，利用信息化手段来实现科研费用的监督和远程审核审批；要加强对研究机构的系统分析，使研究人员能够时刻掌握最新的政策，而不是让这些规定成为摆设。

农业科研人员因科研需求而经常分散在各地，为了更好地为科研工作者提供服务，农业科研单位的财务部门应该通过各种途径与科研工作者进行交流，了解他们的需求和困难，并及时帮助他们解决经济困难；优化、简化报销流程，对各种费用的报销票据进行确认，实现规范、简洁、快捷的报销流程；将财务报销流程及相关文件编制成一本图文并茂、简单易懂的小册子发给研究人员，让他们了解研究经费的报销制度。大型单位可以在其内部设置多个"票据投递箱"，这样就可以方便科研人员提交报销单据等，为科研人员提供质量更高、更有效的服务，推动科研人员和财务人员之间的协同工作。

2. 优化财务服务

农业科研单位的财务人员要严格遵守有关法律、法规和文件的规定，解决目前单位财务管理中出现的一些问题，将财务工作的重点放在"接、服、管、落"上，强化并改善单位的财务管理，优化财务服务，做到管理与服务并重。在严格遵守相关的财务制度的基础上对农业科研经费进行管理时，各级农业科研单位应该对项目实施过程中出现的几种特殊情况的费用支出进行充分的考虑，比如雇用临时工、外出调查和采集时需要到自然保护区等涉及门票费用的地方、购买小额材料没有发票等。从目前的财政管理观点来看，这些开支都不属于报销范畴，但是确实是项目开支，所以应该加以考虑。

在对农业科研经费进行管理的过程中，财务人员要对一些特殊事项进行严格审核，同时要灵活把握好这些事项，要充分考虑到农业科研项目周期长、影响因素多的特点，尤其是在农业科研人员经常下乡蹲点、调查和试验，他们经常无法获取发票的情况下，应该在严格审核的原则下，灵活处理好这些问题。

各级农业科研单位在科研项目的主要费用处理上应充分发挥其被赋予的自主权，采取灵活的原则，给予科研人员充分的信任，以激发其产出更多、更优秀的科研成果。

3. 财务人员全程参与科研经费管理

在科研经费管理的整个过程中，财务人员不仅要对其进行认真的核算，还要对其进行严格的把关，同时也要对其进行持续的学习，从而提升自己的业务能力，对有关立项部门的项目经费管理制度有一个全面的了解，从而保证科研经费的支出与有关项目验收财务管理规定及相关法律相一致，让项目能够成功地通过财务审计。通过与科研工作者的交流，财务人员应对科研业务有所了解，并积极参与科研项目预算的编制和实施。从项目预算编制开始至项目验收结题，财务人员应全程参与其中，帮助科研人员确定精细化、可执行的预算，规范项目支出行为，督促项目执行进度，做好项目验收时的财务决算。科研、财务人员应密切配合，确保科研项目资金运作有序。财务人员应按照经费预算安排各项支出，定期与项目主持人分析支出情况，在项目支出上严格把关，确保按照规定的用途和范围列支，专款专用。

4. 建立健全科研财务助理制度

农业科研单位应该构建并逐渐完善科研财务助理制度，并鼓励具备一定条件的单位对聘请科研财务助理人员进行试点，为科研人员在项目预算编制和调剂、经费支出、财务决算和验收等方面提供全过程的专业化服务。在此基础上，根据农业科研的特点和科研课题的完成，确定了科技财务助理的数量、分布、专兼职等多种类型。强化对科研财务助理人员的培训与考核，使其熟悉农业科研项目的管理方法与财务制度，并从编制、调整、结算、报销、验收、信息公布等环节，充分发挥其在政策宣传员、资金管理员、信息交流联络员等方面的职能。只有成为科研人员不可或缺的好帮手，才能真正将科研人员从繁杂的项目经费事务中解脱出来，让专业人做在行的事，全面从费用管理当中解放科研人员，取得"用好一名财务助理，解放一批科研人员"的成效。

（三）建立资产管理平台

农业科研单位科研过程中形成的资产属于国有资产，要执行国家有关国有资产管理的规定，建立健全采购机制，实现集中采购和分散采购相结合的方式，资产纳入单位统一管理和换算，建立共享平台，实现资产共享机制，提高资产利用率，避免重复购置和浪费。

一是规范资产采购管理，实行采购前置审批。建立科研需要的大宗材料、试剂、燃料等耗材和仪器设备、图书、软件等招投标采购机制。

二是规范资产入账管理，确保及时、全面登记固定资产台账，单位财务部门和资产管理部门统一管理，避免出现账外资产，坚决杜绝资产私有。

三是加强科研形成知识产权等无形资产保护和管理，对科研活动中形成的专利技术、版权、发明权等无形资产，纳入单位无形资产管理，按会计制度规定登记无形资产账，建立无形资产台账，确保科研形成的无形资产有据可查，推进科研成果推广应用、转化转让，实现无形资产的保值增值。

四是规范资产变动管理，确保在人员变动及项目结题时，能够及时清理、移交、变更，坚决避免资产流失。

五是规范资产报废管理，严格固定资产报废审批和处置程序，处置残值及时入账。规范资产盘盈、盘亏管理，定期或不定期盘点固定资产，对盘盈、盘亏资产按规定程序报批后进行账务处理，确保账实相符、账账相符。

六是对大宗材料、试剂等低值易耗品建立出入库和领取使用内部控制机制，规范使用管理。

七是财务管理部门和科研人员要打破资产项目所有制，建立固定资产信息库，统一管理科研仪器设备，合理配置资源，为之后的科研项目省下购买仪器所需资金，让每一笔经费能用在实处，做到物尽其用。

八是建立资源共享平台要及时清理和回收资产，在项目结束或开始前对资产进行定期清查，避免因回收不及时而造成资产流失。

（四）提高科研经费管理的信息化水平

农业科研项目信息化管理是借助计算机互联网等信息手段，将预算内容及相关管理制度嵌入信息系统之中，实现农业科研项目管理的程序化和常态化，并把它作为加强预算执行、提高预算的约束力度、避免各种科研腐败现象发生的主要手段。随着信息时代的发展，科研经费的管理逐步走上现代信息技术舞台，企业资源计划（ERP）和 Java 2 平台企业版（J2EE）等现代软件技术的应用使科研经费管理更加具体化、规范化和可视化，在一定程度上避免暗箱操作的可能。因此，信息化的管理方式主要表现在快捷和高效方面，且农业科研经费的信息化集中管理避免了许多账实不符的情况发生，从而提升了科研经费的安全性和利用效率，更大程度上提高了科研人员的研发积极性。

加强预算管理和有效实施内部控制的一个重要手段就是加强信息化建设，利用现代化管理手段对业务流程进行重构设计。从预算申请到资金审批、审核、支付，按规定权限让项目负责人和经办人实时看到相关流程及经费支出的动态统计信息，实现项目管理数据共享，保证项目的预算、结算、决算和监控等财务管理工作规范化、高效化。建立科研经费管理信息网络平台，推动科研经费使用的公开透明和阳光管理，搭建连接科研项目管理部门、财务部门、资产部门、项目负责人的信息化平台，通过权限设置，实现查询、管理、监督等相关功能，提高管理效率，使科研经费管理在阳光下运行。

由于农业科研单位分布广泛，在外地进行实验的情况较多，因此，开展网上服务是非常有必要的。解决农业科研单位的财务和科研部门之间的信息不匹配的问题，利用大数据、互联网、云计算等现代信息技术，构建一个属于单位的大协同信息管理系统，将财务、人事、科研、资产等各个环节进行有效的组合，从而使单位的财务信息化管理水平得到全方位的提高，从而消除信息壁垒，让各个部门之间的信息共享达到一个高度结合，推动部门之间的协同工作。同时，在适当的情况下，与主管部门、银行、税务等部门建立系统衔接，达到更高层次的信息交换。另外，建立一个科学研究与财务集成的信息平台，实现财务部与研究部之间的信息共享，使研究人员对课题资料的查询与管理更加方便。该平台涵盖了多项业务，包括科研项目、出差、采购、资产、合同、制度、会议、报销等，使得农业科研人员和行政管理部门可以不受限制地查询并处理各种与科研项目及资金运用有关的各种业务，避免了科研人员往返于科研和财政两个部门，由"人跑"转变为"网跑"。同时，还可以消除各机构之间的"信息孤岛"，消除信息不对称的现象，提高科研机构的科研工作效率，提高其协作工作的水平。

（五）提升科研经费预算管理水平

1. 重视科研经费预算的编制

各农业科研单位应在每类新的科研项目启动前，就科研经费预算编制工作组织聘请相关专家对单位科研项目组人员、科研项目管理人员、财务人员进行培训，有针对性地讲解科研经费管理的最新相关政策制度和管理办法。如"十三五"科研项目启动前，单位要聘请科学技术部相关专家讲解"十三五"项目预算编制的相关事项，着重强调新的预算编制关键点等。通过专家的讲解，科研人员对预算编制的有关工作有一个基本的认识，财务人员根据自己现有的财务知识、经费管理经验，重点把握预算编制的关键环节。此外，在会议期间，还可以对预算编制工作中出现的有关盲点或疑问，向专家请教，利用专家答疑的方式来对预算编制工作中出现的问题进行解答，推动经费预算编制工作顺利、高效地展开，避免主观臆测，这样就可以提高项目经费预算编制的科学性和可执行性，能够客观地反映出科研活动所需要的全部成本，对预算的执行产生有利的影响。

2. 完善科研经费预算管理

财政预算的编制工作是财政预算管理的出发点，财政预算工作的好坏将直接影响农业科研单位的健康发展。只有在编制预算时做到科学、合理，才能更好地完成预算，才能更好地为项目的顺利实施提供保障。所以，在编制科研项目预算的时候，项目负责人也需要财务、科研、审计管理部门的积极协助，共同完成预算的编制工作。在编制预算的过程中，要将经济合理、政策相符、目标相关、依据充分等原则贯彻到底，这样才能让预算既与研究工作的需要相适应，又与财务的各项规章制度相一致，从而确保预算编制是正确的、科学的和可操作的。

第五节　农业科研单位政府采购管理

在财务管理中，政府采购管理扮演着至关重要的角色，其质量的高低直接影响着农业科研工作的推进程度。目前，我国在政府采购方面存在着一些问题，不利于农业科研事业的健康、可持续发展。加强政府采购预算管理力度，提升政府采购预算管理水平，是推进政府采购工作良性发展的关键举措，也是政府采购活动的基础和依据。

一、农业科研单位政府采购存在的问题

（一）政府采购内部管理不完善

首先，完备制度。尽管农业科研机构已经建立了政府采购的内部控制机制，但其涵盖的范围过于广泛，缺乏实质性的内容和可操作性、针对性。有些机构甚至制订了相关制度，只是为了应对财政部门的检查，而实际执行与其存在着相当大的差距。

《中华人民共和国政府采购法》及《行政事业单位内部控制规范（试行）》等法律法规中涵盖了政府采购内部控制的相关内容，这些内容广泛且分散。目前我国农业科研院所的政府采购工作处于起步阶段，其内部控制还不完善。随着社会经济的不断发展和农业科研单位的业务范围不断扩大，政府采购业务的复杂性使得内部控制制度的适应性变得日益困难。

在进行科研采购活动时，农业科研单位必须严格遵守政府采购制度，同时也必须遵守科研经费管理规定，以确保采购活动的合法性和规范性。政府在采购过程中强调合规性和经济性，而农业科研则更加关注物资的品质、性能和效果等方面，这可能会导致采购工作中出现违规行为。

其次，必须对机构进行全面的优化和升级。在农业科研单位的采购过程中，需要进行管理类采购，包括但不限于办公家具、电脑、打印机、空调、办公耗材

等，同时也需要进行农药、化肥、试验耗材、仪器、劳务等业务类采购。针对这两类采购，农业科研单位并未设立专门的采购机构，而是多数由管理人员进行采购操作。

科研工作常常被管理人员所重视，然而政府采购内部控制工作却常常被忽视，他们的内部控制意识相对薄弱，错误地将内部控制视为财务部门的职责，而忽略了政府采购内部控制的全面性和全员性。农业科研单位属于事业单位性质，经费来源主要依靠财政拨款和上级主管部门补助。由于采购人员多数从事兼职工作，且频繁进行岗位调动，专业水平不够高，对多种农业科研领域的知识了解不足，对采购制度不够熟悉，因此采购活动无法满足农业科研的需求。

最后，缺乏有效的监管措施。由于各单位对经费使用和管理情况的掌握不够全面，导致一些违规违纪现象屡禁不止。当前，农业科研机构的监管机制通常仅限于招标监管，未能覆盖预算编制、执行和考核等关键环节。此外，政府采购的内部控制机制是否得到有效实施，制度措施是否达到预期效果，以及缺乏有效的监督机制，这些问题都需要得到关注。内部监管机制未能发挥有效的制约作用，导致财务、审计、纪检等部门的监管力量不足。政府采购活动的规范缺乏外部监督的主动性，导致其无法得到有效实施。

此外，缺乏建立有效的责任追究机制以确保责任的追究。政府采购在农业科研单位中涉及多个部门，然而由于缺乏有效的沟通、授权审批不够明确以及缺乏有效的制衡机制，导致采购过程存在诸多问题；在政府采购的各个环节中，责任主体的界定不够明确，职责划分也不够清晰，因此容易出现推卸责任的情况。针对违反规定的行为，相应的惩罚措施较为温和，从而降低了违规所带来的成本。

（二）不合理的政府采购预算与计划

政府采购的预算编制工作在农业科研单位的业务部门中未得到足够的重视，导致预算编制的质量相对较低；在预算编制过程中，缺乏充分的可行性分析和市场调研，导致预算数据的准确性受到影响；另外，财务和业务两个部门之间的沟通存在缺陷；未遵循政府采购目录所规定的编制程序，存在相当程度的自由度。

由于科研项目的年度变动幅度较大，其不确定性增加了预算编制的复杂度。一旦科研项目成功申报，就很容易出现预算调整和追加预算的情况，这是一个需要引起高度关注的问题。由于科研项目的经费通常在年中才到账，因此很容易在年底出现资金过度使用的情况，甚至可能导致程序的颠倒。政府在编制采购预算和部门预算时，常常面临临时变动的情况，导致政府采购计划与实际执行存在偏差。

（三）不规范的政府采购流程

1. 不合理的采购方式

农业科研机构所涉及的领域十分广泛，包括但不限于玉米、小麦、杂粮、食用菌、果蔬、畜牧等多个农业类科研项目，所需采购的品种也是多种多样。在政府采购中，公开招标、竞争性谈判和竞争性磋商等方式被广泛采用，然而，由于可供选择的供应商数量有限，导致招标失败的情况时有发生。由于采购所需时间较长，操作烦琐，成本较高，容易影响农业生产和科研工作的开展。如果不及时纠正，那么很可能会导致科研计划的失误。由于农药使用时间跨度较大，常常采用"化整为零"策略以规避招标程序。

农业科研机构在采购专用设备、软件系统等时，常常倾向于选择单一供应商，这导致了采购方式单一来源的比例过高的问题，这种单一的采购模式不利于降低采购成本和提高工作效率。在采购的过程中，常常会选择几家固定的供应商，而没有在这些供应商的资质、货品质量等方面进行比较，有些甚至没有签订合同，从而存在着违约的潜在风险；在进行比价的采购项目中，并未对非相关企业进行任何分析。因此，有必要加强农业科研院所的采购管理。有些农业科研机构习惯于零散采购或应急采购，而忽视了政府采购内部控制的积极作用，这种行为已经成为了他们的习惯。

2. 不合规的采购程序

由于缺乏对供应商资质、注册资金、纳税记录、违约情况等信息的全面分析，采购人员在采购过程中常常处于劣势地位，容易采购到品质有缺陷的物资，这是由于他们对采购物资的信息了解不够全面，对特殊性能缺乏熟悉所致。在招标过程中，缺乏透明度和规范性，导致限制参数或其他限制性条款的设置，甚至迫使供应商制订招投标方案，从而限制了供应商的选择范围，排除了潜在投标人，导致采购物资的价格与其价值不符，违反了公平、公正的采购原则。

在政府采购平台上，存在着一种随意签署采购合同的情况，甚至出现了先采购物资后补签合同的情况，导致合同签署后未能及时录入平台。由于部分农业科研单位对合同金额的要求不够高，导致需要签订多个采购合同，因此无法将所有合同纳入政府采购平台中；在采购验收过程中，过于注重数量而忽视了产品质量、技术参数、价格合理性以及其是否符合合同要求等关键要素，导致验收工作形同虚设；由于缺乏专人管理，采购档案的收纳方式过于简单，导致档案移交和借阅未经过登记和审批，存在遗失的潜在风险。

（四）缺乏对政府采购预算的重视

农业科研单位的长远发展与政府采购预算的有效使用息息相关。然而，由于政府采购预算的分散管理，许多农业科研单位未能充分认识到其重要性，导致预算使用缺乏前瞻性和规划性，甚至有些单位在科研项目和采购内容上的临时增设，使得政府采购预算单纯变成了"采购"，而没有体现出预算应有的目的性。这种盲目的采购方式完全不符合农业科研单位严谨、精确的特性，会影响农业科研工作的有效开展。

（五）政府采购预算与部门预算没有同步

针对农业科研机构而言，政府采购预算并非属于个人财产，也不能完全由机构随意支配，因此每一笔支出项目都必须严格遵守申报内容。如果不按规定程序申报，那么财政就无法支付相应经费。农业科研单位的年度资金预算情况在政府采购预算中得到了反映，这些单位通常会根据上一年度的课题研究项目对下一年度的预算资金进行申报，这意味着预算资金的总数主要取决于农业科研单位，一旦这些单位在采购项目上出现弄虚作假或敷衍了事的情况，就会导致整个项目出现脱轨现象。当前，我国部分农业科研机构未将科研工作置于至高无上的地位，而是在账目上敷衍塞责，并且未遵循国家相关管理规定进行资金申报，这不仅会导致政府预算与科研机构预算项目无法同步，长期下去还会对政府的正常监管和统筹安排产生不良影响。

（六）缺少信息技术的支持

随着我国步入信息化时代，互联网信息技术已经深入渗透到我们的生活和工作的方方面面。然而，农业科研机构在政府采购预算方面缺乏一体化的服务平台，这导致了许多后续工作（如采购工作绩效评估、采购项目数据汇总等）无法得到有效实施，这不仅降低了工作效率，也无法有效监管采购预算的应用。

（七）没有专业的采购人员队伍

在农业科研机构的采购工作中，要求具备高度的专业性、政策性和规范性，这意味着需要拥有广博的知识储备、丰富的工作经验和专业的职业素养，不仅要精通农业科研工作，更要对市场趋势、市场产品特性和价格了然于胸，只有这样，才能在有限的资金下最大化地实现采购项目的利益。因此，加强对农业科研单位采购管理工作的研究具有重要意义。然而，我国众多农业科研机构在预算采购方面缺乏足够的关注和重视，缺少专业精湛的采购人员，更没有建立起具备专业能力的采购人员队伍的意识，这导致采购工作经常缺乏有效的管理，难以真正贯彻政府采购工作的各项制度方针。

二、农业科研单位政府采购管理提升的策略

（一）提高政府采购管理水平

1. 健全政府采购内部管理制度

为了适应农业科研经费的使用环境，财政部门和农业科研单位应当建立完善的政府采购制度，并适当放宽政府采购权限，授予农业科研单位一定的采购自主权，以确保奇能够采购到满足科研需求的物资。为了达到政府采购内部控制的精细化管理，农业科研单位应当学习其他单位的先进工作经验，结合内部控制、政府采购等制度要求，结合农业科研的特点和本单位的实际情况，进一步改进政府采购内部控制制度，规范政府采购内部控制的流程，梳理政府采购内部控制的关键控制点及风险点，并对采购流程中的重点、难点进行特别说明，以达到更高效的管理效果。此外，为确保政府采购活动的规范性和内部控制管理的高效性，农业科研机构应定期对相关制度和流程进行审查，并根据内外部环境的变化进行必要的调整。

2. 成立专门的采购小组

农业科研机构应加强对政府采购内部控制的重视，根据采购物资、服务和工程的具体性质，成立管理类政府采购小组和科研类政府采购小组，以确保采购过程的透明度和合规性。政府采购小组的成员主要由管理人员、财务人员、审计人员和纪检人员等组成，他们的职责是负责采购办公家具、电脑、打印机等日常办公所需的物资和服务，因此需要对这些用品和服务有深入的了解。组成科研类政府采购小组的成员包括科研人员、财务人员、审计人员和纪检人员等，他们的职责是负责农业科研所需的物资采购工作，包括农资、劳务、实验仪器和试验耗材等，他们需要对农业科研知识有深入的了解，并且能够详细了解仪器设备的各项要求。

为了培养高素质的政府采购管理团队，两个采购小组的成员必须掌握政府

采购、内部控制、财务管理、档案管理等方面的知识，并接受定期的培训，以获得持证上岗的资格；为确保关键岗位定期轮岗和不相容岗位相分离的要求得到满足，还需要完善岗位责任制，明确采购人员从业准则及岗位标准，并指派专人负责各个节点，以避免各种风险。

3. 加大监督的力度

为确保政府采购的透明度和公正性，农业科研单位应建立全面的监督机制，加强日常监督，合理分配监督职责到各部门及各岗位，并对政府采购的各个环节进行全面监控，以实现相互监督和相互制约。为确保采购业务的合法性、合规性和合理性，财务部门应当加强对采购合同、发票和招投标资料的审查，并对符合内部控制要求的报销单据进行审核，只有这样才能获得报销。

为确保农业科研单位政府采购内部控制制度的有效实施，应定期或不定期进行政府采购专项审计，并对执行情况进行日常监督与检查，以便及时发现政府采购过程中的风险问题。公开采购流程，接受社会监督，提高采购过程的透明度，加大对违规行为的惩罚力度，以避免不规范行为，促进农业科研单位的廉政建设。

（二）编制科学的政府采购预算与计划

加强政府采购预算与计划编制的重视程度，是农业科研单位提升各业务部门对预算与计划编制重要性认知的必要措施，以确保预算与计划的顺利实施。在深入调研的基础上，结合实际工作需求，全面制订采购预算和计划。预算项目将被归类为多个类别，包括但不限于预算金额、采购方式、采购时间、单价、数量、规格型号、进口情况及资金来源等多个方面。

在进行采购预算调整之前，必须经过采购小组和财务部门的仔细审查，并获得单位管理层的审批和同意，方可实施。在预算执行的过程中，科研项目的负责人须时刻留意项目预算的履行状况，并根据预算方案对科研工作计划进行必要的调整和优化；确保预算方案与实际支出相符，需要记录支出事项和金额信息，并合理规划预算执行进度，以避免出现明显的误差。

（三）合理规范政府采购的过程

1. 选择合理的采购方式

基于"采购方式服务于采购效果"的原则，农业科研单位将采购效果置于首位，不容许因采购形式而对其产生任何影响。在开展招标工作时，应当从实际情况出发，对不同采购对象进行分类指导。针对采购项目的具体情况，采购小组应当在考虑市场行情的基础上，斟酌选择最合适的采购方式，以确定价格区间。对于可进行物资合并采购的情况，建议将采购项目尽可能地整合，以减少招标次数；对不适合合并的采购项目，则要进行单独招标或谈判。对于普通的采购项目，采用询价的方式来挑选定点供应商，签订详细的定点采购合同，进行零散采购并定期进行结算，每隔三年重新进行一次供应商筛选。为了满足采购项目的特点和科研工作的需求，应引入更多的供应商，以实现充分的竞争，从而降低采购成本，并对采购过程进行严格的监管。对于因招标文件编制不当而引起采购价格低于成本价或中标后无法获得合同价款的，应当通过合理的评标方法来确定中标结果。针对因投标者不足而导致招标失败的情形，可运用竞争性谈判等采购策略，以提升采购效率。在进行紧急采购时，必须确立明确的采购程序，并在经过管理层的批准和认可后，方可实施。同时，还应该建立一套有效的应急管理方案，确保应急采购能够有序开展。针对分散的采购行为，必须明确具体的采购方式，并在采购前对价格等方面进行仔细的审查，以确保采购的公正性和透明度。

　　2. 合理规范采购的程序

　　为了确保农业科研单位的供应商管理水平，必须对其进行分级评估，需要考虑到其规模、信誉、价格、资产负债情况、供货能力、产品齐全度、供货及时性及服务水平等多个方面因素。通过对采购目录进行细致的分类和管理，有针对性地优先选择那些等级较高的供应商，并对其级别进行实时调整和动态管理，从而有效提升采购效率和质量。在进行每个采购项目的招标之前，必须对供应商的资质进行初步审查，以确保其在资质、诚信状况、规模等方面符合标准，只有在审核通过后才能进行招标。在确定中标供应商之后，需要按照合同约定向其支付一定比例的履约保证金。在招标完成后，可以征收保证金，并根据采购金额灵活调整违约金，以适当提高供应商的违约成本，从而确保采购物资的品质，降低采购风险，并提高采购效率。

　　对采购合同进行严格的审查，以确保合同中明确规定了采购内容、技术要求、违约责任等事项，并在起草完成后接受法律顾问的审查，以确保合同的合法性和合规性。针对不同的采购项目及其重要性程度，应适当提高合同标准，并在签订合同后及时将其录入政府采购平台中，以确保采购流程的规范化和透明度。定期开展供应商跟踪检查，及时发现问题并及时纠正，避免因采购人员疏忽或疏于监管而造成损失。为了高效地组织采购验收工作，应成立一个专门的小组，对采购类型、数量、质量、技术要求及安全性等方面进行了全面的核实，并生成一份详尽的验收报告。若验收结果不合格，则拒绝接收。

（四）用制度带动意识，重视政府采购管理

为了解决农业科研机构忽视政府预算管理的问题，需要从多个角度入手，以确保经费使用的透明度和合规性。首要之务在于确立相应的政府预算管理制度，明确规定采购物资、采购流程、采购要点等方面，并组织内部工作人员对政府预算管理制度进行深入学习。要求相关人员深入了解采购预算管理的制度，通过制度的引导，激发每个单位成员的自我意识，使其充分认识到其必要性。只有对相关流程有深入的了解，才能不断完善采购工作，并在采购过程中确立明确的职责和依据，以有序的方式推进工作。

（五）建立健全奖惩机制

在企业管理中，实施奖惩激励制度是一项至关重要的措施，它能够显著提高管理水平和工作效率，为企业的发展注入强大的推动力。为确保政府采购预算管理的科学性和与实际情况的关联性，必须引入并采用该制度，并对那些造成不良后果的人员采取严格的惩罚措施。为了激励其他员工，应该对那些以国家和单位利益为出发点并产生积极效果的行为给予相应的奖励。

第六节　农业科研单位财务管理创新探析

一、农业科研单位财务管理的信息化建设

（一）财务信息化建设的指导思想

农业科研机构的财务信息化建设是通过运用现代网络信息科学技术和现代化管理手段，以会计信息系统为基础全面实现会计电算化并推广网络财务，以提供互联网下的财务核算、控制、分析、决策和监督等现代化财务管理模式，从而进一步实现财务管理的精细化、规范化和科学信息化。财务信息化是一种将信息技术与财务手段相融合的过程，通过利用信息技术进行财务会计工作，以财务信息作为管理信息资源的基础，并全面运用计算机、网络通信等信息技术对其进行提取、加工、传输、计算及运用等处理，从而为单位经营管理、控制决策和经济运行提供全面、实时、充足的信息。目前，我国各级各类农业科研院所都在大力推进财务管理信息化进程，但总体上还处于起步阶段。加速推进财务信息化建设，

提升各省级农业科研机构的财务核算和数据分析能力刻不容缓，建立符合本单位实际情况的账务管理系统、资产管理信息系统、财务信息查询系统等，将有助于开拓财务信息化平台建设的全新思路。

目前，我国的事业单位已经实现了会计电算化，取代了手工记账的方式，同时会计核算网络系统也得到了全面的推广与应用，但是普遍存在着会计信息加工和利用程度不尽如人意的问题。"信息孤岛"现象主要体现在信息链条的断裂上：一方面，同一预算单位的同一会计事项形成多头管理，导致单位的会计核算和各个管理部门的垂直管理使用不同的软件系统；另一方面，绝大多数机构的办公自动化系统（OA 系统）以及财务、科研和人事系统彼此独立，各自为政，缺乏必要的信息整合和部门协调，组织互联系统不够完善，软件和数据难以协调统一，信息化作业平台难以整合，财务信息共享渠道也尚未被打通。

第一，由于事业单位的会计核算和各个管理部门的垂直管理采用不同的软件系统，导致大量数据需要进行重复录入和核算，这无疑给财务人员增加了巨大的工作量。在预算管理方面，财政综合信息管理系统、财政国库一体化管理信息系统和省财政国有资产管理系统等不同的管理系统之间存在互不兼容的问题，导致数据无法相互导入，必须重复录入。因此，共享数据的困难导致了重复劳动的出现，这是当前亟须解决的突出问题。

第二，在传统的财务管理模式下，会计核算和记录处理占据了绝大部分资源，这使得财务人员难以从烦琐的基础业务中解脱出来，大部分时间都被烦琐的日常报账业务所占据。

第三，除了日常的审核报账、账簿核算、报表填报、指标支付对账等各项工作，财务人员还需要应对临时性和阶段性工作，这些工作需要提供检查年度预算、预算调整说明、决算、账簿、会计凭证及相关审批证明。然而，阶段性工作的难度较大，因为缺乏对项目的前期了解和科学的预算计划，导致后期预算执行不能按照编制合理进行，执行力低下，浪费和挪用现象的频率增加。

第四，在会计核算领域，缺乏必要的技术手段是一个不容被忽视的问题。由于财务内部控制规范制度未能得到有效贯彻，导致预算执行存在较大的随意性，预算变动不合理、核算支出项目不合理、支出金额超出预算等问题时有所发生，同时审批程序不规范、资金使用混乱等现象也未能得到有效控制。在预算执行过程中，业务类和发展类项目的整体预算与政府采购预算之间缺乏有效的衔接，导致政府采购程序烦琐且采购时间较长，从而影响了项目执行进度，同时内部沟通协调机制和预算分析执行机制也存在不足之处。

在财务管理信息化系统中，融合了管理学、会计学和计算机学等多个领域的知识，因此需要培养一批既具备财务管理能力又精通财务信息化管理的综合型人才。现代财务管理信息化已经颠覆了传统的财务管理核算模式，使其焕发出全新的面貌。实现财务管理信息化建设和实施的关键在于培养具备信息技术和财务管理双重能力的综合型人才，这也是系统建设和实施所必需的。为了提升财务及相关从业人员的综合业务素养，应加强他们的财务管理信息化培训，并制订有针对性的在职培训计划，以使他们熟练掌握系统操作和管理技能。为了确保未来的人才储备，必须制订一份长期的计划，注重培养那些具备潜力的后备人才。随着互联网信息技术的不断演进，对于财务从业人员的素质要求也越来越高，因此为了适应农业科研和财务信息化的发展水平，建立一支集财务管理知识和现代农业、信息专业技术等多种知识于一身的综合型财务人才队伍变得至关重要。在农业科研单位中，财务人员必须具备较好的计算机应用能力，才能胜任日常管理工作。除了熟练掌握财务信息化软件的功能，财务人员还需要具备高超的操作技能，以确保业务运营的顺畅。

财务管理信息化建设的成功离不开财务人员队伍素质的全面提升，因此必须重视对财务管理信息化专业人才的培养。为确保财务管理系统的顺畅运行，财务人员必须具备对财务业务知识的深入了解，并熟练掌握信息化技术，这是培养综合型人才的重要前提。

为了引进和培养人才，农业科研单位可以从两个方面入手，以此为基础进行人才培养和引进工作。一方面，优化事业单位的招聘模式，引入高端人才，加强财务管理信息化建设，以培养更多的人才。另一方面，为了拓展人才引进渠道，可以采用聘用制、年薪制等多种形式，以引进复合型高端人才为目标。这些人才不仅精通信息技术，还精通财务管理业务，为财务管理信息化建设提供了强有力的支持。为了确保财务管理信息系统得到充分利用并发挥其最大作用，需要加强对现有财务人员的培训，不断更新他们的专业知识，提高他们的业务素质，以便他们能够快速掌握系统的操作技能，并主动适应管理工作方法的改变。

推进农业科研机构信息化建设的全面转型。农业科研单位相关财务系统的规章制度、审批流程所需文件等信息，必须在财务管理信息化系统中进行集成。在此基础上构建统一的财务管理平台和规范的业务流程，实现数据共享与协同处理。

近年来，各省级农业科研单位积极推进财务管理信息化，建立了一系列适应自身业务特点的信息化平台，涵盖了财务管理、薪酬管理、无现金支付、资产管理、网上远程报销、财务信息查询等多个系统。

实现财务管理的科学化和规范化，必须依托于信息化的坚实支撑。加强财务管理信息化平台的建设，已成为提升单位财务管理水平、优化服务效能的重要策略。

确保信息化系统稳定运行的基础在于建立一套科学、合理的信息化制度，这需要科研单位在多个级别和研究方向上进行深入的探索和实践，以达到最佳效果。在实际的财务管理信息系统建设过程中，不仅需要遵循国家财经制度的规定和要求，还需要根据本单位的实际情况，建立一套行之有效的信息化管理制度，明确单位信息化管理的总体要求、部门职责、工作流程等相关内容，财务部门应根据单位信息化制度的要求及财务管理的实际工作情况，制定相应的财务信息化管理制度，以确保财务管理信息化建设的顺利进行，减少工作的盲目性。

在农业科研单位的财务信息化平台建设中，应致力于提升财务服务支撑的能力，同时加强财务管理的科学化、规范化和效能化，以达到更高的水平。根据财务管理对信息化平台的最新要求，经过广泛征询科研人员和财务人员的意见，并与信息化平台的开发商进行沟通，我们提出了初步的信息化平台建设设想方案，其中包括平台的功能框架、信息化平台与财务软件的衔接等方面，我们需要整体规划硬件和网络体系，以确保设计科学、功能手段完善、使用方便。

在积极推进财务管理信息化平台建设的过程中，我们对原有的财务会计核算管理软件进行了全面升级，同时引入了全新的信息化财务管理系统。财务管理系统是一种综合管理型财务系统，它集成了项目预算管理、国库集中支付、财务核算、自由报表、往来账管理等多种功能，为财务管理提供了全面的支持和保障。农业科研单位的财务状况可以通过各种子系统与财务管理系统进行数据交换，如薪酬管理系统、非现金结算系统、网上远程报销系统等，这些系统可以全面、系统地反映财务情况，同时也可以为各研究所的管理层提供独立的数据，从而提高整体财务管理水平。

秉持规范化和个性化相结合的原则，进行统一规划和分步实施，以探索建立适应单位实际情况的财务管理、薪酬管理、无现金支付、资产管理信息、网上远程报销、财务信息查询等子系统为目标。通过应用移动技术，使财务管理信息系统实现了多元化、高效化、智能化的建设目标，从而达到了规范化、科学化的财务管理效果。通过网络实现远程报销和查询财务信息，财务管理信息系统能够实时、全面地掌握项目经费的预算执行情况，从而极大地提升了财务工作的效率，并获得了科研人员的高度评价。

在借鉴国内外企业财务管理实践的基础上，省级农业科研单位的财务共享服务模式可以归纳为流程统一型、管控服务型和智能决策支持型三种模式，同时也代表了财务共享服务从初级到高级的三个不同发展阶段。

（1）流程统一型财务共享服务模式

将省级农业科研单位中重复性较高的流程（或业务）集中于财务共享服务中心，实现财务管理效率的提升和财务管理成本的降低，从而实现了流程的集约化、规模化和标准化。在实施财务共享服务战略的早期阶段，通常会采用这种最基本的财务共享服务模式。该模式的主要特色在于为单位内部部门（即客户）提供高度集成化的财务服务，以提高财务管理效率，追求规模经济的优势。

通过整合会计核算和资金支付，加强内部控制，同时将省级农业科研单位一、二级法人（或主管部门与所属科研单位）之间的关系定位为服务与管理双向互动关系，利用信息化网络实时汇总各单位的财务数据至财务共享服务中心，并及时反馈，从而有效控制各个二级法人单位的运营和财务风险，提高财务管理效能。基于此提出了"管控服务型"财务共享服务模式。强调整合和精简分散的财务资源和处理能力，以提升农业科研单位在财务数据整理、分析、管理和决策支持方面的能力，实现管控服务型财务共享服务模式。

（3）智能决策支持型财务共享服务模式

通过运用技术手段建立财务管理系统和业务管理系统之间的联结，打破"信息孤岛"，将省级农业科研单位之间的财务数据和业务部门的业务数据相互耦合，并嵌入财务分析模块，通过财务共享服务中心将财务信息和反映财政资金安全性和发展能力等评价指标分层、分类实时传递给农业科研单位领导决策层和执行层（单位及其部门负责人），为农业科研单位负责人提供决策支持服务。在此背景下构建了基于决策支持型财务资源共享服务体系。该服务模式强调为单位负责人提供财务共享和预测决策服务，为业务部门的绩效考核提供数据支持，同时为各级领导提供决策参谋的角色。

通过运用大数据、云计算和智能互联网等信息技术，对省级农业科研单位的财务数据和业务部门的业务数据进行综合分析，以提供实时的财务分析数据，为农业科研单位负责人的日常决策管理提供有力支持。

目前，一些机构正在积极推行流程一体化和管理服务型的财务共享服务模式，强调集中会计核算和统一资金支付，旨在提高农业科研机构的财务管理水平，提高会计信息质量，降低财务管理成本。

在农业科研单位负责人的决策支持服务方面，智能决策支持型财务共享服务模式正在探索试点阶段，该模式基于统一流程和资金管控，致力于推动传统财务

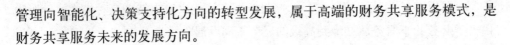

管理向智能化、决策支持化方向的转型发展，属于高端的财务共享服务模式，是财务共享服务未来的发展方向。

（二）创新项目管理组织模式

目前，大多数农业科研机构采用的是线性管理模式，这种模式已经无法满足多部门合作项目的需求，同时也无法确保财政性资金支出规范的有效执行。为了更好地协调跨部门合作的项目，农业科研单位可以探索创新的科研项目管理组织模式，采用以项目为导向的矩阵型管理机构模式，将项目经费支出的协调和管理工作委托给项目组来承担。这种矩阵式管理机制具有明确的目标体系，能够实现资源合理配置，提高管理效率，减少浪费。在矩阵型管理组织机构中，项目实施和行政管理被分离开来，单位派遣专人或机构对项目经费支出中的重要事项和环节进行检查和把关，由项目负责人具体负责项目执行和经费使用，同时承担项目实施进度信息的汇总工作，协调跨部门合作事宜，编制项目经费使用计划，安排项目支出，及时调整项目支出预算等任务。

在农业科研单位的项目经费管理中，项目管理组可委派专人负责协调各研究中心负责人和项目负责人，以确保项目的顺利进行，并承担重要的枢纽职能。项目管理组的主要职责在于：策划年度项目经费使用计划，整合相关资料并提交给财务部门，以确保项目顺利进行；向项目负责人提供月度财务报告的项目经费使用情况表，以监督项目经费的执行进度；协调部门之间工作关系，处理好与其他单位或个人的关系等；提供协助以确保财务监督管理项目中的业务支出内容符合合理性标准；规划并实施中期、年度和定期的考核抽查机制，以确保所内项目的有效推进；在年度结束时，对项目经费执行情况的差异进行深入分析，并及时向上级领导汇报，同时向项目负责人提供反馈意见。政府采购小组负责搜集和整合各项项目所需的政府采购支出信息，并及时与财务部门核实是否有足够的经费支出，按照规定提交政府采购预算和计划，安排购买需要政府采购的商品或服务。在行政资产管理系统中，固定资产管理组负责实时记录新购入的固定资产信息，并更新已购固定资产的使用情况和使用人，同时与财务进行定期对账，以确保国有资产的安全性和使用效能。作为项目经费管理的核心工作组，财务部门的主要职责在于对项目管理组提交的各项经费使用计划进行审查，并提供具有参考价值的建议；对日常报销单据进行严格的规章和规范审核，以确保项目经费的使用符合合规性要求；根据项目资金预算及审批要求进行项目支出控制和决算审计等。每月对项目经费使用情况进行及时整理，并向项目管理组提供反馈，同时核算执行情况和执行差异，以确保项目的顺利进行。在项目经费的运用过程中，对项目执行情况进行监督，并向项目管理组提供反馈信息。在年度结束时，对各项目的年度支出总账和明细账进行归纳整理，以供项目负责人参考，并对下一年的支出计划进行调整。

农业科研机构有责任指派专业机构或专人对固定资产进行管理，并在年度结束前进行全面清查和盘点，以确保账目、卡片和实物的一致性，对于损毁、报废或盘亏的资产，应及时按照规定进行处理。为了优化固定资产的利用效率，有必要加强与其他科研机构或高等院校的协作，以实现资源的共享和利用。为了最大化有限资源的利用价值，可以将那些不常被使用的大型仪器设备进行出租或出借。

农业科研机构有必要建立完善的无形资产核算机制，对于这些资产，应按照国家相关规定进行合理计价和及时入账，同时进行资产评估和产权登记，并建立有偿使用的制度，加强管理，防止流失。为了完善农业资产的价值评估体系和方法，必须对无形资产进行科学量化。对于科研协作、转让、投资入股等无形资产转移，应根据其所能创造的价值或成本合理定价，并严格把控无形资产的评估。针对农业科研机构自主研发的无形资产，由于缺乏专门的会计制度，仅从注册申报费用的角度进行计价是不够完备的。获取一项无形资产可能需要跨越多个会计年度，因此需要综合考虑该资产在不同年度的支出情况，以反映其价值。为了加强知识产权保护法的宣传工作，提高专利技术和新品种育成的申报管理和保护意识，以及完善无形资产在财务报表中的信息披露，我们需要深入推进相关工作，深入研究无形资产的核算和监管机制，从财务管理的角度全面管控和有效利用无形资产，以实现资产的保值和增值。

通过与上级财政部门的管理要求对接，结合业务特点和财务工作实际，研发或引入适用的财务管理软件系统，以提高财务管理效率，并及时为决策提供可靠的依据。加强财务信息化建设，完善业务操作平台、网上报账平台、资金结算平台、运营支撑平台及运营管理平台，以提升农业科研单位的财务工作效率和水平，推动其财务管理迈上更高的层次。通过充分利用大数据和云计算技术，深度挖掘科研单位财务数据的价值，为科研管理人员和单位领导提供更加深入的财务分析服务，从而提升财务管理工作的含金量，促进财务会计向管理会计的转型升级。

为了确保农业科研单位国有资产信息的全面性、及时性和准确性，必须在全面了解其家底的基础上，将其纳入资产管理信息系统，并建立资产基础信息数据库，以便及时、准确地录入资产增减变动情况。农业科研机构应当运用资产管理信息系统对资产进行日常管理，包括验收、入库、领用、使用、保管、交回、维护和维修等方面，以该系统的数据为基础，制订预算和决算，执行政府采购计划，以降低监督成本。

积极运用云计算、大数据等先进技术，建立财务信息手机推送平台，采用分类提供定制化信息服务模式，为单位领导、课题组负责人、科研人员、退休人员及其他人员提供更加精准、及时、全面的财务信息服务。

为了建设和实施财务管理信息化系统，农业科研单位需要加强对原有财务及相关人员的财务管理信息化培训，并制订具有针对性的在职培训计划，以提高他们的综合业务素质和系统操作及管理技能。此外，还需要制订长期的后备人才培养方案，注重对后备人才的全面培养。积极参与上级主管部门组织的学习与培训，以提升单位财务与资产管理人员、科研财务助理的专业素养和技能水平。为确保各项新制度的顺利贯彻执行，我们将进行集中学习、研讨和解读答疑，以此为基础奠定坚实的工作。财务与资产管理人员应当在认真履行日常职责的同时，积极推进学习型组织的建设，通过申请和承担专项课题、撰写调研报告和研究论文等方式，不断提升业务理论水平，从而进一步提高服务科研的能力和水平。

确保财务工作健康、有序发展。《政府会计准则制度》于 2019 年 1 月 1 日起执行，政府会计准则制度的重大改革，要求各省级农业科研单位更应主动地推进财务信息化建设，以适应政府会计制度的预算会计与财务会计的双功能、双分录的功能设计要求，从信息技术上做好相关准备工作、衔接工作，及时更新升级财务信息系统。

1. 信息化建设的紧迫性

（1）财务信息沟通不畅，"信息孤岛"现象突出

近年来，随着财政管理制度改革和财政信息化建设的推进，财政主管部门在财政业务信息化管理手段上都投入了很大气力，并建立了相应的财务业务管理系统，对提升管理水平起到了巨大的推动作用。但由于各业务系统相对独立，缺乏数据共享机制，系统间封闭运行，形成了"信息孤岛"现象。

信息沟通不畅、信息提供或发布不及时，导致了单位内部信息沟通链条断裂，"信息孤岛"现象更加突出，更谈不上财务向其他业务管理领域延伸和服务。

从整体层面来看，不论是财政部门还是业务主管部门，必须对财务信息化战略的发展进行整体把控。现实中，正是缺乏对财务信息化建设的顶层设计，甚至

对财务管理信息化的理解出现偏颇，如果仍然停留在简单的财务报表的制作、财务数据的简单汇总上，那么将导致工作的切块化和模块化，在单位内部形成一个又一个"信息孤岛"，势必会导致资源浪费和重复建设。

（2）财务人员工作量大，机械性、重复性劳动增多

近年来，随着事业发展，单位财务业务量越来越大，临时性、突发性工作任务层出不穷，工作处于超负荷运转状态。

事业单位的会计电算化只是完成了替代手工记账的功能，现代化信息处理技术还未充分应用到财务工作领域，即使开展了会计信息化建设也没有改变传统的手工处理流程，系统数据相互核对时增大了人工核对工作量，因口径不一致也给财务人员带来了很多麻烦。因此，工作中过多地依赖人工的现状仍然是会计信息化建设中最大的矛盾。如审计与检查、项目验收，财务人员不靠加班已经无法完成正常的工作量。由于会计核算系统和国库支付系统、预决算管理系统都不在统一的平台上，各自独立，数据没有共享，财务人员在预算编制及集中调整，项目财务检查验收，年度决算编报及对账、调整，资产清查等阶段，工作强度较大。各种审计与检查也都需要财务部门的配合，而且工作时间紧迫。因此，建设财务信息化系统，实现资源数据共享和平台一体化，开展平台建设刻不容缓。

（3）财务控制作用弱化，预决算与会计核算脱节

目前事业单位都已经建立了单位内部控制体系，有效推动了财务管理的精细化发展，提高了财务管理的质量。尽管内部控制体系建设不断加强，但部分单位仍存在着内部控制制度建设脱离工作实际、内部控制意识淡薄、内部控制监督职能弱化、财务控制作用不强等现实问题。

一是预算编制的内容比较粗略，缺少更加细化的内容。由于没有做好预算编制，严重影响项目的进度，不能维持项目的正常运转，同时导致预算不能落实到真正的财政资金中，资金支出难以受预算约束控制，大部分行政事业单位都会在预算执行过程中随时做调整，预算编制的可信度不足。

二是单位预算执行不能完全按照批复开展，会计核算与预决算不一致的问题突出。预算编制和执行从属于不同的层面，预算编制体系不完善和缺少统一的预算编制标准，预算责任控制不明确，导致财政预算约束力不强，对于财政资金支出重视程度不够，在预算执行上自然存在"两张皮"的现象。预算执行缺乏统筹性、计划性、协调性，这样很容易导致年度财务决算难以反映单位的真实情况，最终造成预决算和会计核算脱节。

四是缺乏信息化内部控制平台。财务内部控制是一个贯穿单位全流程运转的

控制行为，覆盖单位管理行为的事前、事中和事后的各个环节。内部控制制度管理和信息的传递在缺乏一个信息化平台的情况下，不能直观地反映业务流程和资金流向，相关信息不能及时在有关业务部门传递、沟通，会导致内部控制出现严重滞后。同时，缺乏必要的工作平台，只能依赖于人工控制，人为因素的影响对单位内部控制的实施又带来不确定的风险。

2. 财务信息化建设的人才支撑需求

财务人员只有具备了较高的专业技能，才能高质量、高水准地做好农业科研单位财务管理工作，为农业科研单位信息化建设提供更准确、更有效、更科学的财务核算和管理服务。

3. 财务信息化建设的目标

农业科研单位开展财务信息化建设，应按照"基础业务一体化，预算管理规范化，内部控制信息化，财务信息共享化"的理念，通过建设单位会计基础业务一体化平台，以单位预算为中心，实现单位预算、会计核算、资金支付、财务决算的数据联通，实现相关业务系统的数据实时同步，推动会计工作提质增效。农业科研单位通过建设部门财务共享业务平台，建立财务业务系统间的数据共享机制，可以使主管部门与基层单位间业务系统互联互通，实现部门预算、预算执行、会计核算、部门决算业务一体化，确保财务信息上传下达的高效、科学，实现部门内部财务数据的贯通；通过建设财务信息共享应用平台，可以实现单位业务信息与财务信息的交互共享共用，实现财务信息实时共享查询，提高财务服务的广度与深度，进而推动单位面向管理会计的财务转型。

4. 财务信息化建设的原则

农业科研单位财务信息化建设的基本原则包括会计主体责任不变和数据交互原则。

（1）会计主体责任不变原则

《中华人民共和国会计法》明确规定单位负责人为单位会计行为的责任主体，《中华人民共和国预算法》也进一步强化了预算单位的预算编制及执行责任。构建财务信息管理平台并不改变单位财务管理主体责任，不改变单位对财务预算及经济活动的监督和管理。部门一级法人和单位二级法人之间的关系是独立的，其财务主体责任地位在财务信息共享服务平台上是不变的，财务信息管理平台实现了部门对各单位的财务会计信息的集中监管，单位依然保持原有的财务管理模式，单位的资金使用审批权、财务管理权、会计核算权保持不变。

（2）数据交互原则

一是单位业务数据交互。实现单位业务数据、核算数据、资金支付（国库、网银）数据的"三流合一"，实现单位会计业务效率的提高。二是部门单位上下游财务数据的交互共享。通过财务共享平台，建立预算编报、会计核算、国库支付执行、财务决算等系统的上下游的数据交互机制，实现预算、核算、决算数据的"三算统一"，提高财务管理工作效率。三是单位财务与业务数据的交互利用。开放数据接口，实现不同业务系统间的数据交互利用共享。

财务管理信息化系统功能集成不仅仅是财务流程的电子化，它必将渗透到单位日常运行的方方面面，在相应的财务系统各类业务流程中予以体现。系统要实现在线上办理业务功能，业务流程和必备要件公开，进一步规范财务核算行为，满足财务整体流程运行的需要，实现功能完备、使用便捷、用户满意。

（二）构建农业科研单位财务信息化系统

推进财务管理信息化系统建设，一是实现智能化，借助现代信息技术，通过手机终端等实现"掌上办公"。要科学设计信息化系统，增强各级人员运用系统的能力，提高财务管理效率。二是推进融合化，实现即时财务数据的发布、查询，为业务部门提供财务数据和财务分析，提供决策支持，实现业务与财务的融合。

江苏、浙江、四川、湖北、山东等省级农业科研单位在财务管理信息化平台建设方面进行了积极探索与实践，并取得了较好的实效。

1. 农业科研单位财务管理信息化平台建设概况

财务管理信息化平台建设涵盖内容广泛，涉及农业科研单位工作的方方面面，牵一发而动全身，需要广泛征求单位上下每个职工的意见。企业财务会计在人工智能、信息化建设方面走在了前列，也给事业单位传统财务工作带来巨大影响。有的企业上线了财务机器人，其工作效率远超普通会计人员，可见财务会计的人工智能化已逐渐趋于成熟。人工智能具有超强的计算能力和无休止的运转能力，在处理和计算分析财务会计环节发挥巨大的作用，特别是那些技术含量不高的重复性的会计基础工作很容易被人工智能取代。面对财务会计智能化对财务人员的冲击，农业科研单位应树立居安思危的意识，及早与社会发展需要接轨，及时进行财务管理信息化建设，以适应财务会计业务发展需要。

近年来，省级农业科研单位对财务管理系统信息化建设工作的重视程度逐渐提高，业务操作平台、网上报账平台、运营支撑平台、资金结算平台及外部银行系统、财政税务系统等共同构筑起省级农业科研单位的财务信息化平台。

2．农业科研单位财务构建共享服务模式

财务共享经历了多年的应用实践与创新发展，内容也不断地被完善、优化，逐渐从传统服务型财务共享向管控服务型财务共享方向转变，逐步由核算共享、报账共享、标准财务共享向业财一体化财务共享演进。

（2）管控服务型财务共享服务模式

如表 2-6-1 所示，表中列出了一般服务型与业财一体化财务共享的基本区别。现在大型企业集团的财务共享模式基本处于业财一体化模式，农业科研单位的财务共享还主要处在核算共享、报账共享阶段，可提升的空间非常大。

表 2-6-1　一般服务型与业财一体化财务共享的区别

财务共享模式	经营模式	组织定位	业务流程
一般服务型	提高效率，降低运营成本	以服务、效率、规模为核心	趋向于成立独立的利润中心，以营利性为主； 追求流程精要、优化，强调服务客户
业财一体化	借助共享模式，加强财务管控	柔性共享、精细管控、业财一体	以单位内部业务集中为主，注重内部控制完善，提高财务效能

二、农业科研单位财务管理实践创新

农业科研单位财务管理是一项实践性、专业性、政策性强的复杂的系统工程，也是一项需要不断完善、只有更好没有最好、永远在路上的管理活动，探索完善农业科研单位财务管理活动永无止境。特别是国家正在不断推进事业单位科研管理体制、财政管理机制改革：一是在大力实施乡村振兴战略的背景下，国家对农业科研的投入不断加大，农业科研单位的科研经费总额不断增加，来源、渠道也日趋多元化；二是中央对中央八项规定和厉行节约、反对铺张浪费政策不断细化，监督检查越来越严格；三是财政绩效考核不断规范，"花钱必问效、无效必问责"也将成为常态；四是会计制度改革不断推进，政府会计制度实施将改变以前执行的事业单位会计制度管理和核算模式；五是科研经费"放管服"改革赋予农业科研单位更大的自主权，同时，加强事中和事后监管，严肃查处违纪违法问题；六是财政部门大力推进内部控制建设，采取了以评促建等措施强化内部控制体系建设；七是财务管理信息化已成为新趋势，基于网络信息化的财务管理模式将成为网络经济时代的新需求，实现会计信息系统的财务管理功能；八是上级部门监督检查已成为常态。这些改革的不断深入和农业科研单位科研经济活动的发展，要求农业科研单位不断重视和提升财务管理能力和水平，也使农业科研单位财务管理环境不断发生变化，单位人员在财务会计工作中会经常遇到新的问题，发现新的管理漏洞和薄弱环节。因此，农业科研单位要结合新形势，根据财务管理的任务、目标和要求，不断在实践中创新财务管理理念和思路，探索建立适合农业科研单位、农业科研规律、农业科研经费特点和特殊性的财务管理模式和方法。

（一）实施政府会计制度

同时，《政府会计制度——行政事业单位会计科目和报表》中明确提出采用政府财务会计和预算会计"平行记账"的规则。执行新准则、新制度会对政府会计主体的财务核算、内部控制、人员培训等各方面产生积极的影响。农业科研单位应认真、全面地推行政府会计准则和制度，适应权责发生制政府综合财务报告制度改革需要，规范单位会计核算，并进一步完善会计核算的基础性工作，提高会计信息质量，加强成本核算，并对重要的会计信息进行全面披露，实现财务数据的准确、真实、完整，为预算编制提供充实的基础，确保财务信息化工作有章可循、安全运行。

（二）健全国有资产管理机制

农业科研单位应高度重视国有资产管理工作，加深对国有资产管理的认识，加强国有资产管理的宣传、培训工作，转变工作理念，调整工作方式，严格按照规范化、程序化、信息化管理的要求开展国有资产管理工作。农业科研单位要修订完善国有资产管理办法，明确资产管理主体，建立健全资产购置、验收、保管、使用等内部管理制度；要分类制订国有资产管理实施细则，针对土地、房产、科研辅助设施、大型仪器设备平台等分别制订实施细则，在配置、调配和运营环节细化管理原则和标准；要制订相应配套管理制度，从操作层面规范资产日常管理行为，加快形成新的资产管理格局。农业科研单位应根据实际情况，在明确产权归属、明晰产权关系的基础上，对国有资产实施统一管理和整合调配；要根据国有资产的使用现状和运营条件，在国有资产主管部门的统一监管下，合理划分国有资产运营范围，分类授权相关责任单位进行集中管理和运营，构建起产权清晰、权责明确、配置高效、保值增值、效益突出的国有资产运营体系。农业科研单位应根据自身需求与国有资产情况，建立农业科研单位内部购置、使

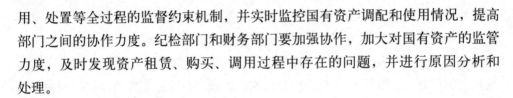

用、处置等全过程的监督约束机制，并实时监控国有资产调配和使用情况，提高部门之间的协作力度。纪检部门和财务部门要加强协作，加大对国有资产的监管力度，及时发现资产租赁、购买、调用过程中存在的问题，并进行原因分析和处理。

（三）推进"互联网＋财务信息共享"

农业科研单位要以信息化为抓手，努力使财务资源、业务资源的信息共享进入更深的层次，通过搭建共享平台来实现农业科研单位人员、岗位、业务、技术和流程等信息的整合，降低运营成本，提高决策效率，降低财务风险。充足的资金投入是实现农业科研单位"掌上办公"、系统不断升级、信息互联共享的必要条件，农业科研单位要高度重视会计信息化建设，筹措足够的资金，要加强内部控制的信息化建设，实现内部控制程序化和常态化，提高监管效率，将内部控制的理念、控制程序、控制措施等运用到信息化系统中去，通过信息化手段实现经济活动的自动和实时控制，减少人为干预因素。农业科研单位可以定制电子化预算执行系统，为各项目负责人提供实时动态预算执行系统；也可以利用现有局域网络在单位内部建立方便财务人员与科研人员进行沟通的部门预算管理平台；还应发挥网络报销系统与财务处理系统的数据库业务协同功能；要高度重视网络安全，建立财务信息化安全责任制，明确责任，建立和完善财务系统，规范财务核算行为，以保护数据的安全性，加强电子凭证、电子化支付、网络安全认证等功能。

（四）加强财务人才队伍建设

农业科研单位是农业科技创新的重要载体，农业财务人才队伍建设更是农业科研事业发展的重要支撑，财务共享服务模式将简单的基础性财务工作从松散的财务组织转移到财务共享中心当中，使财务人员的日常工作发生了改变，由简单、冗杂的基础工作转变成深入了解农业科研单位的财务政策、进行有效的财务分析并为单位财务决策提出建议等。财务管理信息化也需要一批既有财务管理能力，又懂财务信息化管理的复合型人才，因此农业科研单位必须建立一支综合素养高、专业技能过硬、工作效率高，具有创新精神、职业道德的复合型财务人才队伍，激发财务人员的创新思维，创新财务管理的方式，这样才能使农业科研单位实现快速发展。农业科研单位要多渠道从外部招聘或在单位内部培养复合型财务人员，要充分发挥复合型财务人员在分析数据、挖掘数据信息及探求数据内部的公益价值、商业价值方面的作用，从而在最短的时间内了解行业变化趋势，更好地服务社会。

　　农业科研单位需要科学、妥善地安排财务人才培养的规划工作，集中资源培养出政治觉悟高、会计业务水平能力突出及精通农业科研规律的复合型人才，使得财务人员服务我国农业科研事业的相关能力、素质、品质等得到不断的提升。农业科研单位要对单位人才发展进行科学、合理的规划，要协调处理财务会计队伍与其他人员之间的关系，以获取更高的经济利益、社会效益。

第三章 农业科研单位科研人员管理研究

本章主要从科研人员管理制度的相关理论、农业科研人员发展的现状与问题、农业科研人员发展策略、农业科研单位绩效管理四个方面介绍了农业科研单位科研人员管理研究。

第一节 科研人员管理制度的相关理论

一、人力资源理论

（一）人力资源与人力资源管理概述

在一个特定的地区，有劳动能力的人口总数，被称为"人力资源"。也可以理解为在一定的历史时期内，人们所拥有的教育、能力、技能、经验和体力等，可以被视为组织所利用并对创造价值作出贡献的总和。大约在 20 世纪 70 年代左右，出现了一种新的概念，它逐渐取代了人力资源管理的概念，成为了主流。这样的演变是一种必然的历史趋势，是对物质、金融等资源在生产中价值的过度强调后的一种回归，是对人在组织中的核心地位的承认，是将人类视为组织中最重要的资产并进行重新定位的结果。

人力资源管理是对各类从业人员再招聘、录用等各个环节中的综合管理。西方人力资源理论的一个重要组成部分是研究人力资源管理的过程规律和方法，其目的在于深入探究人力资源管理的本质。它揭示了如何调动、开发、充分利用人力资源，以此来推动社会与经济的发展。[1] 许多人将人力资源开发管理理论或人

---

[1] 周永新. 电力企业人力资源管理存在的问题及解决对策[J]. 企业改革与管理，2015 (15)：70.

力资源管理与开发理论视为一种强调人力资源开发的学说。

中国传统文化中的人才思想及毛泽东思想、邓小平理论中的重要观点和论述，为我国人力资源开发管理理论提供了重要的理论基础。在研究范围和方法上，借鉴并学习了西方人力资源开发管理理论，从而实现了显著的发展和变革。套用一句经典对白"21世纪什么最重要——人才"，为了最大限度地发挥成员的主观能动性，使其为组织所用，任何一个组织都一定要重视人才、尊重人才、留住人才、培养人才、使用人才这，并将人事管理的思想彻底转化成对人力资源开发、利用的思想。

（二）人力资本理论

人力资本是一种物质资本，包括厂房、机器、设备、其他有价证券等，构成人力资本的重要组成部分分别是不同个体所蕴含的生产知识、劳动技能、管理经验及健康素质。人力资本的本质是投资于个体的知识理论学习、职业技能培训及综合素质提升等方面的支出和机会成本的综合总和。根据人力资本理论，人力资本的影响力超越了物质资本，因此一些专家学者将其视为经济学的核心议题。

在20世纪60年代，西奥多·舒尔茨（Theodore W Schultz）和加里·贝克尔（Gary S. Becker）两位美国经济学家提出了人力资本理论，该理论对人力资源这一概念进行了扩展和强化。因为机械制造的变革还只是个雏形，提供动力的方式也受到了很大的限制，所以人力资源（又称"劳动力资源"）在其理论形成过程中仍然备受关注。随着工业革命的不断推进，人力资本理论不断创新，为提高全世界人类的生产能力创造了全新的思路。这一学说不是一套独立的体系，而是在以人力资源为基础的理论框架上不断演进而来的。该理论所强调的是人力资本的资本性和差异性，而非单纯地追求合理的整合与优化，这一点与其他理论有所不同。

从资本回报的角度出发，该理论强调人力资本不受其他资本的影响，只要以目前的投资收益和人力资本市场的情况为依据，对未来一段时间展开预测，并制订出一个合理的投资计划，及时、有效地管理人力资本，就能够获得长期的价值回报。在对人力资本的质的管理中，注重个人的思维与心理，在定量的管理时，健康素质作为一种特征加以考量，以便清楚地认识到个人的不同所造成的不可替代性，使人的管理由"加减乘除"向"排列组合"的方向发展。

二、有关企业氛围的理论

（一）知识管理理论

在 20 世纪 50 年代，知识管理理论首次亮相，随后在 20 世纪 80 年代引起了广泛的社会关注，而在 20 世纪 90 年代，世界上最具影响的几家咨询公司纷纷开始进行此项工作，并逐步将此项工作推向了经营管理的各个层面。目前为止，关于知识管理理论的研究有两个发展时期，美国思图维星咨询公司提出的知识管理理念是其中第一个阶段的显著事件。在此阶段，知识管理的研究聚焦于信息化管理和信息管理结构的构建，从知识的获取，编码，传播三个方面对知识进行了综合和深入的研究。伴随着信息技术的兴起，人们通常会把知识管理局限于信息化，而把人的行为对于知识管理的影响放在了信息化的后面，这样一种过分依赖技术的思考模式终于被随后出现的新理论所取代。马克·麦克，当时作为美国 IBM 知识管理咨询公司的主要负责人，是第二阶段的杰出代表。在这个阶段，学术界开始逐渐重视知识管理中人的影响力，认为在具有较强的团队凝聚力的情况下，进行有效的沟通与沟通是一个必不可少的、至关重要的环节。

知识管理是在软硬件措施的支持下，通过对企业结构和规章制度等组织基础进行完善，对组织文化等人文环境进行塑造，从而建立起一套定量与定性的咨询与知识体系。通过整理、储存、鉴别、获取等多种方式，将企业内的信息和知识转化为智慧资本，以供管理和应用之用。在当代环境下，知识管理体系以电子数据为媒介，以信息为表现形式，其目的是要对知识进行有效的管理和使用，它的最终目的是要挖掘出企业中的群体智慧，用数据处理的方法把信息变成知识，并将其内化为智慧。在管理过程中，必须明确企业内部的知识资源，包括知识的整理、储存和鉴别，以及企业发展所需的知识资源，及时将其传递给需要的人，促进新知识的产生并不断将其纳入管理体系内，同时通过系统检测不断升级优化管理方式，确保系统的反馈得到妥善的处理。

（二）心理动力场理论

美国心理学家库尔特·勒温（Kurt Levin）在其心理动力场理论中认为，个体的行动既受自己的能力影响，又受其所处环境的影响，因此我们将其定义为：B=f (p,e)。其中，B 是自己的表现，P 是自己的能力，e 是自己的环境。从心理动力场的计算公式中我们可以看出，研究人员要取得较好的工作成绩，一定要受到各种有利因素的影响。如果研究人员所处的环境是不和谐的，那么对他们的工作是不利的，即使他们有很高的水平，也不会有很好的成果。

科研人员管理制度的核心在于从该公式的两个自变量入手，思考如何获得更高的因变量价值。通过各种培训活动，员工可以不断提升自身的能力水平，从而实现自我价值的最大化。科研人员管理制度的全面改善可以从建立健全业绩评价机制，优化激励机制，引进优秀人才，提高员工的工资待遇及畅通晋升渠道等多种途径来实现。

三、需求理论

（一）马斯洛需求层次理论

美国心理学家亚伯拉罕·马斯洛在论文《人类激励理论》（1943 年）中提出人类的需求层次理论（图 3-1-1），将人类需求像阶梯一样按层次从低到高分为生理需求、安全需求、社交需求、尊重需求和自我实现需求五种。前两者是物质价值需求，后三者是精神价值需求。

图 3-1-1　马斯洛需求层次理论

需求层次理论的两个基本出发点由马斯洛提出，一是只有在满足某一层较低的需求后，才会出现另一层的需求，这五个层次的需求必须在满足某一层较低的需求之后才会出现；二是在满足多种需求之前，应优先考虑满足较低层次的需求，因为这些需求更加紧迫。通常情况下，当满足某一特定层次的需求时，人们会朝着更高的层次发展，而追求更高层次的需求则会成为推动行为的力量。在同一时间段内，一个人或许会有多种需求，但每个时期都会有一种需求占据主导地位，对其行为产生决定性影响。没有一种需要会随着更高水平的需要而消失，不同层次的需要是互相依赖、互相交叠的，虽然高层次的需要被开发出来了，但是低层次的需要依然存在，只是它们对行为的影响程度已经大大降低。如果科研人员仍在为满足生理需求而奔波，那么他们将难以专注于科学研究工作，因为生理需求是他们的首要关注点。为了确保科研人员能够全身心地投入工作并有效利用人力资源，必须建立一个合理的薪酬和福利待遇体系，以保障他们的温饱。为了确保科研人员的工作环境相对安全和稳定，必须建立一个完善的安全防护措施、健全的调度规章制度及稳定的职业保障体系等措施。关于社交方面的需求：一是为了确保科研人员在满足基本生活和安全需求的同时，具备足够的人际交往经济实力，必须采取必要的措施；二是为了促进科研人员的社交互动，我们需要组织各种形式的交流学习，包括但不限于院内的小型讲座或交流讨论、国内各类学术会议及国外的研讨互动，这些都可能成为科研人员良好的社交平台；三是为了激发科研人员的团队意识、集体意识和合作精神，从而实现企业的强大和壮大，我们需要策划和组织各种形式的集体活动，以勤力同心、精诚合作、主动抵御外来风险为目标，从而真正实现团结一致的目标。在尊重科研人员的需求方面，公开奖励和表扬他们的成绩，或者以奖金的形式予以肯定，对于那些表现突出的科研人员，及时落实职称和职务的晋升将不断提升他们对自身价值的认可。为了帮助科研人员充分发掘自身的潜能，实现个人价值的最大化，我们需要提供个性化的自我实现方案。

（二）成就需要理论

美国哈佛大学的戴维·麦克利兰（D.C. McClelland）经历了 20 余年的研究，在 20 世纪 50 年代提出了就需要理论，这与亚伯拉罕·马斯洛的成功需求说有很大的不同。他以经典的"冰山"模型为开端，阐明了他认为对个人表现起着最大作用的人格特质。冰山模型（图 3-1-2）的上半部分悬浮在水平面的上方，这一部分代表着两个表象特征，即易于被感知和测量的知识、技能。潜入水中的下半部分，从上到下分别代表着社会角色、自我概念、潜在特质和动机，越是往下，这些潜在特性就越是难以被发掘和感知。冰山模型中的全部特征组成了个人素质，并最终对人的行为和绩效起到了决定性的作用。而这些特征都不是天生形成的，它们是在成长环境和行为习惯的作用下逐步形成的，在很大程度上受到了时代、社会、文化背景、家庭环境、受教育程度和交际圈熏陶的影响。

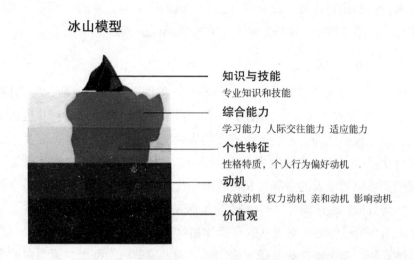

冰山模型

- 知识与技能
  专业知识和技能
- 综合能力
  学习能力　人际交往能力　适应能力
- 个性特征
  性格特质，个人行为偏好动机
- 动机
  成就动机　权力动机　亲和动机　影响动机
- 价值观

图 3-1-2　冰山模型

在冰山模型中，随着时间的推移，各项特征的改变难度逐渐增加，呈现出自上至下的递增趋势。戴维·麦克利兰把人的需求划分为三类，即成就需求、亲和需求、权力需求，所以他的理论也被称作"三需求理论"。在这三种需求中，必有一种需求占据主导地位，而当某一需求得到较低程度的满足时，便会激发出对该需求更高层次的渴望。当成功人士获得社会认可时，他们的卓越表现将超越人们的想象。当好配偶感受到家庭的温暖时，他们将变得更加注重家庭，而随着野心家的不断退去，他们的利欲熏心也会越来越强烈。

四、激励理论

（一）公平理论

美国行为科学家斯塔西·亚当斯（J.StacyAdams），分别于 1962 年、1964 年和 1965 年出版《工人关于工资不公平的内心冲突同其生产率的关系》《工资不公平对工作质量的影响》《社会交换中的不公平》三本著作，并在其中提出"公平理论"这一激励理论。

根据公平理论，员工所获得的劳动报酬与其投入的比例被称为"绝对报酬"。员工的工作投入涵盖了其受教育程度、工作经验、职业技能等多个方面，而劳动报酬则包括工资待遇、企业福利等多个方面。员工在获得报酬的同时会与公司内外的其他人员进行比较，或者将自己现阶段的比值与之前的比值进行比较，从而形成相对报酬的概念，最终影响员工对企业待遇的满意度评估。

（二）期望理论

维克托·弗鲁姆（Victor H.Vroom），美国著名的心理学、行为科学学家，其于 1964 年发表了《工作与激励》，首次提出了预期理论，并对其进行了系统的研究。这一理论认为，人们是否有可能去做某件事，这件事是否容易，以及它会带来什么结果，用公式可以表示为：$M= \Sigma V \times E$。其中 M 指的是激发力量，它代表的是可以激发人的潜能和积极性的强度的大小，也就是某人对某事的倾向程度；V 为效价，表示做了一件事情能为别人带来多少利益和价值；E 是预期，是一个人基于自己的经历对成功的可能性和难度的估算。

维克托·弗鲁姆在此基础上提出了"预期模型"的概念。模型中的个人努力表示了员工自己工作积极的程度，其积极性与公式中的期望值呈正相关。个人成绩是模式中的第一级目标，它代表的是员工积极工作后取得的工作成果或者外部给予的肯定的多少，与效价呈正相关。员工在获得与公司相关的报酬时，其个人表现是基本的。组织报酬是期望模型中的二级目标，它代表了报酬、发展机遇和晋升途径等。组织中的奖赏是实现员工个体需求的依据。个体需求是指员工在日常生活中所面临的实际需求，为了提高员工的绩效，我们需要让他们相信，只要个人付出努力，就能够增加提升个人绩效的概率，从而激发出更多的动力。为了提高农业科研单位的效益，必须根据员工的普遍需求建立符合绩效考核制度的合理组织奖励机制，激发员工的积极性和创造力。

第二节　农业科研人员发展的现状与问题

一、青年人才的政策现状

中共中央组织部、科技技术部、人力资源和社会保障部、教育部、国家自然科学基金委员会等多个部门相继开展了一系列的人才引进和培养计划，以满足社会主义现代化建设的需要。在国家强大的政策支持下，许多优秀的青年人才纷纷回到了自己的祖国，其中大部分人都已经成为了我国高层次创新人才的领军人物，这就为我国科技实力的迅速提高打下了坚实的人才基础，进而促使我国从科技大国向科技强国迈进。

国内杰出的年轻人才，通过一系列现有的人才培养计划，在同龄人中脱颖而出，实现了早日的成功。当前，我国对于培养年轻人才的主要政策有：青年千人计划、国家杰出青年科学基金项目、优秀青年科学基金项目、百千万人才工程、青年拔尖人才支持计划、百人计划等。

（一）实施背景

实施任何人才政策都必须考虑到社会因素和客观需求的相互作用，可以发现，早期实施人才政策的背景主要是应对科研人才老龄化、接班人才匮乏、优秀学术领袖相对匮乏及国际知名科学家稀缺的现状，这是一种被动适应科技发展需求的措施。国家审时度势，结合科技发展需求，主动实施了百千万人才工程及青年拔尖人才支持计划，具有时代性特征。

（二）实施对象

针对青年人才，上述六项政策在实施对象上呈现出相似之处，针对不同的时期和政策，对青年人才的年龄进行了具体的划分。早期的人才政策将年龄限制在45岁以下，而新时期政策的主要界定对象的年龄是35岁或40岁。随着人才政策的支持对象年龄变化，我们可以看出，我国的人才发展也在发生着一场转型。早期，我们将人才年龄定义为45岁，这表明当时我国的人才总体年龄偏高。随着我国人才队伍的日益壮大，人才总量不断扩大，随之而来的是年龄结构的演变，因此政策所支持的年龄范围被限定在40岁，甚至是35岁。

（三）入选条件

根据早期的人才政策，一般要求人才具备海外留学背景，在本专业领域拥有卓越的学术造诣。这些政策主要关注已有的科研成果，但与海外单位建立正式的聘用关系是不被允许的。在新时代的人才政策中，创新潜力和创新能力被赋予了更为重要的地位，留学背景不再是唯一的限制因素，人才的长远发展成为了更为关键的关注点。我国的人才政策理念已经发生了变化，从一开始的引进人才到现在的重点是引进和培育两方面的结合，而且更加重视对人才的培养。

（四）人才待遇

在薪酬方面，上述人才专项政策得到了强有力的资助。各项人才政策从资金上大力扶持，首先解决的就是科技人员投入科学研究中所需要的资金；其次，大部分的人才政策在生活待遇和职称晋升上都有明文规定，对被选中的人才给予一定的优惠，以确保他们能够全身心地专注于科研工作，没有后顾之忧。

（五）实施成效

国家实施的青年人才专项政策已取得显著成效。国家杰出青年科学基金先后培育出白春礼，陈竺，李静海，李家洋，王志新，刘德培，田刚，卢柯等一批优秀的年轻科学家，其中有 31 位被选入中国科学院和中国工程院。

因此，国家又出台了多项奖励和支持政策，以激励和促进青年人才积极参与科技创新。我国的科技发展离不开科学技术的支撑，而年轻一代则是科技创新的不竭动力之源。近年来，我国已初步建立了一个多元化、多层次的人才培养体系，旨在为青年人才的成长和成才提供强有力的政策支持。针对不同层次的海外青年学者，建议制订相应的申报计划，以吸引更多优秀的青年回国参与国家的社会事业发展。然而，我们也应该认识到，制订不同层次的人才计划的最重要目的在于吸引广大优秀青年回国参与国家的社会事业发展，而这些计划的选择则应根据他们的实力和未来的发展方向来决定。人们普遍认为，杰出的年轻人才应该抓住我国社会发展的机遇，为祖国的发展进步作出贡献。

二、农业科研人才发展成效

我国农业科技创新人才队伍建设在国家人才环境不断改善的推动下，取得了显著的进展，同时农业科研机构的人才发展也取得了令人瞩目的成果，主要体现在以下三个方面。

（一）构建科学的人才管理体系

因为农业科研机构是特殊的单位，所以它的人才管理，无论是在理论上还是在实际操作中，都更多地按照既定的人事方针来进行，而对人才的选拔、使用和留用，都是按照国家的方针来进行的，普遍存在学历、职称、资历和身份等方面的偏见，人事管理工作未能完全符合科研发展规律和客观需求。最近几年，伴随着人才队伍的建设和各种人才计划的执行，我们也持续地发现了在人才管理体制机制中存在的一些问题，并对这些问题进行了持续的调整，从而推动农业科研院所构建出一个比较科学、规范的人才管理体系。在人才的选择上，既重视现有的技术成果又重视对人才的全面考察，并在选择标准上更具科学性和合理性；在人才培养上，放宽了学术交流、继续教育等环节，使青年研究人员有更多的发展空间；在对人才进行评价时，不再只是单纯地依靠论文、课题和获奖成果，而是要将科技成果的推广和政策发展的建议都纳入考量，从而达到对人才的全面评价。

（二）提升了科研的整体水平

中国科学院的百人计划在实施过程中，不仅培养出了大量高层次的科学家，还获得了一批具有国际领先地位的科技成果，这对人才计划取得的优异成绩进行了充分的验证，为我国的现代农业作出巨大贡献。优秀的创新人才，除了具有优秀的科研创新能力和高质量的科研成果，更重要的是他们在科研工作和管理过程中，还可以发挥出引领和示范的作用。他们的创新思维、创新意识和科学的研究方法，可以对整个团队和机构的科研氛围带来深刻的影响，从而推动农业科研整体水平的提升。引进和培养高水平的创新人才，对推进农业科研院所的学科建设、完善其学科体系、拓宽其研究范围、提升其整体水平具有重要意义。例如，中国农科院"十五"期间承担"973"计划、"863"计划、科技攻关计划、重大专项和国家自然科学基金等重大科研课题的，60％以上都是"杰出人才"，取得了一系列重要研究成果；中国农业科学院哈尔滨兽医研究所研究院陈化兰，年仅 35 岁，就被授予了"杰出人才"称号，她领导的研究小组成功创建了国内独有的禽流感毒株和信息库，并在此基础上开发出了一系列针对禽流感病毒的检测试剂及疫苗，对预防和控制禽流感起到了十分重要的作用。钱前博士是中国水稻研究所"杰出人才"，他在水稻功能基因方面的研究有了重要进展。在2005 年，钱前与日本名古屋大学的科学家合作，成功克隆出了一种水稻高产基因，该基因能够增加水稻穗粒数，从而培育出了一种高产且抗倒伏的全新超级水稻。他一直都在从事棉花遗传育种的研究工作，并通过培育和创新自主品牌，成功推广了 1.4 亿亩（约 934 平方米）国产抗虫棉，为社会和经济带来了巨大的效益。

（三）优化了人才成长环境

随着对创新人才的日益重视，为了能够吸引并培养出更多优秀的人才，科研单位深刻地意识到，为科技创新服务是科技管理工作的宗旨，所以，他们在项目管理、资金使用、职称评审等方面，都制定了有针对性的人才扶持政策，从而为人才的成长营造了良好的政策环境。在高水平人才的驱动下，普通科研人员既感到了激励又感到了压力，他们会更加积极主动地参与到科技创新工作中，为整个单位的创新工作注入了积极的动力，形成了良好的工作氛围，进而促进了人才成长环境的优化。

三、农业科研人才发展存在的问题

在当前阶段，尽管我们有了一定程度的成就，但我国农业科研人才的培养和发展仍然面临着许多挑战和难题。

（一）农业科研研究人才发展问题

1. 成才的周期长

农作物、畜禽等生长周期对农业科研工作产生了深远的影响，要想获得一项重要的农业科技成果，往往要经过几年乃至几十年的不懈努力，才能获得一项有意义的成果。中国农业科学院麻类研究所的研究员陈万权，在 20 多年的不懈研究下，对小麦条锈病进行了有效的防治，获得了国家科学技术进步奖一等奖；阎萍，中国农业科学院兰州畜牧与兽药研究所的副所长，被誉为"牦牛之母"。她扎根青藏高原 20 多年，历经千辛万苦，终于培育出了全国第一个国家级新品种——大通牦牛，并在全国范围内取得了一定成绩。除农业科学研究自身的原因外，科技人才的发展还存在着以下两个方面的问题。

①评价机制不够合理。目前，评价机制尚未达到精细化水平，人才的评优评奖通常仅限于年龄、职称等，然而，在对科研成果进行评价时，过分注重发表论文的数目和影响因素，忽略了研究成果在本领域的影响力，对人才的评价标准不够科学，在科研实践中，也忽略了科研人员对创新氛围、学科发展、科研水平等宏观方面所产生的影响，从而造成了一大批低水平的科研成果，只注重产出而不注重质量。我国农业科学研究以基础与应用为主，但因其研究周期长、研究难度大等原因，现有的评估体系未能充分反映农业科学的特征。如果让年轻的科学家去做基础研究，那就意味着他们要经历一段漫长而又无聊的等待，而且这还是建立在研究进展顺利的情况下，一旦出现问题，这个过程就有可能被拖得更久，甚至有可能影响他们的发展。另外，农业科研机构对人才的评价更多的是依靠一些可以量化的具体指标如论文发表数、科研奖励结果等，而不是综合考虑总体工作

绩效及实际贡献，因此，科学、有效的评价指标还有待进一步优化。

②在我国科学计划执行过程中，由于科学计划执行过程中对失败的容忍程度较低，再加上科学计划中"功利"的特点，使得科学计划在科学计划中的"失败"成为了科学计划中的一大障碍。为求更好的发展，人才在选择研究课题的时候，往往会选择一些相对简单、稳定性较高的项目，这就造成了一种紧张的气氛，同时也极大地降低了年轻学者解决难题和挑战难题的能力，并对重大科技攻关类和重大应用类的研究项目产生了一定的影响。

2. 待遇偏低

农业科研机构的职能在于推动农业科技的创新和技术的推广，是非营利组织。然而，因为国家严格管理科研经费，农业科研机构的整体薪酬待遇相对较低，除了知名科学家，相对于其他产业的研究单位、大学来说，它没有什么竞争优势，不能给研究人员带来充足的生活保障，也就造成了它对人才的吸引力不强的问题。以中国农业科学院"优青""青拔"等为例，中国农业科学院的科技人员工资标准较低，且与中国农业大学等科研机构相比，中国农业科学院科技人员的薪酬水平相对偏低，且不能按时提供住房，给科技人员的配偶就业和子女入学造成了一定的影响。部分科研机构间"青年千人"待遇比较如表 3-2-1 所示。

表 3-2-1　部分科研机构间"青年千人"待遇比较

单位	薪酬待遇	住房保障	科研启动经费	科研条件支持	配偶、子女安置
中国农业科学院	除享受研究所该岗位正式职工的工资、福利和医疗等待遇外，可再享受 10 万元/年的岗位补助	按 100 平方米住房标准提供安家费补助（根据上一年度商品房销售均价折算，最高不超过 100 万元）	研究所提供不少于 100 万科研启动费，院专项再提供 100 万科研启动费和 200 万仪器设备费	提供相应工作条件，并在人员配置、研究生招生等方面给予倾斜支持	协助做好子女入托或上学、配偶就业等工作
中国科学院遗传发育所	年薪 40 万—50 万元	提供住房（现房）或 120 万安家费（税后）	提供科研启动费 300 万，每年稳定支持经费	提供 100—200 平方米实验用房	—

单位	薪酬待遇	住房保障	科研启动经费	科研条件支持	配偶、子女安置
中国农业大学	年薪工资每年35万元，各种业绩奖励除外	符合购房条件人员可按优惠价格购买学校提供住房一套；不符合购房条件或不愿意购房人员可租住学校提供的住房	提供科研启动费100万元	提供100—150平方米实验用房	—
华中农业大学	基础年薪25万—40万元（科研绩效、综合奖励另计）	提供专家公寓（或周转房）和30万—60万元购房补贴，享有全额房贴	提供科研启动费100万—300万元（大型仪器设备另计）	提供100—150平方米实验用房	安排未成年子女入学入托，按程序招聘配偶
西北农林科技大学	聘为三级或四级教授：每年40万—60万元（税前）	提供安家费40万元；提供不少于170平方米住房1套（现房）	学校按照获批科研启动经费1：1配套（200万—300万）	不低于100平方米实验用房	妥善安排配偶工作

3. 人才晋升渠道不畅

近年来，"绿色通道"职称晋升政策为一大批杰出人才提供了机会。然而，鉴于我国农业科研机构归属于农业农村部或省农业农村厅、市农业农村局的关系，所以在干部关系、人才关系等方面，与中国科学院、中国社会科学院、高等院校相比，在人才的使用上缺少足够的自主权。由于农业农村部对中国农业科学院副研究员及以上职务的评审名额进行严格的控制，使得符合申报高级职务资格条件的年轻优秀人才越来越多，竞争越来越激烈，很多表现优异的年轻优秀人才由于受到年龄、资历、指标等因素的制约，很难被破格提拔到高级职务，从而影响了他们的工作积极性。一些农业科研机构没有对青年人才进行充分的关注，因此对他们进行有效培养、使用和激励的方式比较单一，表现出色的青年人才在学术或管理岗位上的机会比较少，在更高级别的重大活动中也缺少了露面的机会，与此同时，他们在团队中的工作自主权也有限。在各种推优、评奖活动中，年轻人才的培养往往受团队内部不均衡等因素的制约，存在着论资排辈的倾向，不利于那些有发展潜质的年轻人才的脱颖而出，不能充分调动其积极性、创造性。

4. 后备人才选拔余地受限

我国科研事业的中坚力量乃是那些攻读博士学位的研究生。由于科研机构所培养的研究生并非我国国民教育序列的一部分，也不在教育部的管辖范围内，因此在研究生招生规模方面受到了限制，导致科研单位的教育规模与高校相比存在着相当大的差异。中国农业科学院是我国唯一拥有博士学位授予权的科研机构，其硕士研究生的报录比一直保持在 2：3—3：1 之间，博士生的报录比一直在3：1—4：1 之间徘徊，生源充裕，但招生名额有限，这就限制了各个研究所选择优秀研究生做后备人才的余地。

5. 成长环境没有改善

目前，我国农业研究机构对人才的管理基本上是以事业单位的方式进行的。在这种以行政为导向的科研管理体制下，科研项目、科研资金的使用具有很强的行政性。在采访中，许多专家指出，相较于高校，农业科研机构的年轻人才缺乏跨学科、跨领域的交流，由于学术气氛比较压抑，科研人员的学习热情不高，缺乏人才流动。

（二）农业科研管理人才发展问题

1. 管理人才来源渠道有限

就目前国内大部分的农业科研院所来说，其管理人才的招聘渠道十分狭窄，高层次人才中具有管理类专业背景的所占比重很小，大部分都是在接受过专业技术培训后转行的。这一点并不局限于对一级高级管理人员的选拔。在内部进行人才的培训和选拔，可以帮助管理人员对自己所处的行业和机构有所了解，从而便于组织进行管理。但是，太多的内生性资源常常会造成管理人员的经验或阅历太过单一，不能适应更广阔的竞争环境。

2. 管理人才缺少管理能力

由于我国农业科研院所的管理人员一般都具有一定的专业技术背景，所以他们在实际工作中所使用的知识或能力，通常都是来自经验的积累，相对来说，他们在决策上的科学性和战略性的管理能力较差。管理岗位所需的能力不只是在一个特定的领域里有专门的技术，而是需要具备组织、协调、指挥、决策和沟通的能力，这种能力主要体现在政策分析和预测、战略规划、团队沟通和协作等方面。作为一位从事科研管理工作的人员，首要任务是要对国家相关的产业政策有一个全面的认识，要对不同的科研计划展开深入的理解，还要对本机构的专业实力和优势进行分析，这样才能更好地组织有关的科研人员进行申报，从而提高申报的成功率。因此，优秀的管理人才必须具备高超的决策和组织能力。在此情况下，若具备专业技术能力，则可获得更大的优势。

3. 管理人才年龄结构不合理

在我国的农业科研机构中，管理人才的年龄构成呈现出一种普遍的趋势，即管理人才的年龄结构缺乏合理性，出现了明显的两极分化和中间断层现象。年龄在 35 岁以下的人在管理人才中占据了最大的比例，而 51 岁至 54 岁的人则次之。在未来的 5 岁到 10 年里，大量人才的退休将会使得 45 岁到 55 岁年龄段的管理人才数量短缺，而这是一个生机勃勃，经验丰富，才干丰富的时期。这一问题如果得不到很好的解决，那么将会严重地影响农业科研院所的管理人员队伍的稳定性。

4. 管理人才的培训手段单一

鉴于我国农业科研机构的管理人才大多拥有专业技术背景，而缺乏管理方面的知识和技能，需要加强职业培训，提高其管理水平。目前，针对科研机构管理人才的培训通常是短暂的，时间不超过一个月，培训内容以政治思想为主，而非以科研管理为主，因此，这类培训缺乏针对性。至于具有管理专长的管理人员，虽然需要接受适当的专业训练，但若能透过组织内的专业交流，则可取得长足进步。

5. 管理与专业技术的定位模糊

我国农业科研机构的管理与专业技术定位存在诸多问题，导致其功能交叉过多，出现"学术官员"的现象。科研机构中各级管理人员的行政权力和相应待遇，是科研行政化的最显著体现。由于人力资源的有限性，很少有人能够在管理和专业技术方面都达到高水平，因此可能导致行政权力在专业技术领域被滥用，从而滋生学术腐败等问题。

第三节　农业科研人员发展策略

针对农业科技创新的独特特点和规律，我们需要鼓励更多杰出人才参与到农业科技工作中，以充分发挥科技在我国农业现代化建设中的引领作用，实现人才和资源的最大化利用。

一、制订农业科研青年人才培养计划

通过实施国家杰出青年科学基金、青年千人计划、青年拔尖人才等人才计划，大力培育我国农业领域的杰出人才，推动我国重大科技创新成果的产生。农业农村部与中共中央组织部、人力资源和社会保障部等有关部委联合实施了中青年专家评选、农业科研杰出人才培养计划和现代农业人才支撑计划等多项计划，为推动农业科研领域的人才发展起到了积极作用。在省农科院的人才队伍中，获得"农业科研杰出人才"等称号的专家，在全国范围内排名较高，这表明这些人才计划在农业科研系统中占据了重要地位。然而，对上述农业人才计划的实施方案进行研究后发现，相较于之前提到的青年人才计划，农业人才计划的扶持对象已扩展到 50 岁以下，而现代农业人才支撑计划对年龄没有明确的限制，对条件保障的概括也比较宽泛。例如，农业科研杰出人才培养计划方案中，提出了专项资金支持、项目倾斜、优先推荐申报国家计划项目以及人才所在单位应优先提供科研条件等措施；为了更好地发挥中央与地方财政专项资金的引导作用，建立了一套科学的资金保障机制。

目前，针对农业科研青年人才的支持计划尚未在国家层面得到专门制订。尽管国家级、省级的农业科学院所制订的青年人才培养计划在促进自身青年人才培养方面发挥了积极作用，但由于选拔条件和支持力度的差异，无法在人才流动、高级别项目申报、优秀人才评审等方面发挥应有的作用。考虑到农业科技创新的长远发展，政府实施一项专门针对农业科研领域的青年人才培养专项计划，通过财政资金支持，为农业科研领域杰出的青年人才快速成长和成才提供必要的保障。

二、对科研项目企业投入机制进行完善

为了杜绝科研人员违规套取科研经费，我国对科研经费中的人员开支实行了

严格的限制，这对科学基金的管理起到了十分积极的作用。由于农业科研院所的非营利性，往往存在着"有钱打仗，没钱养兵"的现象，因此在科技攻关中，科技攻关资金只能用在课题上，不能用在人员上。虽然我国对科研资金的使用有了一定的放松，但是大部分科研单位还是依靠固定的薪酬来保证科研工作的安全，因此，在薪酬层面上，科研工作的价值并没有得到很好的体现，科研工作的积极性受到了很大的影响。据采访得知，在农业科研机构中，大型课题和项目往往被知名专家和知名青年人员所获得，而子课题一般都是由一些比较有名气的年轻人拿到的。另外，一般青年人才申报的项目层次、项目金额都比较少，这对其发展不利。

应积极学习和学习外国的科学研究管理制度，推动农业科学研究投资的多元化。用一种科学、规范的方法，来引导企业参加到农业科研机构的创新活动中来，促进产、研结合，在农业科研机构中建立起高层次的科研项目，并向其提供相应的经费支持。与此同时，还可以鼓励青年人员积极地申报企业项目，为他们提供更多的项目选择，以科学、规范的方式引导企业参与农业科研机构的创新，推动产、研结合，保障多元化的资金来源和规范、合理的经费使用，从而为他们开展科学研究提供更广阔的空间。

三、扩大农业科研人才使用自主权

农业科研机构作为事业单位，在经营层次上表现出明显的行政化倾向。在一定的历史背景下，上级农业主管部门的领导和管理在高级人才选拔评审方面发挥了积极作用，推动了农业科研机构的发展，选拔了高水平的农业科研人才，确保了人才评审的公平、公正，并且对于职称评审的需求也日益强烈。然而，由于对高级技术职务的评定权限仍由上级主管部门掌握，造成了高级技术职务供不应求的现象，论资排辈就成了最有效、最方便、最无争议的方式，从而对年轻技术人员的研究积极性产生了一定的影响，对年轻技术人员的成长及农业技术创新的发展产生了不利影响。

建议农业主管部门遵循科研规律，将高级人才评审自主权下放到农业科研机构，让机构根据科研成果、人才队伍结构、学科发展等方面的综合情况，自主地进行高级人才评审，为优秀青年人才职称评审、博导遴选等开辟一条绿色晋升通道，为更多优秀青年的发展提供更大的发展空间，营造出一个良好的人才选拔和使用环境

四、扩大农业科研机构研究生教育规模

研究机构可以充分发挥自己高层次的科技人才资源，提高学生的动手能力，促进科学与技术的结合。中国农业科学院在18个省（自治区、直辖市）40个研究所的支持下，采取了"院系结合，两阶段"的人才培养模式，即招生、授课和学位授予都是由研究生院统一组织的，学生在学习过程中完全由研究生院进行管理；完成学习任务后，可随导师到研究所进行项目研究，在读期间研究生的管理工作主要由各个专业的研究所来完成。中国农业科学院是一个国家级的农业科研机构，它有着良好的科研设施、先进的研究项目、充裕的科研经费、丰富的图书文献资源；它有着一支优秀的教师队伍，并有着广泛的国际合作与交流；它为研究生开展学术研究、参与项目实践、培养创新能力等方面提供了强大的科研支持，每年毕业生的平均就业率超过95%，位居北京科研机构之首，得到了用人单位的好评，为中国农业科学院的创新和科研工作提供了强有力的支持。当前，研究生培养面临的最大挑战在于招生规模的不足，这一问题亟待解决。在中国农业科学院杰出的青年人才研究中，研究生的培养是迫切需要的最政策支持，但其数量却远远跟不上科技创新的需要，这既限制了高质量的农业科技资源，又限制了青年人才的科学研究。

从国家层面，将农业科研机构的研究生教育工作纳入国民教育序列，并以科技资源和科研需求为导向，扩大研究生教育规模，为科研机构选拔优秀人才提供更多的空间，为青年科研人员提供充足的科研辅助力量，促进其早日成才。

五、健全机构内部人才管理体制

人才管理的范畴涵盖了选拔、培养、考核等多个方面。随着农业科研工作的实际需求和人才培养工作的要求不断提高，为了适应农业科研发展的需要，我们需要对传统的人才管理体制进行改革，以人才需求为导向，建立一个现代化的人才管理体制，使机构与科研工作相结合。

在选拔优秀青年人才时，除了考虑已取得高水平科研成果的人才，还应综合考虑学科发展、研究潜力等多方面因素，通过对有发展潜力的人才进行筛选，增强对优秀青年的认同，调动其参与科学研究的热情，最终取得高质量的研究成果。在人才培养方面，根据不同层次、不同水平、不同职能，制订多元化、科学化的人才培养计划，以实现人才的充分发挥和有效利用，从而推动不同岗位、不同水平的青年人才共同提高。大胆运用人才资源，让有才能的青年担任要职，使其实

现自身价值，并加强其对社会的认同。由于很多研究成果的产生是一个长期的过程，因此在对年轻研究人员进行考核的时候，不能再"唯论文""唯成果"，而要从整体上看他们的发展潜力，以及他们的研究工作的质量，要重视他们的研究工作，可以有效减轻青年科研人员的压力，从而使他们有更多的时间和精力投入科技创新中，加强潜力评价，壮大科研人才队伍。

六、营造良好外部科研环境

我国的农业科研机构大多属于一级行政机构，具有行政性。在项目审批、经费申报、职称评审、职务晋升等过程中，都采取了国家事业单位的方式与方法，在一定时期内起到了积极的作用。但是，高校科研院所的建设与现实并不相符。青年人才正处于科研探索的初期，他们对未知领域有着很强的好奇心和求知欲，一个好的科研环境能够更好地满足他们围绕创新所进行的多种活动，从而激发他们进行科研的热情和积极性。

农业科研机构首先要去行政化。加强科研机构管理部门的管理意识，减弱行政权力在科技资源配置中的作用。在制订决策的过程中，深入研究青年人才的意见，使青年人才从繁杂的日常事务中解放出来，全身心地投入科研事业中。另外，必须营造一种富有创新精神的文化氛围，为年轻人进行科学研究提供一个广阔的舞台。科技创新之路注定波折重重，科学研究有着自己特有的规律，在科学研究的开始阶段，并不意味着就一定会成功，也不应该去强行要求一定会成功，要给年轻人一些试错的空间，让他们不用担心失败，可以放心地进行科技创新工作。

七、提高科研人员的薪酬待遇

在农业科研单位中，存在一些薪酬待遇低的现象，这直接影响青年科研人员在进入科研领域时所面临的住房、子女入学、老人照顾等问题，进而影响他们的生活质量和全心投入工作的能力，这既是影响青年人才成长的关键，也是单位科研创新工作能否顺利进行的关键。目前，科研机构、公司企业和高等院校都在进行着一场关于人才的激烈争夺。但是，科研单位的竞争力比较薄弱，特别是在薪资待遇这一关键因素上，与高校和公司动辄上百万的津贴补贴相比，科研单位更多地依靠科研实力和科研环境，所以在待遇上就有很大的差异。

为了满足青年科研人才的生活需求，农业科研单位应当在国家政策允许的范围内，采取多种渠道和途径，提高科研人员的薪酬待遇，优化工资构成，从而使科技创新的价值得到最大程度的发挥；在面临着高房价的情况下，科研院所应当积极创造条件，为科研人员提供政策保障性住房或周转房，以确保年轻一代能够在此安居乐业；为杰出的年轻科研人员提供协助，以解决他们在配偶工作和子女入学方面所面临的问题；另外，还可以建立一项"人才专项基金"，为青年人才的引进与成长提供有力的支持。通过提高工资和福利待遇，来提高科研院所对优秀人才的吸引力，给年轻的科研人员提供一份稳定的生活，让他们能够全心全意地投入自己的研究工作中，进而创造出更多的科研成果。

八、建立青年人员潜力评价

在农业科研机构中，青年人才是一支重要的科研队伍，他们不仅可以引进人才，还可以挖掘现有人才队伍中的杰出青年人才，并提供特殊的支持和帮助，以促进他们快速成长和成才。在青年人才培养方面，大力发展创新潜能评价，敢于突破论资排辈的做法，为杰出的年轻人提供更多公正的竞争机会。经过实证验证，本书的评价指标体系具备一定的科学性和客观性。农业科研机构可以在此基础上进一步深化和完善指标体系，科学、系统地评估高校青年人才。通过将创新潜力的评价与日常科研工作的表现相结合，筛选出具有一定科研潜力的年轻人才，并在项目经费、科研条件、课题申报、职称晋升及研究生培养等方面给予特殊的支持，从而加快他们的成长和发展。针对那些在评价中缺乏创新潜力的年轻人，为使其在下次评估中更好地发挥作用，应采取相关的保护措施，如鼓励其参与培训，支持其参与学术交流，使其意识到自己的不足，明确自己的努力方向，促使其在下次评估中更好地发挥作用。对创新潜力进行科学、规范的评估，既可以发现优秀的年轻人才，也可以激发整个年轻人才队伍的创新热情，在机构内部营造一种相互竞争、相互超越的良性竞争环境，进而提高机构的整体创新水平。

第四节　农业科研单位绩效管理

一、农业科研单位绩效管理存在的问题

尽管我国科研单位在绩效管理的实践方面已经取得了一些进步，考核制度也在不断地完善，但是由于科研单位绩效管理在我国应用的时间较短，进展比较缓

慢。总体来看，我国科研单位绩效管理实践经验还不够丰富，仍处在成长阶段。此外，农业科研单位科研活动本身的特殊性也增加了绩效管理的推进难度。所以，当前我国农业科研单位在绩效管理方面整体上仍处在初期阶段，仍然存在着诸多问题。

（一）绩效管理主体不完整

绩效管理主体较为单一。当前，农业科研单位的绩效管理主要集中在内部考核方面，缺乏外部考核主体的参与。农业科研单位作为公益组织中的特殊组织，其鲜明的行政性与公益服务性决定着绩效管理主体选择的范围。

一方面，当前我国农业科研单位大多实行党委（组）领导下的院（所）长负责制，还有部分农业科研单位实行在理事会领导下的，以科技人员代表为监事会监督、院（所）长为负责人的新型管理制度。国家给科研单位在干部人事管理方面以自主权，组织内设机构及人事管理事宜可由科研单位自行决定。所以，我国农业科研单位绩效考核的主体应是机构内部成员，包括各级党政领导、理事会及其成员、广大管理人员和一般工作人员。

另一方面，农业科研单位以当地政府、农户、农业企业及农业合作社为主要服务对象，通过向社会提供免费或仅收取少量费用的科研产品及技术服务来达到服务目的，而农业科研单位的公共服务性及公益性就决定社会公众应该对农业科研单位绩效考核活动进行评价和监督。另外，农业科研单位绩效考核的主体应是多元化的，具体包括机构组织内成员、当地政府、社会公众、中介组织及专业机构。但在实际运行中，农业科研单位绩效考核一般都在机构内进行，考核评价主体多为机构内上级领导部门、各分部门及各成员单位，很少有当地政府、社会公众和中介组织参与。并且在考核评价过程中，上级部门领导主要负责考核，同级、上下级部门和成员之间则缺乏互评互动，成员个人自我评估同样流于形式，这就未能体现以员工作为考核主体的主体性特征。

（二）绩效考核指标设计欠科学

绩效考核指标体系，是考察与衡量科研单位绩效水平高低的重要量化方法，也是绩效考核实施的基础工程。然而，如何筛选并确定出一套科学、合理的农业科研单位考核指标，则是绩效考核在实际工作中面临的难点与重点。

1.绩效考核指标不系统

实现绩效考核的关键环节在于对绩效指标进行层层分解，但实际上，大多数农业科研单位的绩效考核制度缺乏对机构整体业绩指标、团队整体业绩指标和具体岗位指标的明确而具体的全局规划与量化分解，从而导致团队指标在横向上存在重叠或缺乏联系，无法通过考核对比寻找差距，同时也使得某些团队或个人为了局部、短期、眼前的利益，为了完成自己的业绩指标而损害整体、长远的利益，最终无法有效体现研究所的既定目标或规划，造成团队间协作的难度大幅增加，甚至影响机构整体运转的效率。

2. 绩效考核指标不稳定

受实践经验和发展状况的影响，当前我国农业科研单位以借鉴科研机构绩效考核经验为基础，结合本科研单位任务完成需要进行简单的局部修改，直接制订并推行绩效考核制度和管理办法。但是，由农业科研单位自行构建的绩效考核指标体系，极易忽略农业科研单位的本质特性和本身工作的特殊性，具体表现在对指标的选择贪大求全、对指标的分类过于烦琐。

此外，一些基层农业科研单位为了追求短期利益而随意增加或减少指标，甚至出现将绩效考核与科研管理工作分离的现象，从而导致实施绩效考核工作的管理干部对考核背景、意义和指标体系的理解存在困难，也使科研人员产生反感情绪。

另外，还有部分农业科研单位虽然已经设置相应的绩效考核体系，但并不是十分完善，缺乏可操作性，具体表现在：未能根据不同类型机构合理设立绩效考核指标，导致绩效考核指标归类混乱，从而降低绩效指标体系的全面性和有效性，使得考核结果无法客观、全面地反映机构绩效的实际水平，考核结果存在失真现象。

因此，如何科学设计与构建一套行之有效的考核体系，已成为当前科研管理工作中亟须解决的重要课题之一。在国外，许多科研单位通常会设计复杂多样的评分项目，但他们都以高效的信息管理系统为基础，以关键的、独具特色的绩效管理指标为核心，从而在一定程度上避免了指标分类的混乱问题。

3. 绩效考核指标标准不清晰

在当前的科研单位考核制度中，对于考核指标的规定存在着定性成分过多、定量成分过少的问题，导致所选指标多为评价性描述，而非行为性描述。在对农业科研绩效进行评估时，由于没有考虑到农业科研的特殊性，即农业科研单位产出的公共产品和服务难以被量化，该指标的可测量性和可操作性就会存在不足之处。此外，在某些考核制度中还出现了使用模糊不清的措辞，过度使用赋值范围、表达方式或数值变化范围过大的情况，导致考核缺乏一个统一而明确的标准。由于没有一套科学、合理的评价指标体系来进行综合评估，因此往往会形成一种"一刀切"式的单一考核模式。若缺乏一个客观的参照标准，则考评结果将完全取决于评价者的主观感受，这将导致考评结果的多样性，从而挑战考核的客观性和可信度，容易使被考评者对考核的公正性产生怀疑，进而滋生负面情绪。

4. 绩效考核指标忽略过程

在农业科研领域，大多数单位都将易于测量的成果指标，如课题、经费、学术论文和成果等，作为主要的定量考核指标，并在绩效考核制度中进行了明确规定。实际上，作为机构运行状况最直观的表征，结果指标在绩效考核中发挥着不可替代的作用。然而，单纯强调达成结果指标只会刺激农业科研单位追求短期效益，极易忽视科技人员急功近利的思想和短期的投机行为，导致农业科研单位的发展偏离公益性目标，不利于构建健康、良好的科学文化，阻碍农业科研创新发展。此外，结果指标主要反映了组织过去的运营状况，但并不能全面揭示机构内部的运作情况和社会贡献关系，而这些活动又对处于知识经济时代的农业科研单位来说显得尤为重要。因此，建立一套能客观、公正地反映科研团队工作状态的绩效评价体系势在必行。

当前，农业科研单位绩效考核仅限于事后考核，无法及时分析和调整业务流程，也无法在事前进行有效控制，导致无法为运行中的科研活动提供业绩改进的指导，也无法及时纠正偏差。因此，将过程类和结果类、短期和长期指标相结合的考核指标体系，对于实现对组织绩效的实时评估和事前控制具有至关重要的意义。

（三）绩效管理程序不严密

绩效管理流程主要由绩效计划与目标设定、绩效实施与交流、绩效考核、绩效反馈与改进这四个环节组成。绩效管理流程整体呈现阶梯式的特点。然而，当前农业科研单位的绩效考核常常只重视绩效考核，即为了考核而考核。尽管绩效管理制度中的绩效计划与目标设定、绩效反馈与改进环节是通过文字形式来规定的，但是在实际操作中并没有享受到同等待遇，甚至被忽略，导致制度规定往往成为一纸空文。

1. 考核目标定位模糊

对所有的组织来说，绩效目标应该和组织目标高度一致。这是因为，确立组织目标是制订绩效目标的前提。但是，由于当前我国许多农业科研单位自身目标定位不清，从而使其不能有效地分解组织目标，最终导致所提出的预期绩效考核目标或偏高或偏低，难以准确地反映组织实际情况，不能给出合理的绩效预期。另外，由于绩效管理者在实行绩效考核前，不能准确地把握组织各部门、各阶段及组织个体的具体目标，导致组织绩效预期总目标模糊化，也就是制订的绩效目标过于笼统或宽泛。这样的绩效目标，会造成绩效考核主体茫然、不知所措，加重被考核者的焦虑情绪，导致被考核者无法正常地进行学习、工作与生活。

2. 缺乏绩效沟通环节

当前阶段，有相当数量的单位还存在着团队、员工的绩效由领导决定的情况，团队、员工在考核中完全是被动的，他们对于考核目标和考核过程缺乏认识和了解，不熟悉申诉考核结果的渠道，长此以往，团队、员工对于绩效考核就会出现漠不关心的心态。考核双方如果缺乏沟通和交流的渠道，无法获悉对方的想法或意见，那么就会无法及时化解考核过程中出现的问题，造成矛盾日益加深，不利于提高考核工作效率、构建组织文化，也易滋生考核者的"暗箱"作业。因此，考核双方充分沟通不仅满足了个人渴望尊重的需求，而且符合现代管理中以人为本的原则。通过持续性获取及时的沟通反馈，并将其作为监控绩效的方式方法，既是持续改进绩效管理的根本所在，又是提升被考核团队、成员在绩效考核过程中的认同度与满意感，并确保绩效考核正常开展的核心要义。

3. 考核结果未能得到充分应用

绩效考核结果激励约束作用没有被发挥出来。多数农业科研单位仅以绩效考核结果为激励依据，未将其与职位升降、培训和薪酬调整有机地联系起来。另外，考核的反馈机制还没有被建立，考核就像走过场一样，考核完成后，各个团队、员工依旧不知道他们的强项是什么、自身的工作能力有没有提高，自身存在什么缺点或不足，应该怎样提高工作效率等。若不及时解决这些疑虑，则必然会影响单位团队、员工的工作效率，造成绩效考核多元激励作用与改善绩效目标无法达成。长此以往，员工对同类考核通常持回避或敷衍的态度，这对组织长期发展是极为不利的。另外，当前农业科研单位绩效考核体系设计中基本没有将单位组织文化特点纳入其中，即没有将组织文化对于考核行为的影响纳入其中。

综合来看，尽管绩效考核制度对于单位绩效考评体系和考评流程有相应的规定，但是具体的考核行为并没有真正规范化和制度化，评价过程不够严谨，评价多流于表面，评价工作效率与信任度颇有疑问，评价应具备的职能与作用未能得到充分发挥。

（四）绩效管理方法单调

1. 绩效管理方法过于简单

农业科研单位进行考核体系构建时，通常仅选择最常用的一种或者两种考评方法进行考评，如当今普遍流行的平衡计分卡法等，创新性不足。成本效益分析在事业单位中选择最频繁，也在农业科研单位绩效考核中得到应用。这种方法侧重于对单位运作效率、收益和成本的定量测评，关注的仅仅是单位直接的投入和直接的产出，而较少对单位行为带来的社会效益和影响进行深入探讨。客观地说，使用这种考核方法，极易忽视农业科研单位公益性、使命性和非营利性的特点。此外，科研活动的探索性、复杂性、长期性及动态不确定性，还决定着农业科研单位效率、效益、效果的考核评价不能简单地采用量化指标，必须引进发展潜力、社会公众认可与评价这些定性指标。总之，农业科研单位的特殊性要求将各种考核方法结合起来，努力创建与自身特殊性相适应的绩效管理方法。

2. 科研绩效考评周期短

农业科研单位产出，即创新型知识成果，该绩效生成为动态过程，考核周期短，多数研究所基本都是以一年为一个周期进行考核，最多也就是三年。由于受到宏观科技发展、科研经费来源差异及研究团队组建等多方面因素的制约，农业科技产出也就需要耗费相应时间，即具有时间不确定性和价值难以计量性。优秀的科研成果往往是长期积累的结果，如新品种的研究开发，可能需要 10 年甚至更长的时间。

3. 考核方式与现实不相适应

如今科技领域内涵非常丰富、知识外延不断拓宽、学科之间相互交融、各个领域之间边界越来越模糊。个人的专业知识、专业技能早已经无法适应复杂科研的需要，团队合作势必成为单位普遍使用的一种工作模式。而当前传统的只针对个人的考核方式强调个人的表现，必然会驱使员工把提升个人表现作为行为取向，而忽视了团队整体表现，必然会妨碍团队目标的达成。另外，传统考核方式偏重于对职能部门绩效进行评价，对团队间联动评价较少。因而，各团队常常是关起门来进行自我考核，其他团队没有权利也没有机会参与进来。同时，重视机构内部考评，造成外部利益相关者的参与程度较低。现代科技瞬息万变，任何一个组织或个人不可避免地会同其他人、同周围环境产生这样或那样的联系，因此一个完全与外界隔离的农业科研单位将不会长期存在于当今社会中。现代社会要求有一种不仅能够反映个人绩效和团队整体绩效，而且还能够将个人和组织联系起来的考核方法。

二、农业科研单位绩效管理问题的原因

我国农业科研单位绩效管理中出现的以上问题，一方面与农业科研单位自身特点和农业科研单位绩效管理发展阶段相关；另一方面也和绩效管理体系自身的复杂性及制度运行所处环境等因素相关。

（一）农业科研单位绩效管理价值偏差

1. 对绩效管理认识不足

针对绩效考核的功能和意义，部分农业科研单位绩效管理主体和考核客体缺乏深刻的理解，尚未形成对绩效管理的实质性认识。例如，部分农业科研单位绩效管理主体只是将考评看作提高绩效的手段和工具，没有认识到充分运用绩效管理在促进科研体制改革、挖掘个体潜能和创建积极的组织文化等方面所起到的巨大作用。还有部分农业科研单位绩效管理主体认为绩效管理只停留在形式上，不能收到实际效果，即考核评价没有实质意义，于是就忽略考核。综合来看，对农业科研单位绩效管理理论体系研究不深入，以及缺乏足够的推广考核实践经验，是考核主体没有充分认识到考核重要性的症结所在。

2. 绩效管理的观念落后

尽管部分农业科研单位已经意识到科技人员所扮演的角色，但是在绩效管理策略的现实选择中，仍然"钟情"传统的绩效考核思路和青睐传统的绩效考核方法，以致于农业科研单位实施绩效管理基本上是从上层到底层，也就是上级直指下级，团队领导与团队员工的互动较少，缺乏指导团队员工绩效工作。当前的绩效考核还停留于既定目标控制与鞭策阶段，过分关注过去与现在的绩效，注重事后评价。另外，相当一部分农业科研单位单纯地将绩效管理作为一次性管理活动来对待，只将奖励与绩效结果联系起来，缺乏对人类发展潜能进行科学的预测和分析。科研单位是把人们的知识、才能变成现实科技产品与服务的场所，而员工则是知识资本的实际所有者，科研组织和领导者仅仅是物质资本的直接管理者和知识资本的间接管理者，所以双方不是雇佣与受雇的关系，而是一种合作关系。

然而，当前农业科研单位仍沿用控制和监督的传统绩效考核理念，上级和下级在评价上的位置不对等，极易导致下级在绩效考核上出现逆反乃至对立的情绪，更谈不上调动员工工作积极性和实现组织战略目标了。

（二）农业科研单位管理体制改革滞后

1."院（所）长负责制"的领导方式存在弊端

在当前我国农业科研单位的领导体制中，院（所）长负责制已成为最为广泛采用的一种领导方式，同时也有一些农业科研单位采用了理事会决策和院长负责的领导制度。这两种形式各有其特点和优势。而作为我国事业单位中的一支分队，农业科研单位必须遵守《事业单位登记管理暂行条例》和《事业单位人事管理条例》的相关规定，并接受政府有关部门的监督和管理。自20世纪80年代起，我国科研事业单位开始推行院（所）长负责制，旨在消除原有管理体制存在的僵化和过度束缚的"症状"，为科研单位赋予更大的自主权。在经过多年的科技体制改革之后，中共中央组织部、人力资源和社会保障部等部委联合印发《关于深化科研机构人事制度改革的实施意见》，其中提出了科研机构的用人方式，鼓励科研人员积极参与兼职研究开发和成果转化活动。然而，随着科技体制改革不断深入发展，科研单位逐渐显露出用人机制缺乏灵活性、分配制度不适应科技工作新形势等问题，导致人才资源配置不合理，成为阻碍科技体制改革进一步深化和科研发展的因素。

2."一所两制"的管理模式需要创新

当前，我国政府科研单位普遍采用"一所两制"管理模式，即在同一科研单位内，公益性研究的研究主体和具有面向市场能力的产业实体共存、事业性管理和企业化管理并存、公益性目标与商业性目标并存。"一所两制"作为国家科研体制的创新形式之一，已经取得明显成效，如在缓解科研机构经费短缺、提升员工薪资、分流过剩人员、优化机构运营效率、激发活力等方面，都具有重要作用。然而，采用"一所两制"的管理模式所带来的负面影响也不容被忽视，反映在农业科研单位方面，即部分农业科研单位的公益定位已变得模糊不清，公共科研资源配置不均，科研人员追求经济创收项目的"短平快"，而公益性、基础性、创新性和关键性技术的研究被削弱，从而影响了机构目标的精准定位和国家创新体系的战略布局的构建。总体而言，"一所两制"标志着农业科研单位从以事业为导向的管理模式向以非营利为导向的组织管理模式的转型。随着改革进程的不断深入，"一所两制'的管理理念已经不能适应新时期的需要，必须进行彻底的变革。改革的核心在于建立符合市场经济发展要求的新型管理体制。在我国尚未发现更为有利于科研单位改革目标实现的全新而有效的管理模式之前，农业科研单位应该在稳定"一所两制"管理模式的基础上，深入探索创新这一模式的方法和路径，积极推进准非营利型组织管理模式，为最终实现改革设计的目标奠定坚实的基础。

（三）宏观外部环境影响

1. 科研体制缺乏改革创新

在以经济发展为中心的指导思想下，我国政府在经济领域大力投入人力、物力、财力，并为经济主体提供大量的政策支持和各种税收优惠，这一系列措施使我国经济体制改革获得重大突破，经济发展呈现出惊人的势头。但是，相对于其他领域，我国在科研活动方面的支持力度显得相对薄弱，受科研经费缺乏、科研项目申报困难等因素的影响，我国科研工作开展进程较为缓慢。近年来，尽管政府对科研领域的资金投入不断增加，但科研体制改革仍未实现重大突破，如果科技体制不进行改革和创新，那么科研单位的绩效管理将难以得到完善和发展，因为科技体制创新是支撑科研单位绩效管理改革的一种"软件支持"。

2. 绩效管理未能与时俱进

市场经济体制下，市场主体所面临的市场环境充满竞争和快速变化，伴随着经济全球化趋势不断加强，我国正在被卷入经济全球化的大潮之中，所面临的国内和国际环境也愈加错综复杂。国际竞争日趋白热化，高科技领域的竞争已成为国与国之间竞争的新领域。农业科研单位科研工作因其复杂性、多目标性、投入产出时间不一致性及效果评估费时费力等，针对科研单位、科研团队和科研人员执行绩效考核任务，就会存在较大的困难，因此改革绩效管理模式势在必行。实际上，我国原有的绩效管理模式存在着相应缺陷，这就更加无法满足信息社会网络化时代科研评估的发展现实需求，导致我国农业科研单位绩效管理不能体现新时代对农业科技发展的要求，不能反映我国农业科技水平与发达国家之间的差距，无法发挥绩效管理促进创新能力提升的作用。

3. 绩效管理文化氛围薄弱

与美国、日本、英国等评估文化厚重的国家相比，我国实施农业科研单位绩效管理在文化和环境方面仍有一定差距。不仅公众未能树立绩效管理意识，未能充分认识绩效管理的重要性、考核的实质，也未能理解自身作为评价主体部分应有的权利，甚至部分绩效管理组织者对考核制度、考核体系认识不足。近年来，尽管中国各行各业都会实施绩效管理，但其中不乏存在效仿、追随的现象。

4.绩效管理制度不健全

规范科研单位绩效考核的法规及制度欠缺，专门用于全面规范农业科研单位绩效管理的体系更是凤毛麟角。当前，我国尚未出台专门针对绩效管理的法律，而西方大多数国家都有相关成文的法律法规，如美国的《政府绩效与结果法案》等，这也会加大我国绩效管理的实施成本，出现绩效管理体系难以被厘定、考核失序，甚至考核结果信度、效度及满意度大大降低的现象。

（四）绩效管理缺乏制度配套措施

1.考核结果缺乏反馈制度

绩效管理主要用于查漏补缺、扬长补短。绩效管理者需要将绩效管理结果反馈给员工，由员工独立或在他人协助下对考核信息加以分析，了解个人绩效水平及发展情况，找出个人存在的缺陷，然后由绩效管理者及时、恰当地引导员工改进绩效，才能使绩效考核结果得以转化，即促使员工进一步努力。若缺乏绩效考核指导，则考核结果不能达到转化的目的，考核也将失去意义。考核仅仅是一种手段，而通过对结果的运用来达到转化、反馈，进而促进绩效水平的提高则是其目标。然而在实际工作中，大多数情况下考核结果并未向被考核者反馈。因此，缺乏考核结果转化机制与反馈制度导致考核流于形式、"为考核而考核"，既浪费资源、消耗时间，又引起被考核者的不满。

2.缺乏监督机制

完善的绩效管理监督机制既能确保考核过程的公正与公开，以及考核结果的信度与满意度，又能保障员工的合法权利，增强员工参与考核的热情，从而促进个体与组织绩效水平的提升。但在实际工作中，监督考核执行机制不够完善，考核往往存在暗箱操作的现象，在考核主体选择、考核执行及考核结果统计分析等具体流程中都不够公开和透明。考核的权威性受到质疑，被考核员工对考核结果持怀疑和否定态度。

3.缺乏专门考核机构制度

针对第三方考核机构管理缺少正规制度规范。我国现行农业科研单位绩效管理以本单位内部考核为主，考核主体通常为本单位下属上级管理组织、普通工作人员，也有以专家学者为主的考评团体参与考核，部分专业领域还会请专业机构联合考核，但是使用最广泛的还是内部考核。这里面既有机构从自身利益出发的原因，也有另一个原因，即当前国内专业考核机构、专业考核人才培养机制还没有被建立，缺乏专业考核机构与人才。此外，第三方考核机构数量较少，第三方考核机构执行考核能力与公正性受到质疑，以及缺乏对第三方考核机构的监督管理。最后，当前针对国内公益类科研单位考核缺乏明确化和制度化管理，从而导致考核流程及结果乱象丛生、效率低下。

4. 缺乏信息资源管理系统

全国性的农业科研单位绩效考核信息资源管理系统的缺失，除农业农村部组织的农业科研单位科研综合能力评估信息外，其他系统考核信息、资料零散，地区间、机构间信息封闭，考核办法、考核标准不统一，没有建立绩效管理信息资源管理系统，也是造成农业科研单位绩效管理效率低、考核制度的激励约束作用未能充分得到有效发挥的重要因素。

三、农业科研单位绩效管理体系的构建

本书主要阐述如何运用现代绩效管理理论及科学的管理机制，在现有绩效管理的基础上提出构建农业科研单位绩效管理体系的思路和设计框架，围绕绩效管理模式、相关方、内容、流程、子系统和工具，建立符合农业科研单位战略导向和特点的绩效管理体系，以及开展绩效管理体系评估和调整的对策，以规范和完善农业科研单位绩效管理的理论性和系统性。

（一）绩效管理体系构建的基础

绩效管理实施载体是组织，只有当组织分工明确、权责明晰、运作规范时，以及通过组织战略指导构建普遍认可的绩效管理组织文化时，绩效管理才能够发挥其最大作用，从而增强农业科研单位的竞争力。

1. 农业科研单位组织结构

农业科研单位组织结构是由组织成员在职责、职权等方面的分工和协作体系所构成的，它能够体现农业科研单位的基本组织现状，并反映组织的分工形式、层次等级、职权划分和协作机制，是农业科研单位运行和发展所必不可少的构成要素。

（1）组织结构的分类

第一，以劳动分工划分组织结构。首先是纵向组织结构。农业科研单位纵向

组织结构一般自上而下分为科学院、研究所、研究室（研究中心）、课题组 4 个层级或研究所、研究室（研究中心）、课题组 3 个层级。农业科研单位的管理服务工作主要由纵向结构承担，其绩效主要体现为内部性，包括但不限于目标完成度、行政效率、管理成本、服务对象满意度及政策执行力等方面。因此，要实现对农业科研单位内部管理的有效控制，就必须建立起一套完整的以绩效考核为核心的纵向结构体系。建立合理的纵向架构，可确保管理链的适宜性、信息传递的顺畅性和规范性，同时提高管理绩效。纵向结构在一定程度上影响着农业科研机构的组织文化和运行机制，关系整个农业科研体系的发展与完善程度。当农业科研单位内部利益相关者的需求超出了纵向结构的能力范围时，必须对农业科研单位纵向组织结构目标和定位进行深入分析，对明确责任、规范运行和到位执行等方面进行具体评估。纵向结构与横向结构相比具有明显优势，但也存在一定缺陷（如由绩效低迷引起的组织合法性危机等），这就要求管理者在组织架构上对绩效管理方式进行适当的改进，以适应新形势发展需要。

其次是横向组织结构。院机关部门、研究所、院附属机构、院直属科技平台构成了科学院的横向组织结构，所机关部门、研究室（研究中心）、所附属机构、所直属科技平台等构成了研究所的横向组织结构。由于横向结构承担着具体的科研工作，因此其绩效主要体现在外部性方面，即科学研究是否能够对社会产生有益的影响，并为社会和其他方面的社会效益和效果提供服务。人才、资金、设施等资源配置效率等方面，是横向组织结构绩效内部性的显著表现。农业科研单位绩效实现结果如何，与横向结构作为其运营核心的地位有关。在一个合理的横向架构中，明确可行的绩效目标和绩效责任，以及良好的沟通协调机制，为绩效管理的有效实施奠定了坚实的基础。当科研绩效持续低迷时，横向结构的合法性将面临危机，这时就必须调整和变革组织结构，以及绩效管理的理念和手段。

农业科研单位的横向和纵向结构，以及其他辅助、支持和评议机构，共同构建了一个错综复杂的组织结构，这些结构在不同层次和方面对组织绩效和目标的实现结果产生影响。农业科研单位绩效管理是一个系统工程，涉及诸多要素，其中绩效管理体系建设对整个绩效评价体系起重要作用。只有在建立合理的农业科研单位组织结构，并在组织战略的引导下，获得员工广泛认可的情况下，才能最大限度地发挥农业科研单位绩效管理的作用，从而帮助组织提升竞争力，实现组织目标。

第二，以基本形态划分组织结构。各种形态的组织结构呈现多样化的基本特征。传统组织形态所呈现的结构包括直线制、职能制、直线职能制、直线职能参谋制和委员会制等。随着外部环境的演变、信息技术的飞速发展及知识经济的崛起，组织结构也在经历着翻天覆地的变革。现代组织形态所呈现的结构包括事业部制、模拟分散管理制、矩阵制、混合型及网络型等。在农业科研机构的管理实践中，直线职能制、事业部制和矩阵制是常见的组织形态，它们被广泛应用于组织结构的优化和改进之中。

首先，关于直线职能制组织结构形态。所谓直线职能制组织结构形态，是指将直线制结构与职能制结构加以结合利用，并以直线为基础，由各级行政负责人负责设立相应职能部门，用以从事专业管理，作为该领导的参谋，实现主管统一指挥和职能部门参谋、指导相结合。在直线职能制的框架下，组织结构得到了明确分工，职责被清晰地划分出来，同时工作效率也得到了显著提升。然而，由于部门之间的沟通协作不够密切，信息传递的链条也相对较长，因此难以及时对环境变化作出反馈。在我国的农业科研机构中，直线职能制组织结构被广泛采用。农业科研单位组织结构存在一条自上而下垂直的直线管理链，由院长、所长、研究室主任、课题组长和职工组成，也存在横向职能部门是根据科研、人事、财务和行政等管理服务活动的分工进行划分的情况。各部门间相对独立、分工协作、相互制约，在保持直线统一指挥的同时，又设立了专门负责具体管理职能的部门。针对农业科研单位规模较大、组织活动复杂、管理分工专业性较强的情况，这种组织结构形式已成为我国农业科研单位广泛采用的一种形式。

其次，关于事业部制组织结构形态。事业部制组织结构形态，即分权结构或部门化结构，是指根据产品类或地域将组织划分为若干事业部（部门或分院、分所），在总院、总所的领导下，每个分院、分所从科研成果转化、推广到产品销售过程均实行独立经营、独立核算，赋予组织较强的管理自主权。事业部的管理高层仅行使人事决策权、财务控制权和控制监督权，以实现对事业部的有效掌控。因此，事业部分权制度可使各事业部快速响应市场变化并及时作出调整，并将高层管理人员从日常事务中解放出来，使其专注于制订重大决策，避免因组织结构不合理而造成资源浪费等。此外，独立运营的实施可以促进事业部内部不同职能之间的高度协调，促进事业部之间的竞争与合作。而将决策分权化纳入事业部的整体规划中，有助于提升事业部领导的专业素养和管理水平。但是，由于事业部内部缺乏有效的监督与制衡机制，各职能部门设置存在重叠现象，导致管理成本上升，并且在事业部相对独立的情况下，往往会出现本位主义的倾向，即只考虑各自的利益，这会对事业部之间的沟通和协作产生不利影响。

最后，关于矩阵制组织结构形态。矩阵制是一种传统的组织规划目标结构，它将按职能划分的部门和按项目划分的小组有机地结合在一起，涵盖横向的项目管理线和纵向的职能管理线。矩阵制之所以备受青睐，是因为它能够根据项目需求灵活配置相应的职能部门和人员，从而赋予组织高度的机动性和灵活性，使其能够根据具体情况作出灵活调整，促进不同职能部门之间的横向互动和交流，实现人力资源的共享，提升工作效率和内部资源的利用效率。当前，我国项目管理中使用最多的是矩阵式结构，但在项目小组和职能部门的双重领导下，组织成员的工作热情和进度受到影响，从而导致组织关系更为复杂。此外，由于项目小组的临时组建，其稳定性不尽如人意，这将给管理带来相当大的挑战，同时也会增加管理成本。

（2）绩效管理与组织结构匹配

一般来说，农业科研单位的组织结构常常以一定的形式为主，并以其他形式为辅。所谓组织结构形态，是指在研究领域、研究对象分化与综合的基础上，通过科研、服务与管理等分工活动，将承担不同责任的员工聚集在某个空间位置中，并利用管理手段加以协调而形成的结构化活动。不同形态的组织在决策模式、管理水平与范围、信息传递方式等方面的差异，都会造成组织管理模式差异化。所以，不同形态的农业科研单位实施绩效管理，可采用不同的绩效评价系统对其组织活动进行调控。

调整和变革组织结构，实质上就是将责权利配置与重新配置到组织的不同分工活动中，最终形成合力，以对组织绩效与个体绩效的达成产生影响。绩效管理体系作为农业科研单位体系的子系统，既要配合其他子系统共同实现组织目标，又要实现自身目标。绩效管理关键点在于以现有组织分工框架为基础，对组织战略进行传递和调配，并编制绩效计划，开展绩效评价、绩效反馈与改善活动，从而保证组织绩效目标得以富有成效地完成。经过结构性调整与优化后，组织整体呈现扁平化状态，管理层级被裁减，多重管理、职责不清等问题减少，院所资源得到有效整合，利于组织目标达成。所以，有效地实施农业科研单位绩效管理系统，实质上是以合理组织结构和劳动分工为前提的，并且组织结构应与绩效管理系统相配套。

2. 农业科研单位运行机制

运行机制就是农业科研单位对决策进行指导和约束，以及对人、财、物等活动进行管理的基本规范和相应制度，它是决定单位本身行为的内外部因素及其相互关系的统称。为确保农业科研单位工作目标与任务得到真正落实，需要建立起一整套协调、灵活、有效的运行机制。

（1）农业科研单位基本运行机制

当前，我国农业科研单位管理体制普遍是院所长负责制。凡归属于农业科研单位的改革、发展、规划、建设、人员招聘、机构调整、干部任免及财务预决算方面的重要事项，均由分管部门作出初步指导意见，后经院所务会议或者党委（组）会议进行集体讨论、民主决策。一般而言，常规工作通过分管领导与职能部门之间的协调配合进行处理，党组织在决策中发挥政治核心、保证监督和参与决策的作用，研究所主管领导在管理行政和学术事务中负总责，而在重要事项上则采取民主讨论、集体决策和分工负责的机制。研究所按照学术管理规定设立学术委员会及其相关组织，主要承担院系学科建设、学术评价和专业技术职务评聘的学术性任务。

在农业科研单位内部存在着规模巨大的学术组织和管理组织，以及后勤保障及其他支持机构。各组织在价值取向、绩效产生途径等方面存在差异，均对绩效管理造成困难。特别是由纷繁复杂、相互交织在一起的各结构提出的不同要求，均使绩效管理目标难以被界定。学术组织与科研人员的工作特殊性，决定了需要采用专业技能标准化与培训相结合的协调手段，这样实施绩效管理才能取得实效。此外，管理人员形成的官僚属性，又会采取流程标准化、产出标准化、直接监督的协调与控制方式，导致实施绩效管理的困难程度增加。可见，在多方原因的综合作用下，农业科研单位组织的经营与发展必须加强组织经营的协调性，以提升组织与个体的绩效。

农业科研单位的绩效管理体系是通过如下机制作用于组织运行中的：通过为组织或者员工个体制订合理的目标，让员工个体朝着组织所预期的方向去努力，以达到改善员工个体与组织绩效的目的；通过科学、合理的绩效考核，帮助组织与员工个体都能得到认可或者找到不足之处，依靠有效的激励约束机制来激励为实现组织目标作出贡献的行为，同时限制不利于组织发展目标实现的行为；推动员工个体增强发掘自身潜能的能力，改善员工个体绩效，进而提升组织绩效水平。

（2）绩效管理与组织运行机制匹配

农业科研单位的绩效管理系统，必须建立在职权合理分配的基础上。农业科研单位是高度专业化的组织，它由相同或相近的领域、学科和专业人员共同组成基层学术组织，如研究室、课题组等，它的运营核心是研究部门，而院系的主体力量则由科研人员构成。实现农业科研单位绩效的关键在于科研人员的专业知识和技能。由于科研工作的复杂性，科研人员在工作中拥有较高的灵活性和自主权，但是专业的高度分化特征又使非专业人员难以直接监督或评价科研工作。若以直接监督或标准化的方式对科研工作进行管理，则可能产生行政权力触及学术权力底线的现象，抑制教研人员的工作热情，进而影响个体的创新能力和对组织的承诺。因此，必须从横向结构上进行分权，将学术权力下放至基层学术单元，赋予其更大的自主权，使其能够针对环境变化快速作出反馈和调整，从而实现科研目标。

职能部门的行政权力源自于科层制的组织架构，职能部门需要向基层农业科研单位专业性组织提供必要的支持和服务。职能部门的日常工作呈现出高度的重复性、规范性和等级性，并强调执行力和效率的重要性。因此，建立一套严格的自上而下的监督和规范体系，是对职能部门进行有效管理的最佳模式。这种模式要求通过严格的监管和规范的流程，减少行政部门和支持部门活动中的不确定性和自由裁量权因素，以确保行政权力不会超越学术权力。

3. 农业科研单位战略规划

战略规划是一项涵盖全局的整体性发展规划，制订农业科研单位的战略规划，旨在规划并实现农业科研单位的使命，识别并创造农业科研单位的环境机遇，明确农业科研单位的发展方向，制订农业科研单位的长期目标并付诸实施。

（1）农业科研单位战略规划制订

战略规划的本质就是要让农业科研单位能适应环境，用好环境变化结果促进组织整体优化，并推动其长远、稳定发展。战略规划能够明确农业科研单位科研方向，提高农业科研单位科研水平，最终实现跨越式的发展。战略规划勾画农业科研单位的未来发展路线，战略规划与战略实施加强了农业科研单位对复杂而又瞬息万变环境的适应能力，从而使农业科研单位能应对并顺利适应环境，主动迎接激烈的竞争，提升绩效，完成使命任务。

如何从农业科研单位内外部环境变化出发，制订前瞻性和全局性发展战略规划，持续提升农业科研单位核心竞争力，推动农业科研单位深入发展，已成为摆在我国农业科研单位面前的一项重要任务。面对不断变化的外部环境及农业科研单位间日益激烈的竞争，在新环境、新竞争中求生存、求发展，建设一流、高水平的农业科研单位，必须重新界定、明确组织的地位与发展目标。此外，探索出一条全新的发展思路，前瞻性地对农业科研单位今后的发展进行战略指导；运用战略规划来扩大农业科研单位资源基础并办出特色；高效地执行战略规划，提升农业科研单位核心竞争力与绩效等，都是当前农业科研单位需要重点完成的任务。

随着外部环境发生根本改变、内部管理模式发生变革，农业科研单位需要制定与实施新的思路管理战略规划。总之，竞争日益激烈、资源紧张、对外交往与内部管理问题，均使农业科研单位战略规划与有效执行显得愈加重要。

当前，农业科研单位制定了《国家中长期科学和技术发展规划纲要（2006—2020年）》《农业科技发展规划（2006—2020年）》《"十四五"全国农业农村科技发展规划》《国家中长期科学和技术发展规划（2021—2035年）》《"十四五"推进农业农村现代化规划》等国家及省市相关战略规划。农业科研单位战略规划内容主要包括区域发展布局、学科建设规划、科研领域建设规划、科技条件建设规划、人才队伍建设规划、科技创新战略、科技成果转化战略、服务三农战略、国际合作战略等。在具体实践时，农业科研单位可以根据需要及其所处的发展阶段，有所侧重或者全部选用，把这些战略规划目标再分解成组织发展的长期、中期或者短期目标。

（2）绩效管理与组织战略规划匹配

农业科研单位绩效管理是对农业科研单位的战略规划制订实施过程及其结果采取一定的方法进行考核评价，并辅以相应激励机制的一种管理制度。制订农业科研单位战略规划，是战略绩效管理的第一步。战略规划的定位是设计绩效管理策略的基础，因为不同的战略规划所要求的关键成功因素是不同的。选择了一种战略规划，这种规划必然有相对应的管控方式及管理要点，绩效管理体系就是要关注和管理好这些要点。

4. 农业科研单位人事制度改革

深化农业科研单位人事制度改革，是对农业科研单位推进公共服务事业发展提出的实际要求，也是造就一支高素质专业技术人员队伍所必须采取的重要措施。

（1）农业科研单位人事制度改革情况

最新版《事业单位人事管理条例》颁布施行，形成了以人事管理条例为重点，岗位设置、公开招聘、竞聘上岗、聘用合同、考核、培训、奖惩、申诉、工资福利、退休、人事争议处理和人事监管等单项制度为主的政策法规体系，这既为深化农业科研单位人事制度改革提供相应的法治框架，又为集聚人才体制机制建设创造相应的法治环境。未来一段时间，我国农业科研单位人事制度改革的主要内容有以下十个方面。

第一，全面实行聘用制度。加快做好聘用制度实施工作，农业科研单位与工作人员要按国家有关规定订立聘用合同。应以聘用合同为根本依据进行事业单位人事管理，以聘用合同来调节单位与工作人员之间的人事关系，构建基于合同管理的用人机制。

第二，全面落实岗位管理制度。农业科研单位的专业技术人员、管理人员和工勤技能人员，必须进行岗位管理。农业科研单位依据国家制定的通用岗位类别和级别，结合实际，依据相关规定自主定岗、自主用人，做到按需设岗、竞聘上岗、按岗录用、合同管理、以岗定薪。

第三，全面采取公开招聘制度。农业科研单位新录用的干部人员，除国家政策性安置的干部人员、按照干部人事管理权限上级委派的干部人员和涉密岗位的干部人员，以及其他确需采取其他办法选聘的干部人员外，一律采取公开招聘，真正实现信息公开、流程公开、结果公开。

第四，完善领导人员的选拔任用、管理监督制度。建立并完善农业科研单位领导班子及领导任期目标责任制，探索落实领导人员聘任制。要健全领导人员管理制度，实行综合考核评价制度，考核结果要成为加强领导班子建设及选拔任用领导人员、培养教育领导人员、管理监督领导人员、激励约束领导人员等方面的重要依据。

第五，完善考核奖惩制度。建立健全农业科研单位人员考核制度，以及基于聘用合同及岗位职责、工作绩效、服务对象满意度等方面的考核办法，依据考核结果调整人员岗位、工资和解除或续订聘用合同。

第六，健全人员退出机制。畅通农业科研单位人员出口渠道，扩大正常人员退出渠道。规范聘用合同解除或终止条件、手续及经济补偿等条款。完善人事争议处置机制，做到公平公正，及时高效地处置人事争议，切实保障单位与工作人员之间的合法权益。

第七，健全人员流动政策。畅通农业科研单位人员流动渠道，打破人员流动体制性障碍，建立适应聘用制度的人员流动政策及管理办法。

第八，加快职称制度改革步伐。完善农业科研单位专业技术人才考核机制，进一步提高考核标准，创新考核方式、严格考核程序，使农业科研单位专业技术人员职称评审与岗位聘用相结合。

第九，要建立多种形式、自主灵活的分配激励机制。实行按劳分配、按生产要素分配、效率优先、兼顾公平等分配原则，在农业科研单位内部扩大分配自主权，探索按生产要素分配改革制度，逐步构建重实绩、重贡献、向优秀人才与关键岗位倾斜的多种形式，自主、灵活的多样化分配激励机制。

第十，建立公平、可持续的社会保障机制。推进农业科研单位养老保险制度改革，纳入社会保险体制，逐步与企业职工社会保险、居民社会保障制度统一。建立职业年金制度，提高职工退休后的生活水平。

（2）绩效管理与人事制度改革匹配

绩效管理体系是人力资源管理子系统，在其中处于核心地位，人力资源管理的其他方面几乎都和绩效管理有关，因此人事制度改革是农业科研单位绩效管理设计的依据。绩效管理只有与人事制度改革相匹配，才能确保农业科研单位绩效管理工作顺利开展并真正发挥作用，督促员工持续改善与提升工作业绩与效率。反过来，构建一套科学、合理、公正的绩效管理体系，并切实执行人力资源考核评价体系，可以整合优化人力资源管理各项职能活动，形成巨大的内驱力与拉动力，通过对员工个体业绩的持续改进，最终达到提高农业科研单位总体业绩的目标。

（二）绩效管理体系构建的思路

农业科研单位作为我国农业科研主力地和农业科技人才资源主要集聚地，为国家农业创新体系建设提供重要保障。农业科研单位绩效管理体系建设是一项涉及多元利益诉求的复杂工程，只有切实明晰绩效管理系统建设指导思想和根本目的，才能把利益相关者团结起来，给后续工作开展指明道路。

1. 绩效管理体系构建的指导思想

构建农业科研单位绩效管理体系，必须紧紧把握提高公益服务能力这一目标导向，以科技创新能力为动力，坚持推动农业科研单位绩效管理体系动态发展、高效运行，实现组织绩效管理体系高效、科学、规范化运作，全面提升科研综合绩效，为更好地推动农业科研单位实现自主创新、重点跨越、支撑发展、引领未来战略目标提供支撑和保证。

（1）与时俱进，紧跟体制改革步伐

根据中共中央、国务院部署要求，我国农业科研单位逐步深入推进体制改革，特别是以公益类科研机构为主的体制改革开始进入实质性运行与执行阶段。我国农业科研单位绩效管理体系建设与我国事业单位体制改革进程密切相关。一方面，体制改革为农业科研单位绩效管理制度改革指明方向。农业科研单位体制改革涉及组织机构、人员管理模式、经费管理模式和战略规划制订等方面，特别是机构分类改革，农业科研单位绩效管理要在相应层面上对其加以规范。另一方面，绩效管理体系建设与体制改革同步进行、协调一致，这有助于推动体制改革顺利实施，绩效管理体系设计关系着农业科研单位分类改革战略规划及总体部署，关系

着机构改革及人、财、物等各种资源的高效配置。

(2) 注重实效,优化绩效管理效果

绩效管理以提升组织绩效为目标,对农业科研单位进行绩效考核,最终目的就是要提升农业科研单位整体绩效。高绩效可以优化资源配置,满足公众公共服务需求,有利于落实公平和公益价值目标。提高组织绩效,必须以明确现行绩效水平为前提。我国农业科研单位在提供公共服务过程中存在着"重投入、轻产出,重流程、轻结果"的问题,并且领导和组织的政绩导向、短视行为等,都会降低公共服务投入产出效益,甚至产生沉淀成本。为此,农业科研单位绩效管理应进一步强化公共服务绩效考核力度,提倡结果导向,坚持高产出,特别是关系公众利益和权利的公共服务高产出,并且要把绩效与投入、奖惩相挂钩,发挥绩效作用,以结果为导向编制预算,注重实效。

(3) 突显公益,提升公益服务能力

农业科研单位以全社会公众为服务对象,承担着向全社会公众提供公共产品与公共服务的重任,关乎全社会公众共同关心的三农问题。农业科研单位绩效管理提倡顾客导向、坚持公众主体地位,从三农需要出发,注重公共服务公益性,这是提高公共服务数量和质量、全面提升三农公共服务水平、构建服务型组织和和谐社会的客观需要,更是以人为本的重要表现。农业科研单位绩效管理必须突出公益性,特别是受传统政绩导向产生负面效应时,更应对其公共服务进行评价。公益服务能力既是评价农业科研单位业务能力高低的主要指标,又是提升公益科研机构服务绩效的重要途径,同时也是加强农业科研单位与社会公众之间联系的重要环节。通过增强公益服务能力,进一步加强农业科研单位公共服务职能、优化公共资源配置和完善公益服务方式等措施,有利于提高公众对农业科研单位的工作满意度和农业科研单位公共形象。因此,农业科研单位绩效管理体系建设过程需要兼顾服务公益性并以公益服务能力提升为目标导向。

(4) 鼓励创新,形成有效竞争机制

农业科研单位绩效管理凸显创新作用,能够形成有效竞争机制,使农业科研单位内部产生巨大动力,营造追求创新的风尚。农业科研单位绩效管理凸显创新,对竞争机制有两方面的影响:一方面,农业科研单位创新理念有利于激发社会公众和农业科研单位内各成员的积极性、主动性和创造性。对机构外部参与主体的积极性来说,绩效考核可以为评估机构服务社会公众提供机会与平台,让机构外部参与主体积极主动地为农业科研单位出谋划策;对机构内部参与主体的工作热情来说，大力开展绩效考核以及其从公益、创新、节约、成效等多个角度和多个层面进行比对，有利于农业科研单位内部形成一种积极、活跃的评价氛围，持续推动科研技术革新发展，促进农业科研单位有意识、高效率地开展高水平和高满意度的服务。另一方面，农业科研单位技术创新有助于改变公益科研机构以往"重投入，轻产出"的理念，对结果给予更多重视。因此，重视绩效考核制度的创新维度，有助于促进农业科研单位内部的技术创新，提高农业科研单位外部综合实力竞争水平，保证科研成果衡量的有效性和科学性，进而促进科研资金的优化分配。

2. 绩效管理体系构建的基本目的

确立绩效管理目标是组织高层决策的核心，也是构建农业科研机构绩效管理体系的重要组成部分。如果目标不明确或偏离，那么绩效管理将失去其意义和价值。构建农业科研单位绩效管理系统的根本目标在于，在现有资源条件的限制下，不断提高农业科研单位绩效管理的科学化和规范化水平，改善科研条件和提升科研能力，全面提升农业科研单位在劳动、信息、知识、技术、管理和资本等方面的效率和效益，以最大限度地实现科技产出和更好地完成组织使命，从而在更大规模、更高层次和水平上建设具有竞争力的农业科研单位。通常情况下，一套完备而高效的农业科研单位绩效管理体系，旨在通过以下三个方面来协助组织提升其竞争力。

(1) 实现农业科研单位战略目标

战略是全局性、前瞻性和预期性的统一体。近年来，越来越多的农业科研单位将绩效管理与战略紧密结合，以促进业科研单位主体持续发展和提高竞争力。因此，建立一个科学、有效的绩效考核体系对农业科研单位至关重要。绩效管理体系通过将员工的活动与组织的战略目标相互融合以实现协同效应。在农业科研机构的绩效管理过程中，首要任务是对组织的战略目标进行逐层分解，并逐步将其转化为职能部门、研究部门和科技员工的绩效目标，以规范组织和个人的具体行动。通过实施一系列的绩效管理措施，以提升科技员工的个人绩效为手段，从而提升农业科研单位的整体绩效水平，最终实现农业科研单位的总体战略目标。概括来说，即为了实现组织战略目标，必须根据农业科研单位的性质、特点、类别以及三类人员的差异，构建相应的绩效考核和反馈系统。

(2) 强化农业科研单位内部管理

农业科研单位的管理可以从绩效管理，特别是绩效考核中获得可靠的信息。

农业科研单位的人力资源管理和领导班子建设，可以将绩效考核信息作为重要依据。绩效考核信息还可以作为农业科研单位资源配置的依据；作为农业科研单位科研、开发、推广、国际合作与交流等管理绩效改进的依据；作为农业科研单位行政、党务等综合管理绩效改进的依据；作为与其他农业科研单位进行比较，了解自身发展水平和状况并寻找差距的依据，从而通过强化内部管理，增强农业科研单位劳动、信息、知识、技术、管理、资本的效率和效益。

（3）提升员工能力与绩效水平

在农业科研机构的绩效管理中，绩效考核结果可被视为员工聘任、职务和职称晋升、薪酬发放及奖惩的重要依据，同时也可被视为对员工进行岗位培训、职位轮换或发展规划的依据，从而激发员工的创新活力和创造潜能。通过建立有效的绩效沟通和反馈机制，员工可以在比较实际绩效和预期绩效目标基础上，发现其中的不足之处并进一步改进，接受有针对性的培训，以促进个人发展，提高获取更高水平绩效的能力，从而更加高效地完成工作。

（三）绩效管理体系设计

绩效管理的目的在于建立一套效率高、反应快、目的性强、均衡协调的管理体系，以促进和保障组织目标的实现。农业科研单位要在未来的竞争中取得和保持优势，就要通过科学设计绩效管理体系的方式，使组织战略转化为切实可行的行动。

1. 绩效管理模式选择

农业科研单位要设计绩效管理体系，必须先明确绩效管理模式，只有选择好绩效管理模式，才能有针对性地开展绩效管理体系设计。

（1）从管理主体上划分绩效管理模式

从我国农业科研单位绩效管理主体看，主要管理模式包括政府层面绩效评估，第三方组织绩效评估和机构内部绩效管理。政府层面、第三方组织绩效评估为外部绩效管理模式，机构内部绩效管理为内部绩效管理模式。

①政府层面绩效评估模式。政府层面主要是以农业农村部或地方政府为主体对农业科研单位进行绩效评估。通过科研综合能力评估、项目预算绩效评估等手段，了解农业科研单位科研状况、项目执行绩效等，以促进农业科研单位科研综合能力的提高。

②第三方组织绩效评估模式。第三方评估组织对农业科研单位的绩效评估主要是以各种专业机构为主体进行专项绩效评估。通过对农业科研单位创新能力、

学科或专业竞争力等的评估和排名，为社会和公众提供一个了解农业科研单位科研质量的窗口。

③机构内部绩效管理模式。农业科研单位内部绩效管理主要是在农业科研单位最高管理层成立绩效管理机构，对所属组织、内设部门、人员进行的绩效管理。通过对研究部门进行学科领域和目标职责评价，对职能部门进行业务水平和目标职责评价以及最终落实为对个体各项绩效评价，为农业科研单位科学决策和绩效管理提供参考依据，激发组织和个人的积极性，促进组织和个人的发展。

（2）从管理对象上划分绩效管理模式

从我国农业科研单位绩效管理对象看，主要管理模式包括宏观层面绩效管理模式、中观层面绩效管理模式和微观层面绩效管理模式。

①宏观层面绩效管理模式。宏观层面的农业科研单位绩效管理指国家对地区或行业进行的以所提供的科研贡献为基准的系统评估，是从科学技术对人类社会发展，特别是从经济发展的角度来认识科技水平的提高。这类评估是一个相对较为独立的层次，包含科学发明与发展及其在生产、流通各个领域应用中的促进。主要通过一些特定指标，如财政科技投入、社会贡献率、科技直接产出、经济效益和社会效益产出、人均利税率、就业增长率等，形成补充性的决策参考或政府行业政策的参考。

②中观层面绩效管理模式。中观层面的农业科研单位绩效管理指国家部委对直属科研机构或省政府对直属科研机构的组织绩效管理。针对组织的绩效管理一般是对其内部科学研究活动的政策、人员、经费、设备、成果、产品等进行有效的调控，使组织的科学研究活动规模得到有效与合理的扩展，使科学研究活动的质量得到提高。中观层面的绩效管理体系的构建，有利于分析组织建设的状况，规范科研管理活动，提升组织的科学研究绩效，为在一个更广阔的学科背景下，在更大规模、更高层次和水平上建设具有竞争力的创新型组织提供有力支撑。

③微观层面绩效管理模式。微观层面的农业科研单位绩效管理指国家部委直属科研机构或省政府直属科研机构对下属研究所以及研究所对下设部门（团队）、人员和项目进行的绩效管理。针对团队的绩效管理，不仅要考虑团队的科研成果，还要评价团队建设的影响因素。一个高效的科研团队可以带动组织的发展，促进国内外科技合作与学术交流，形成优秀人才的团队效应和资源的凝聚。

以激发人力资源的积极性、能动性和创造性为基石，以科研组织整体的发展战略为指导，以市场或行业的变化和需求为主导，以远景规划所设定的目标为方向，对人员的智力、能力、工作中所凝聚的知识复杂程度和工作环境因素共同作用的结果，即人员绩效管理。其基本内容就是通过建立绩效考核体系来激励科研人员，以此提高工作效率，实现科研成果价值最大化，进而促进组织战略目标的达成。

项目绩效管理作为项目管理工作的重要组成部分，旨在对科研项目所产生的中间和最终结果进行科学的质量、效益评价，以实现对科研项目实施的有效调控，并对科研项目产生的结果进行公正、科学、权威的评估。

（3）从战略导向上划分绩效管理模式

每个绩效管理模式都是以组织一定战略目标为导向来制订并实施管理制度的。从我国农业科研单位绩效管理战略导向看，主要管理模式包括以重大任务目标完成为导向的绩效管理模式、以科研成果产出为导向的绩效管理模式、以公益服务能力提升为导向的绩效管理模式和以创新能力驱动发展为导向的绩效管理模式。

①以重大任务目标完成为导向的绩效管理模式。农业科研单位几乎都承担着一定量的国家、省市重大科研任务。在基础研究领域，农业科研单位应该鼓励探索和创新，容忍失败，但是对于那些任务繁重、时间紧迫、要求极高的重大科研项目，则必须加强过程控制。该模式的绩效管理主要依据国家、省市所规定的重要任务时间节点、研发技术水平、任务完成质量及后续稳定性等多方面因素进行全面评价。该评价主要由第三方机构代表国家和用户委托进行，以确保其客观性和准确性。

该模式过于强调完成上级任务的胜任能力，在一定程度上影响了农业科研单位创新的制度环境，不能全面反映出农业科研单位的内部运作情况及与社会贡献关系。

②以科学研究成果为导向的绩效管理模式，强调把科研成果作为实际产出的基础，在考评过程中重点关注工作效益和劳动成果，通常将科研成果的获奖情况、学术论文的质量、发明专利的数量、科研经费的争取能力及科研成果的转化情况等作为考评项目。该模式所采用的绩效管理以事后考核为主，即先由管理对象进行记录，随后由上级部门对绩效的真实准确性进行验证，最终由国内外专家对绩效进行评估。该模式过于强调对结果类指标的达成要求，可能会刺激农业科研单位为实现和维持短期效益，导致组织的发展偏离其公益性质，从而不利于创造健康、良好的科学文化，阻碍科技创新发展。

③以提升公益服务能力为导向的绩效管理模式。农业科研单位与一般的非公

益性和企业研发机构不同，其职责在于为三农、科学普及、研究生培养及科技类咨询等领域提供服务。通常以科技推广面积、科技下乡次数、培训职业农民人数等作为考核项目。服务该模式的绩效管理以服务和促进公益事业科学发展为目标，以服务三农为根本宗旨，通过不断提高服务质量，最终实现组织的社会价值。其评价强调局部利益与整体利益相结合，主要来自地方政府、专业机构、农民合作社、农户等服务对象。该模式由农业科研单位的独特性质和产出为公共产品和服务而决定了其产出本身难以被量化，考核的客观性和可信性受到挑战，容易导致被考评者对考核滋生消极情绪。

④以创新能力带动科研发展的绩效管理模式。创新，是农业科研单位前进的动力。该模式强化科技同经济对接、创新成果同产业对接、创新项目同现实生产力对接、研发人员创新劳动同其利益收入对接。考核项目既有科技创新又有管理创新，既有组织创新又有产品创新，并注重过程类与结果类绩效指标的结合。这种模式下的绩效管理重点在于打通科技成果转化为现实生产力的渠道，消除科技人员在创新过程中存在的阻碍因素，突破要素驱动、投资驱动对创新驱动的束缚，使创新能够真正付诸实践，产生新的增长点，将创新成果转化为现实的产业活动，从而使创新涌现新的发展活力，最大化地彰显创新价值，提升创新资源配置效率，真正做到创新人才能够合理共享创新收益。

（4）农业科研单位绩效管理模式的确定

农业科研单位绩效管理模式应实行多元化绩效管理，在管理主体上，坚持内部绩效管理模式与外部绩效管理模式相结合；在管理对象上，坚持宏观层面绩效管理模式、中观层面绩效管理模式与微观层面绩效管理模式相结合；在战略导向上，坚持以重大任务目标完成、以科研成果产出、以公益服务能力提升及以创新能力驱动发展为导向的绩效管理模式相结合。从而促使农业科研单位建立科学、规范的绩效管理体系，在计划、组织、控制等所有管理活动中全方位地发生联系并适时进行监控，切实提高绩效管理的客观性和公信度。

本书的农业科研单位绩效管理模式研究范畴，在管理主体上，主要研究内部绩效管理模式；在管理对象上，主要研究微观层面绩效管理模式；在战略导向上，农业科研单位应根据自身需求和科学技术活动特点，选择确定好相应的绩效管理模式，实现过程类与结果类绩效指标相结合、短期与长期绩效指标相结合、局部利益与整体利益相结合，切实提升科研竞争力，增强农业科技进步对经济发展的贡献度。

2. 绩效管理体系设计原则

农业科研单位绩效管理既是一种衡量绩效考核、进行绩效奖惩工作的方式，又是一种以战略为导向、以组织为单位的动态管理系统。为此，构建绩效管理体系应遵循如下七个原则，以便更好地发挥绩效管理应有的作用。

（1）战略性和一致性原则

当前，我国多个农业科研单位尚未形成一套完善的绩效管理体系，目标及任务分解有脱离战略目标的情况。所以，设计绩效管理体系，应站在组织战略层次上，面向组织战略目标，不论是绩效考核指标制订，还是绩效管理全过程，都应遵循一致性原则。例如，在确定组织战略目标和设计绩效指标时，应自上而下地按照战略目标逐层分解，包括组织、部门、职位和个人，以确保组织战略得以顺利实施。再如，绩效管理过程应始终面向战略目标，选择适当的方式方法来实现战略目标。

（2）针对性原则

绩效管理体系必须有的放矢地进行设计。各农业科研单位之间有种种区别，诸如单位性质不同、研究领域学科不同、地区情况不同、文化差异等。这些区别需要农业科研单位针对具体问题开展具体处理，不能照抄照搬，即根据组织特点和实际问题，有针对性地设计出适合本组织的绩效管理模式，并随组织调整作出相应改变。具体来看，在绩效管理体系设计过程中，既要建立面向战略的绩效管理体系框架与流程，又要分层分类设计指标，立足组织，针对不同机构和部门制订不同的绩效考核指标体系。当然，还可将绩效沟通作为绩效管理过程设计的核心，并结合实际确定各环节工作要点。

（3）系统性原则

绩效管理作为一个系统的过程，除绩效考核外，绩效计划、绩效执行、绩效改进及绩效管理前的各项准备同样至关重要，这直接关系到绩效管理执行的成效。当前，农业科研单位绩效管理不力的主要原因即注重绩效考核而忽视其他环节建设。为此，设计农业科研单位绩效管理体系，应以系统化为原则，从绩效计划、绩效执行、绩效考核、绩效改进和绩效结果等方面进行全过程控制。

（4）可行性和实用性原则

没有一套可行性与实用性强的绩效管理体系，会浪费人力、物力与财力，同时也不能够为单位带来效益，而且极有可能会产生负面影响。农业科研单位设计绩效管理体系的可行性与否，要考虑绩效目标能否达到、绩效标准有无对应信息，对潜在问题进行分析，并对考核过程中可能出现的问题、难点及应变措施进行预测。关于农业科研单位绩效管理体系设计的实用性与否，则要考虑考核方法与手段能否帮助组织达成目标，能否适应相应岗位及考核目标。

（5）稳定性和动态性原则

农业科研单位绩效管理系统一旦通过决策建设完成，就应该辅以必要的制度形式，以此保证农业科研单位绩效管理系统的稳定，而不能因为管理者的改变而改变，推动绩效管理工作持续开展，体现绩效评价工作的可比性。一个不稳定的绩效管理系统，会降低员工的信任度，因而不能起到绩效管理应有的作用。但稳定又是相对而言的，任何绩效管理系统在执行过程中都会受内部和外部环境因素的制约，而当环境、组织结构发生变化时，管理系统也要随之作出相应调整。简单地说，农业科研单位绩效管理系统整体处于"平稳—变动—平稳"的状态，维持着一个相对均衡的关系。

（6）公平性和参与性原则

公平性，即过程公平与结果公平。设置农业科研单位绩效考核指标与考核标准，既要充分考虑普遍性，又要兼顾不同学科与岗位之间存在的差异性，如果只是坚持追求一视同仁，那么反而可能导致缺乏公平性。公平地设计与实施绩效管理系统，可以创造良好的组织文化，并由此内化为员工的组织认同感与强大凝聚力。农业科研单位绩效管理体系设计既需要高层管理者高度重视、中层管理者贯彻实施，也需要员工积极主动参与。让广大员工参与绩效管理设计全过程，将极大减少农业科研单位绩效管理体系在设计和形式推广中可能面临的负面影响。

（7）沟通性原则

农业科研单位的绩效管理体系应是多向沟通和反馈的过程。绩效管理过程会涉及管理者和组织、组织和部门及部门间的信息沟通，也会涉及管理者和员工间的双向沟通，这种沟通应该反映在整个绩效管理过程中，包括目标制订、目标执行过程管理和绩效结果反馈过程，这不仅有助于各方实时传递观点，而且还有助于农业科研单位绩效管理的顺利开展，从而实现绩效管理终极目标。

3.绩效管理体系框架设计

在农业科研单位绩效管理体系建设中，绩效管理体系框架的设计是最为核心的一环，该体系框架旨在落实绩效管理工作的目的、理念和方向。它主要包括5部分的内容：一是绩效管理相关方的确定；二是绩效管理内容的确定；三是绩效管理流程的确定；四是绩效管理子系统的确定；五是绩效管理工具的确定。

（1）绩效管理相关方的确定

农业科研单位绩效管理体系相关方主要指绩效管理实施主体、对象和公众，其重点是确定实施主体和对象。

①绩效管理实施主体的确定。农业科研单位绩效管理的主体通常包括以下四种：一是政府组织；二是行业性组织；三是第三方独立评估机构；四是组织主管机构。

不同的绩效管理主体有不同的优势，农业科研单位的绩效管理主体应该坚持多样化的原则，允许多种不同绩效管理主体的存在。比较理想的是政府出资、由利益相关方、专家学者和员工代表组成的评估（考核）委员会方式，提高绩效管理主体与绩效管理队伍的能动性。当前农业科研单位绩效管理主体一般是由组织主管机构安排分管领导、人事部门、办公室等职能部门，由专家学者和员工代表组成考核工作组。

②绩效管理实施对象的确定。农业科研单位绩效管理实施对象一般包括组织、部门（团队）和个人三类。

首先是组织。指独立运行的农业科研实体和农业科技平台等。农业科研实体主要指地（市）以上独立运行的科研实体（研究院、研究所、研究中心），包括种植、畜牧、渔业、农垦、农机、兽医、信息情报、测试标准等专业领域的科研单位。农业科技平台指省部级以上独立运行的科技平台，包括重点开放性实验室、农作物改良中心分中心、区域技术创新中心、工程实验室、工程技术研究中心、农业科技园区、原种基地、长期野外定位观测台站、检验测试中心、国家参考实验室、动植物资源库（圃、场）等。

其次是部门（团队）。指组织内设研究部门、管理部门、支撑部门、附属部门和其他部门。研究部门指非独立运行的研究室（研究中心）、课题组（项目团队）、科技平台等一些从事专门科研活动的组织。管理部门指从事科研管理、开发管理、推广管理、人事管理、财务管理、行政管理等为组织目标实现提供物资管理保障职能部门。支撑部门指从事技术推广、技术开发、信息咨询、检验检测等为组织目标实现提供技术支撑服务部门。附属部门指从事试验基地、中试车间、后勤服务中心、生产经营等为组织目标实现提供物质基础保障服务部门。其他部门则是除上述主要组织外，农业科研单位在组织发展过程中派生出来的部分研究生院和评议、咨询科研活动的学术委员会，以及保障员工权益的工会组织等。

作为维系农业科研单位高效运行的基层学术组织——研究部门，在绩效管理中处于关键地位。一方面是因为农业科研单位所承担的各项职能，归根到底必须落实在研究部门日常工作之中；另一方面是因为研究部门是一个学术上独立、以知识型员工为主体、具有较高工作自主性的专业组织。组织理论研究发现：复杂组织的各个部门具有追求更多独立性的趋势（即离心倾向）。所以，研究部门对于国家战略需求不会产生即刻的自动反馈，有必要借助农业科研单位的管理力量发挥成果产出效益，以提升农业科研单位资源总体配置效率，并指导研究部门绩效目标和农业科研单位发展战略相一致。同时，梳理各个研究机构所处的地位、发展情况，以便及时对战略高层进行科学决策和精准调整。此外，明确研究部门在发展中的地位，考核部门领导的工作业绩，激发中层干部积极性、能动性。另外，研究部门考核与外部评估配合运作，彼此借鉴信息资料，避免因内部重复评估而造成管理成本提高。因此，通过对职能部门、支撑部门和附属部门等展开绩效管理，能够增强部门人员的服务意识，提升服务对象满意度，提高管理效率和减少管理成本。

最后是个人。个人，即农业科研单位工作人员，包括管理人员、专业技术人员和工勤技能人员。管理人员是院所领导和业务管理人员，主要包括参与科技计划管理、课题管理、成果管理、知识产权管理、科技统计、科技档案管理、科技外事、人才管理、教育培训、财务管理及其他科技活动相关人员。专业技术人员，即以课题研究、成果转化、科技推广、国际合作、科技服务为主的专业技术职称任职资格人员。工勤技能人员，即为科技工作提供直接服务（如从事资料文献、试验试制、物资器材供应等）的各种工作人员。

（2）绩效管理内容的确定

为促进农业科研单位改进管理方式，全面提升自身绩效，更好地推动农业科研单位实现战略目标并提供支撑和保证，必须科学确定绩效管理内容。农业科研单位绩效管理内容一般包括组织、部门（团队）和个人职责履行、自身建设、工作业绩、争优创新和违规失职五个方面的内容。

①职责履行是指组织、部门（团队）和个人贯彻落实农业农村部及上级有关决策部署和重要工作任务分工，履行法定职责及完成主要目标任务等基本情况。

②自身建设是指加强组织、部门（团队）和个人管理能力、创新能力、协作能力、发展能力等能力建设，以及加强组织、部门（团队）和个人作风态度、廉洁自律和文化建设等行为建设。

③工作业绩是指组织、部门（团队）和个人在实际工作中所作出的成果或成绩，完成上级下达的各项工作任务指标、效率指标和效益指标情况。主要包括科

研创新、成果转化、科技服务、国际活动、人才培养、条件建设、资金保障、资产管理、综合治理等方面的工作业绩。

④争优创新。争优是指组织、部门（团队）和个人获得重要荣誉、表彰、奖励等情况。创新是指组织、部门（团队）和个人围绕各自职能职责在制度、机制、管理等方面取得的创新成果情况。

⑤违规失职是指组织、部门（团队）和个人违反法律法规和党纪政纪规定被追究责任的情况，因失职渎职被行政问责以及因工作失误或履职不当而造成不良后果及严重社会影响的情况。

（3）绩效管理流程的确定

绩效管理作为顶层设计工作，要求自上而下组织、自下而上执行，在操作过程中与农业科研单位的组织及环境不断交换物质、能量及信息，及时发现管理中存在的问题，并及时优化系统，从而保证农业科研单位实现绩效管理目标。农业科研单位绩效管理流程主要由三大部分组成：前端以战略目标为导向，对绩效目标进行设定与分解；中端为绩效管理的执行流程，由绩效计划、绩效执行、绩效考核和绩效改进四个环节组成；后端为绩效信息利用。三大部分一起构成相对闭环的人造系统。农业科研单位绩效管理流程具体如图 3-4-1 所示。

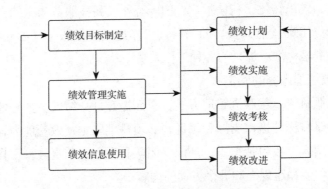

图 3-4-1 农业科研单位绩效管理流程

（4）绩效管理子系统的确定

农业科研单位绩效管理体系设计要在战略目标的指导下，依据与绩效管理流程构建相适应的绩效管理子系统，以此健全绩效管理体系，从而达到对组织工作绩效进行客观衡量、及时督导、有效指导和科学奖惩的目的。绩效管理子系统主要包括绩效考核指标体系、绩效过程管理体系、绩效基础保障体系和绩效目标提升体系。农业科研单位绩效管理体系具体如图 3-4-2 所示。

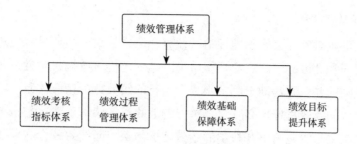

图 3-4-2　农业科研单位绩效管理体系

绩效考核指标体系在绩效管理中处于关键地位，而指标的选取与确定则是绩效考核开展的先决条件，没有相关指标作为支持，考核只能是一句口号。绩效过程管理体系承担着组织、部门、岗位等关键绩效指标的任务，并把战略目标逐层分解至部门及个体，使部门及个体绩效目标符合农业科研单位的战略目标。绩效过程管理体系包括沟通、绩效信息采集和分析、在绩效目标达成时给予反馈、提供指导和支持。绩效基础保障体系主要包括设立绩效管理组织机构、强化绩效管理培训、健全绩效管理有关管理制度。绩效目标提升体系以绩效考核结果为依据，实施绩效奖励和惩罚，同时发现体系中存在的一些问题，根据问题重新完善体系。

（5）绩效管理工具的确定

绩效管理工具有很多，大致有以下几种：比较法、品质量表法、成果考核法、行为量表法、关键事件法、硬性分布法、目标管理法、PM 评估法、360 度绩效考核法、关键绩效指标法、平衡计分卡法、DEA 分析法等，各具优缺点。在实际操作中，不同对象、不同环节、不同过程或不同阶段，采用的绩效管理工具有所不同。就系统性绩效管理工具而言，当前比较常用的绩效管理方法是目标管理法、平衡计分卡法、关键绩效指标法、360 度绩效考核法。

在绩效管理的实践过程中，农业科研单位根据自身实际情况采用不同的绩效管理工具和方法；明确实施绩效管理各个环节的具体时间和期限；明确绩效管理各个环节具体实施的程序和步骤；明确绩效考核结果整理与反馈的步骤和方法。需要将各种绩效管理工具有效结合，灵活运用，扬长避短，实现优势互补。

（四）绩效管理流程

农业科研单位的绩效管理流程由绩效目标管理、绩效管理实施和绩效信息运用三个环节构成，这些环节相互关联，形成了一个相对封闭的人工系统。

1. 绩效目标管理

为了保证绩效管理者客观地评估、监督和衡量绩效，绩效目标应包含绩效项目、绩效指标和评价标准。农业科研单位的绩效评价应遵循科学性、可行性、可操作性等原则，并在此基础上制定出科学可行的绩效评价指标体系。确立和分解农业科研单位的绩效目标，必须以该单位的战略目标为基础，这是一个逻辑上的起点。战略制定与实施离不开科学的绩效评价体系，而绩效评价则要建立在战略目标之上。战略目标是对未来一段时间内组织活动和运营方向作出的一般选择，即从宏观角度预期组织未来发展情况。战略目标规定了组织的根本方向，因此在确定和分解农业科研单位绩效目标时，战略目标则扮演着引领方向的角色。

(1) 绩效目标的设立

在制定绩效目标的过程中，农业科研机构可以考虑将以下三个方面相互融合。首先，需要将经济绩效目标与社会绩效目标有机地融合在一起。农业科研单位的效益应当综合考虑经济效益和社会效益，然而，在追求最大程度的经济利益的同时，也必须充分考虑社会更广泛的利益及技术的广泛传播性。因此，在追求成本、效益、效果等目标的同时，农业科研单位必须高度重视公共产品与服务在公众中获得认可、支持和满意的目标程度。其次，将公益性绩效与创新性绩效相互融合。农业科研单位所提供的服务本质上具有公共性，因此其公益性绩效必须得到有效体现。但是，也必须强调农业科研单位服务的目的在于推动科研的发展，因此也应对科研的创新性进行强调。概括而言，农业科研单位应当更加强调将创新绩效与公益性评价相互融合，以达到更加全面、深入的评估效果。最后，将长期和短期绩效有机地融合起来。农业科研单位的绩效管理是一项长期而稳定的活动，需要注重其长远绩效，以避免在创新活动中出现"政绩工程"和科研资源的浪费，而非仅仅关注眼前的行动或行为。

(2) 绩效目标的确定

农业科研单位在制定绩效目标时，尤其要关注部门、职工个人等因素的介入。如果他们明知不可为而为之，对于对象本身没有足够的认识，那么哪怕任务分解得再明了、再仔细，也只能"照葫芦画瓢"，不能很好地达成目的。只有在绩效沟通与协调中，使员工参与到目标的制定中来，才有利于员工对绩效目标的深入了解与实现。农业科研单位领导和学术委员会将整体绩效目标层层分解，由此形成长、中、短期战略目标，之后再充分讨论农业科研单位短期、中期战略目标的关键指标与标准，在取得一致意见的前提下确定农业科研单位整体绩效目标。按照对不同类别和层次的研究部门提出的特定要求，再将关键权益人在不同分类标准中的诉求进行整合，之后战略高层与研究部门领导、各专业委员会和有关职能部门展开合作，充分考虑研究部门呈现的专业化特征，通过交流讨论取得共识，形成研究部门绩效目标。因此，职能部门绩效目标是战略高层与职能部门、有关研究部门进行探讨、交流，结合研究部门的诉求，以取得共识为前提而产生的。

在制定绩效目标时也要应用良好的目标管理理念，并遵循 SMART 原则，即S（Specific）——明确性；M（Measurable）——衡量性；A（Attainable）——可实现性；R（Relevant）——相关性；T（Time-based）——时限性。

①明确性，即明确地用特定的文字表明将要达到的行为标准。成功团队通常具有共同的特征，即具有清晰的目标，如果目标含糊不清或缺乏有效传达，那么就会使团队及员工行动指南不明，最终以失败告终。

②衡量性，即目标要清晰，不能含糊。应以一套清晰的数据作为目标实现与否的标准。若所定目标无从评价，则很难甚至不能判定该目标是否能如期实现。

③可实现性，即目标是能够被部门、团队及员工所认可接受的。如果强制性地向部门、团队及员工下放目标，那么必然会使执行人在心理和行为方面产生抵触情绪。所以，设定目标是需要付诸实践过程的，应与执行人实际执行力相契合，不能高不可攀。

④相关性，即达到这一目标与其他目标之间的联系程度。如果这一目标的达成对于其他目标的达成没有影响，甚至是无关的，那么各目标间就会缺乏整体联系，即使达成这一目标也没有多大意义。

⑤时限性，即不论完成何种目标，都应设定时间限制。以农业科研单位年初报送上级主管部门的年度责任目标为依据，通过单位与团队负责人之间的充分交流，共同建立每个团队绩效目标并编制绩效计划。

（3）绩效目标的分解

将农业科研单位战略目标逐层分解至研究所、研究室及职能部门，研究所、研究室及各职能部门在此基础上制定绩效目标，然后对绩效目标进行分解，并部署给下一层级课题组，最终到达员工手中，使之成为组织与个人的绩效目标。关键绩效及其考核指标，通常是在对目标进行分解时生成的。在绩效目标和战略目标不符时，绩效管理就会脱离组织战略方向。绩效管理只有建立在清晰的绩效目标之上，才是一种既高效又能达成组织目标的管理手段。

①整体绩效目标。在短期目标方面，农业科研单位绩效管理的重点是优化资源配置效率、健全制度建设和提升员工满意度；在中期目标方面，农业科研单位绩效管理期望以绩效管理为导向，改善农业科研单位内部管理系统建设，进而促

进科研产品产出与提升学术声誉水平。农业科研单位整体绩效目标可以聚焦于完善制度建设、实施目标管理、提高资源使用效率、优化资源配置、扩大高水平科研成果和培养优势学科人才等方面。

②研究部门绩效目标。在短期目标方面，针对研究部门绩效管理，农业科研单位应该强化运行情况监测，提高科研人员科研规范性；在中期目标方面，农业科研单位应该优化研究部门管理、整合资源、凝练研究方向、强化队伍建设和提高科研产出质量等，确保研究部门实现发展目标。研究部门绩效目标分解要符合农业科研单位发展战略和研究部门发展规划，既可以定性表达也可以定量表达，并要注意引导与激励。研究部门绩效目标可以聚焦于研究部门科研质量监测与反馈、绩效考核引领作用、员工决策参与度及满意度、资源竞争力提升及有效融合、科研产出水平及成果转化等方面。

③职能部门绩效目标。在短期目标方面，针对职能部门绩效管理，农业科研单位工作重点是提升职能部门任务完成度与信息公开度，以及增强业务规范性与提升满意度；在中期目标方面，农业科研单位应该提高职能部门服务质量，保障农业科研单位的发展。职能部门在绩效目标分解上注重职能部门间的配合程度、各职能部门的任务落实情况，以及为研究部门和所有员工提供的服务支持。职能部门绩效目标可以聚焦于目标完成度、工作流程优化与规范度、战略贡献度、信息公开度、预算执行度和服务对象满意度等方面。

2. 绩效管理实施

分解出的战略构成了各层级的绩效目标，并要求各层级相互配合。绩效目标若无法有效实施，则无论是在技术还是在方法层面，都不能确保农业科研单位战略目标得以实现。实施绩效目标时，农业科研单位高层领导需统筹各个职能部门，持续调解战略实施过程中存在的矛盾问题，做到定期检查战略实施情况与调整战略实施目标。在这一过程中，找出绩效目标和实际情况的不同，找出战略执行中存在的偏差，及时进行干预，以保证战略执行和农业科研单位的内外环境及绩效目标相协调。下面就绩效管理在农业科研单位的具体实现过程进行探讨。

(1) 绩效计划

绩效计划是绩效管理的前提和关键。绩效管理主体在与管理客体进行沟通后，将沟通的成果转化为正式的书面协议，即绩效计划和评估表的制订过程，以实现工作绩效的最大化。在这个过程中，农业科研单位的管理者和被管理者将就实现绩效目标的过程、方式及所需资源达成一致。实际上，绩效计划即为常见的内部协议，它由绩效管理双方在明确职责、权利和利益的基础上签署，是在一个绩效考核周期内签订的一份关于工作目标和标准的契约。

绩效计划的核心在于明确制订绩效计划的条件或来源，并明确考核的具体项目。拟订一份全面的绩效方案，其内容具体包括目标定位、考核宗旨及考核要求；选定考核主体和对象，建立一套完整的考核指标体系，明确各项指标的项目和权重；选择考核方式和程序。

农业科研单位绩效计划主要基于国家农业和科技文件、上级指示以及本单位所涉及的领域、方向、学科和组织战略目标，同时还包括本单位组织业务流程和工作岗位职责。在制订绩效计划的过程中，管理者和被管理者需要就被管理者的绩效目标和期望达成共识，并特别关注部门、团队和员工个人的积极参与程度。在部门、团队和员工缺乏对目标本身的深入理解的情况下，绩效计划就能协助他们找到正确的方向路径，明确各阶段发展目标。因此，要使绩效计划真正成为一个有效的工具或手段，就必须将专家评议与公众评议、定性考核与定量考核相结合，明确考核周期、纬度、指标及其权重，进一步细化评分标准，从而有效保证评估结果的客观性和公信度。

绩效计划的科学性和合理性需要在不断的正式和非正式交流中得到验证，以确保其在不断变化的环境中始终保持稳定。若绩效计划在执行过程中出现问题，则应及时进行修正和调整，以确保计划的有效性和适应性；若计划本身没有什么问题，但实际工作中却出现了与预期相反的结果，则需要重新修订和完善。

（2）绩效实施

在绩效考核和绩效计划之间，绩效实施扮演着至关重要的角色，因为绩效计划的完成和绩效目标的实现取决于绩效实施，而绩效考核则依赖于绩效实施以提供绩效信息。因此，在整个绩效周期中，绩效实施处于核心地位，它对提高绩效水平具有决定性作用。在绩效管理的全过程中，绩效实施环节是一个被忽视而又持续时间最长的阶段，其实施质量直接影响绩效管理的成效。因此，农业科研单位必须高度重视并加强对农业科研机构绩效实施过程的监控，以确保其顺利进行。

在绩效执行过程中，首要任务是激发研究所、研究部门、职能部门等被评价对象的主动性，以兑现实现目标的承诺。另外，管理层应对研究所、研究部门和职能部门的计划实施进展和完成情况进行指导和跟踪，以确保绩效计划得到充分执行；对实际工作与组织、团队和个人绩效目标之间的差异进行修正和调整，并根据实际情况对绩效计划进行相应调整。同时，管理者必须实时掌握绩效计划执行情况，包括形成绩效的结果、过程和行为等方面的信息，同时收集和记录关键绩效数据资料，以实现信息资源共享，为下一阶段的绩效考核、绩效改进等工作提供连续且有价值的信息。

（3）绩效考核

绩效考核是一种科学的考核方式，它通过对考核对象的工作能力、工作业绩等进行定期和不定期的考核，并运用考核结果来引导考核对象未来的工作行为和工作业绩，从而实现组织的绩效评估。绩效考核不仅能促进科研人员积极地开展科研创新，而且可以为管理者提供准确、可靠的信息支持，从而达到优化资源配置、激发工作人员积极性和创造性的目的。作为连接上下游的核心环节，绩效考核涵盖了考核内容、考核方式、考核流程及考核主体等多个方面。农业科研单位绩效考核是以事业发展为导向，围绕单位战略目标开展的一种综合性评价。对于农业科研单位而言，绩效考核是对其内部科学研究活动的政策、人员、经费、设备、成果和产品等方面进行有效调控，以实现科研活动规模的有效和合理扩展，从而提升科研活动的质量。在农业科研单位的绩效管理中，绩效考核不仅需要全面考虑研究成果，还必须综合考虑机构建设的各种影响因素，以确保绩效目标的实现和绩效计划的有效执行。绩效改进的基础在于对绩效考核结果的综合评估，绩效考核结果还能为组织发展规划提供支持。作为组织管理决策的有力依据，绩效考核不仅在资源分配方面发挥着重要作用，同时也是发现和改进问题的重要手段，最终推动组织和个人实现绩效目标。

在农业科研单位的绩效考核中，需要形成多元化评价视角，包括行政评价和专业评价等，以实现行政和学术、不同类型机构和不同类型人才的分离。对农业科研单位的综合绩效考核主要包括从资源投入和产出的角度评估资源配置效率，比较实际产出和成果与绩效目标的完成度，以及从长期视角评估目标的一致性；研究室的绩效评估涵盖了多个方面的考核，包括人才队伍建设、学科发展建设、人才培养质量及科研规范等；对于职能部门的绩效评估，可以从员工的满意度、工作流程等多个方面进行综合考核；对于行政人员的绩效评估，主要采用定量指标，如职能、岗位和流程等，以评估行政人员定量指标的产出情况；科研人员的绩效评估应当以其专业核心能力为出发点，通过协商和评议的方式，综合运用定性和定量方法，对其能力水平和发展潜力进行全面考核。

通过绩效考核结果与绩效目标的对比，从中找出差距和成因。若是目标制定问题，则要对目标进行修改和调整；若是考核对象本身存在问题，则要进行原因分析和完善。总之，考核过程要保证绩效的有效沟通与反馈。

（4）绩效改进

绩效改进是绩效管理过程中的一个重要环节，绩效改进是指在经过以上三个环节后，应对研究所、研究部门、职能部门和个人绩效的不足之处进行反馈，找出绩效低下原因，提出改进意见和建议，从而提升研究所、研究部门、职能部门和个人的工作绩效和绩效潜能，达到最终提升农业科研单位总体绩效的目的。该过程的成功与否是绩效管理过程是否发挥效应的关键，对绩效管理起着至关重要的作用。

农业科研单位绩效不理想的原因可分为两方面：一方面是个人原因，如创新能力和努力程度不足；另一方面是组织或系统原因，如研究方向缺乏科学性、工作流程不合理、官僚主义现象比较严重等。基于此，农业科研单位应从分析组织或系统原因入手，然后再探究个人原因。员工是解决问题的主要着力点，但是应努力营造以解决问题为核心的氛围，使管理者与员工共同努力消除障碍。要以绩效考核结果为依据有针对性地开展员工培训工作，针对创新能力不足的员工安排专业培训项目，并及时补齐其科研工作能力短板。

3. 绩效信息运用

绩效信息既包括绩效评价结果信息，也包括绩效管理执行过程中各类有价值的信息。对于一个农业科研单位的组织来说，在完成绩效反馈之后，要及时分析与应用绩效信息，具体包括以下四个方面的内容。

（1）战略管理

在农业科研单位战略规划管理中应用绩效考核信息，对目标和结果进行比较，跟踪长期、中期和短期战略目标实施情况及每一时期目标完成情况，并对农业科研单位在战略指导下的运行效果是否符合战略目标进行考核，从而调整战略目标或者完善管理手段。

（2）人力资源管理

首先，应在农业科研单位中建立行之有效的绩效激励机制，创造竞争向上、和谐有效的工作氛围，充分调动机构中各类型人才发挥自我能力的积极心理，从而牢固树立致力于公益科研工作的敬业精神，最终提高组织绩效和增强公益服务能力，推动组织持续发展。绩效考核结果信息可作为决定农业科研单位内设机构调整、人员编制、员工职务与职称晋升、薪酬发放与奖惩等工作的重要依据，还可针对农业科研单位员工绩效考核结果信息状况，为开展岗位培训、职位轮换或制订发展规划等工作提供依据。此外，还应建立合理的惩罚机制，与绩效考核信息相呼应，只有把考核结果与被考核对象的责任追究联系起来，绩效考核才能取得最终的效果，才能真正具有实质性的意义。对于因信息失真、服务低效而对单位产生不良影响及后果的，要开展内部监督及责任追究工作，通过目标管理使考核责任区分层次、落实到人并追究有关责任，以达到对农业科研单位绩效考核监管的目的。

（3）财务预算管理

利用绩效考核信息可对农业科研单位的资金使用效率、预算管理实施及财务运行等方面进行考核，发现问题并对预算实施进行调整，从而强化财务预算管理。通过在农业科研单位预算编制决策中加入绩效考核信息与结果，能够更加有的放矢地进行资源配置，把有限的经费投入对农业科研单位发展产生影响的科研项目建设中，从而实现农业科研单位资源配置的最优化。

（4）组织与个人发展

绩效考核体现了农业科研单位在发展过程中的价值，能够指导科技人员把个人职业规划和组织发展目标紧密结合起来，从而得到更好的发展。将农业科研单位绩效考核结果和个人绩效考核结果所体现出来的信息，同其他类似机构和个人进行对比，就能了解组织和个人在某一领域中的地位和排名情况，再对组织或个人的发展水平与现状进行评判，从而找出差距、求得发展。

（五）绩效管理子系统

根据设计原则、管理内容及管理流程，构建农业科研单位绩效管理子系统，该子系统应主要由绩效考核指标体系、绩效过程管理体系、绩效基础保障体系和绩效目标提升体系构成。

1.绩效考核指标体系

科学、合理的农业科研单位绩效考核指标体系，必须包括农业科研单位成长过程中的全部能力要素，以及能体现农业科研单位业务活动的活力因子及影响因素。总之，既要量化规模的静态数据，也要统计发展的动态数据，从而更好地实现绩效考核的持续性。

（1）绩效考核指标分类

农业科研单位绩效考核指标包括三种类型：一是针对组织、部门和个人绩效目标中能用数量、质量、费用和时间来定量描述的主要绩效考核指标，即业绩性指标。二是为发挥组织、部门和个人的潜能，确定的对绩效有影响的胜任能力考核指标。所谓胜任能力，是指推动组织、部门和个人创造良好工作绩效所具有的多种特性的总和，体现为能够以不同形式展现的知识、技能、个性和内驱力等，胜任能力作为评判组织、部门和个体是否能胜任某一任务的节点，是确定和区分绩效差异的一种属性。因此，胜任能力考核指标属于能力性指标。三是行为性考核指标，如考核组织、部门和个人怎样工作、怎样达到绩效目标和完成绩效计划所采取的做法等。综合而言，农业科研单位应该定量考核业绩性指标，定性考核能力性指标和行为性指标。

通常情况下，农业科研单位对组织、部门和个人的绩效考核指标体系都采用分级设计的方法，具体由一级指标、二级指标和三级指标构成。其中，一级指标为考核维度设定，依据考核对象、考核行为类型进行分类，并对考核基本向度进行规定；二级指标为考核维度细分；三级指标以二级指标为基础，做进一步细化。

（2）绩效考核指标制订

制订考核指标，是有效组织绩效考核、达到绩效管理目标与要求的一个重要前提与基本保障。只有设置合理的绩效考核指标项目、指标权重，才能调动农业科研单位和员工的工作热情，进而实现提高单位整体绩效的目标。

①选定绩效考核指标度量标准。考核指标是对工作进行全方位的评估和衡量，以解决对工作进行何种评价的难题。农业科研单位的绩效考核指标必须遵循科学、合理、客观、标准、透明的原则，以确保效率和公平。同时，还要具备重要性、可测性和动态发展性。因此，农业科研单位需要综合运用定性和定量的方法，以定量为主导，定性为辅助。

在选择考核指标时，需要综合考虑个体指标和团体指标之间的相互关系，以确保指标的全面性和准确性；将内部指标与外部指标相互融合，以达到更全面、更精准的评估；结合肯定和否定两种评价指标，以达到更全面的评估效果；将技术性指标与民主性指标相互融合；将支出指标与回报指标相互融合；将客观指标与主观指标相互融合；将工作指标与业绩指标相互融合。

在选择考核指标时，必须全面考虑多个关键方面，以确保指标的准确性和有效性。首先，确保所使用的指标具有有效性。在提取农业科研单位的绩效指标时，必须以研究部门或职能部门及员工的绩效目标、工作内容和岗位胜任特征为基础信息，以帮助研究部门、职能部门和员工实现绩效目标、改善工作业绩为目的；必须建立一个绩效指标体系，以便及时总结经验、发现问题和不足，并不断改进和提高。其次，指标衡量标准应当具有差异性。对于同一位员工而言，各项指标在总体绩效中所占比例的差异应当被考虑，因为不同的指标对员工绩效的贡献存在差异；另外，不同员工的绩效目标、工作内容和胜任特征各不相同，因此即使有相同的绩效指标，其权重也可能存在差异，这是因为每个岗位的工作重点各不相同。

再次，指标应当具有针对性。考虑到绩效考核的目标、对象和侧重点的多样性，在选择指标时必须以实际情况为基础，以确保指标具有高度的针对性，充分反映被考核对象的性质和特点。

最后，指标要清晰、明确。在构建绩效考核指标体系时，每项考核要素指标均应具有清晰的指向特征、内涵或解释说明，以及必要的计算公式等，考核要素指标文字表述也应精练、直观。

②绩效考核指标制订方法。绩效考核指标可以运用要素图示法，在全面分析的基础之上，把组织、部门和个人所有绩效要素按照所需考核程度进行分档，即"绝对需要考核""比较需要考核""需要考核"，用图表描述绩效考核指标分档类型并作分析研究，以确定所需考核的绩效指标。

职能部门主要采取事先制定好的标准，如过程、产出标准化，或者直接监督等，以此标准进行控制与协调。在战略高层及相关职能部门行政力量的主导下，行政考核主要通过职能、岗位、流程等定性指标对其产出进行评价；具体考核指标包括目标完成度、工作效率、战略贡献率及服务对象的满意度；对研究部门则主要通过专业技能标准化来进行协调控制，学术力量为核心的技术结构支配着学科考核与专业考核；学术考核以专业核心能力为主线，通过协商与评议相结合的形式，将定性与定量方法有机地结合在一起，具体可以从科学研究、学科建设、成果转化、人才培养等多个角度展开；关键绩效考核指标关系到农业科研单位战略目标的实现，因此研究结果的绩效监控尤为重要。在绩效考核中还要注意绩效数据是否真实可信，否则绩效考核就没有意义了。

(3) 组织绩效考核指标的确定

农业科研单位的组织绩效评价指标体系包括科学研究、经济效益、社会效益、人才培养和综合管理。

①科学研究指标。任何一个农业科研单位都要开展科学研究，这是农业科研单位最主要的工作内容，也是最重要的一项工作。针对农业科研单位展开绩效考核时，关键是要考核农业科研单位科学研究的总体情况和实力，同时要兼顾考核农业科研单位的发展潜力，以此有效调动农业科研单位对科学研究的工作热情。一般来说，影响科研的指标主要有科研项目、科研论文和专著、科研成果奖励、鉴定成果、知识产权、专有产品、学术会议等。科研指标在农业科研单位科研绩效中居于关键地位，能够全面反映并共同构成农业科研单位的显性绩效，决定并

影响着农业科研单位总目标的实现程度。

②经济效益指标。农业科研单位实行体制改革后，其科研产出经济效益的高低直接影响其发展程度，同时还直接影响科研投入是否及时、足量，农业科研单位经济效益考核还反映了科研投入产出效率这一客观需求。因此，农业科研单位经济效益考核在农业科研单位绩效考核中占有举足轻重的地位。影响经济效益的指标主要有固定资产增长率、科研经费增长率、经费自给率和科研开发人均收入。科研单位有了良好的回报，经费自给率才会提高，才能提高科研人员的收益。

③社会效益指标。农业科研单位社会效益主要为科研成果产生的社会效益及对三农的贡献，农村科技服务和向政府提出农业发展建议满意度，农业科研机构通过技术转移对农业发展的贡献率等。对社会效益的影响指标包括科技下乡累计人数、培训农业技术人员数、推广应用成果数、推广应用成果效益、示范基地数等，这些指标是国家赋予农业科研单位服务社会和经济的使命。

④人才培养指标。科研人员在农业科研单位中占据着主要地位，也是科研实力与方向的决定性因素。知识与技术发展迅速，农业科研单位要不断学习与更新技术，培养、提高科研人员的数量、质量。在人才培养中起主要作用的指标主要是博士人数比率、高级职称人数比率、业务培训次数、贡献较大者、招收和培养研究生数量，这是体现一个农业科研单位综合实力最重要的内容。

⑤综合管理指标。农业科研单位综合管理虽不是直接从事科研，也没有特定的科研成果与产出，但是它是保持各项科研正常开展的关键环节。高水准的综合管理工作不仅是科研活动效率提升的根本保障，也是开展农业科研单位绩效管理工作的体系保障。在综合管理中影响较大的指标主要有人力资源管理、机构运行机制、财务预算、综合治理等，综合管理指标能否实现，取决于农业科研单位内职能管理与服务部门的建设情况。

（4）研究部门绩效考核指标

科学研究工作的运行过程比较复杂，性质不同的研究涉及不同的工作内容、运行方式、结果与收益。研究部门绩效指标体系具体包括基础研究部门绩效考核指标体系与应用研究部门绩效考核指标体系。其中，基础研究部门绩效考核指标体系就是为探索自然规律和创建新理论提供支持所架构起来的考核指标体系；应用研究部门绩效考核指标体系是支持以经济社会发展为具体应用目的，开展新知识、新方法和新途径的考核指标体系。

①基础研究部门绩效考核指标体系。基础研究部门绩效考核指标体系包括科研资源、科研过程、科研影响等。科研资源主要为人力资源、科研平台、科研设

备、科研经费等指标；科研过程主要为科研执行效能、创新文化建设、科研执行性能等指标；科研影响主要为重大成果奖励、国际信息交流参数、著作、论文收录、论文质量、人才培养、社会影响等指标。

②应用研究部门绩效考核指标体系。应用研究是高新技术发展的重要源头，是实现可持续发展的重要保障。应用研究部门绩效考核指标体系包括科研资源、科研投入、科研产出与效益等。科研资源主要为科技人力、科研平台等指标；科研投入主要为科研项目、经费投入等指标；科研产出与效益主要为论文与专著、成果获奖、知识产权与成果效益、人才培养与社会效益等指标。

(5) 工作人员绩效考核指标

员工绩效考核的特征与功能主要表现在以下三个方面：一是对农业科研单位每一位员工的客观绩效进行考核，使员工对其成就与不足有一个清晰的认识，进而为开展其他科研活动奠定基础；二是为员工薪酬调整、奖金发放以及升迁、调职、辞退等提供依据，有助于农业科研单位更好地制订员工培训和开发计划，并成为考核员工的有效手段；三是持续规范员工行为，调动员工工作热情，激发员工工作潜力，提高农业科研单位人力资源竞争力和较好地完成农业科研单位战略目标。

由于各农业科研单位的人员结构、科研实力及科研管理措施各不相同，对管理人员、专业技术人员和工勤技能人员绩效考核指标应有不同，不同类型的专业技术人员具体绩效考核指标也应有不同。常规科研人员绩效评价的指标体系主要有以下十类。①著作与教材类：专著、编著、教材、译著、科普等；②论文类：SCI、EI、ISTP、ISR等；③科研立项类：国家级项目（重点、一般）、省部级（重点、一般）、市厅级、院所级、横向项目；④科研经费；⑤获奖成果类：国家级、省部级、市厅级、院所级；⑥鉴定成果类：国家级鉴定、省部级鉴定、市厅级鉴定；⑦知识产权类：发明专利、实用新型专利等；⑧成果转化类：专有证书、转化效益等；⑨人才效应类：人才培养、人才奖励；⑩其他。

(6) 绩效考核标准的确定

绩效考核标准，是衡量组织、部门和个人考核评定分级分等的标准，也是在每个指标上要达到什么程度、要解决被考核者如何去做和做了多少的标准。纵观农业科研单位绩效考核的具体做法，由于农业科研专业性强、科技过程复杂、科技成果与产出具有偶然性与外部性、产出效果滞后和农业科研单位非营利性等特点，决定了考核主体往往难以把握农业科研产品或者服务信息，农业科研效益也难以用特定标准衡量，考核往往难以面面俱到。农业科研单位必须对组织、部门及个人绩效作出系统而综合的考核，只有使绩效考核指标具有一个清晰的衡量尺度，才能够提升绩效考核的水准，才能够发挥出绩效管理应有的作用与效果。

绩效考核标准的制订应遵循"定量准确、先进合理、特色突出、简明概要"的原则。所谓"定量准确"，是指凡可以量化的绩效考核指标，应尽量用数量表示出来；所谓"先进合理"，是指绩效考核指标的标准不仅要体现本单位现有的管理与科研水平，而且还要有一定的超前性，绩效考核指标的标准还应是少数组织、部门和个人可超越的，多数可通过努力达到或接近的程度；所谓"突出特点"，是指在制订标准时要强调不同组织、部门和岗位的需要，如在确定普通科研人员及团队负责人"计划能力"指标的标准时就要有所区别；所谓"简洁概要"，是指尽可能采用大众化的语言与词汇，简明扼要地界定、解释绩效考核指标的标准。

（7）绩效考核指标权重的确定

绩效考核指标体系由若干指标因素组成，这些指标因素对考核结果的影响大小即为绩效考核指标权重。确定绩效考核指标权重可采用指标排序法、层次分析法、专家直观判断法，这三种方法既可单独使用，又可综合使用。

①指标排序法，即按所设计考核指标体系中的等级，逐次编制考核指标排序表，专家依据主观判断将指标影响程度从大到小排序，然后按所设计指标排序得出分值，逐次进行等级统计和归一化处理，最后计算各等级指标权重。

②层（级）次分析法，即首先确定一个定量标度用以衡量指标重要程度差异情况，然后根据所设计考核指标体系级次、等级，确定一个用以进行两两比较、判断指标重要性的矩阵，并要求专家将指标比较判断出来的标度值填入矩阵内，经归一化处理、统计计算处理，最后求得指标权重。

③专家直观判断法，即要求专家依据已有的理论，针对绩效考核指标体系中的各等级指标，依据其重要程度直接赋予权重得分，然后用数学平均法将专家得分归一化处理，最后得到指标权重。

2.绩效过程管理体系

绩效管理过程承接了组织、部门、岗位的关键绩效指标，将战略目标层层分解到部门和个人，使部门与个人绩效目标与农业科研单位战略目标保持一致。在实施过程中，要实行绩效管理全过程沟通、改进绩效管理实施过程方法和解决绩效管理运行过程冲突。

（1）实行绩效管理全过程沟通

绩效管理过程由计划、执行、考核和改进四个环节组成，结合农业科研单位绩效管理过程执行力弱的现状，应尤其强调绩效沟通并把绩效沟通作为绩效管理的中心环节，形成基于绩效沟通的绩效计划、绩效执行、绩效考核、绩效改进的绩效管理循环过程。其中，在绩效计划编制过程中，注重组织、部门及员工等各方面的共同参与，联合上级设定绩效目标、考核绩效的衡量标准，同时订立相关绩效计划，以此作为绩效考核的基础依据。绩效执行的过程就是监督与管理组织、部门与员工的绩效情况，并获得相应反馈与支持，以帮助组织、部门与员工消除妨碍绩效目标实现的因素的过程。绩效考核是对组织、部门与员工的工作表现进行检查与评定。绩效改进就是以评估结果为导向，通过奖罚、调整、训练、安置等手段来激励组织、部门与员工。绩效管理中的各个环节共同构成以沟通为主要手段的不间断管理循环，其中一环的终结就是另一环的起点。只有经过不断的循环往复，绩效管理部门才能够在绩效管理的过程中发现问题、找出问题产生的原因，并采取适当的解决措施。可以说，绩效管理循环往复的过程，就是绩效管理水平提高的过程。

（2）改进绩效管理实施过程方法

强化过程管理，坚持以目标为导向、突出过程管理，总结交流好做法、好经验，推动绩效管理扎实开展，确保按时完成目标任务。

第一，战略目标与绩效目标相结合。因农业科研活动的探索性、长期性、风险性、累积性等特征，农业科研单位在制订绩效计划时，应把农业科研单位战略规划与绩效管理相结合，并把长期效益放在首位，切忌片面追求短期成果或者表面效果。如果农业科研单位仅仅注重那些立即看得见的短期成果指标的话，那么必然会严重歪曲和偏离国家农业科研投入的长期战略愿景，最终对全国农业科技事业健康、长远地发展是极其不利的。以科研论文、科研专著为例，仅简单统计其刊行、刊行数量，就会促使科研人员一味追求刊行论文、刊行专著数量，而忽略了对于真正具有科研价值的投入。为此，农业科研单位应结合自身战略目标和绩效目标，给出合适的考核指标和客观方式，以及绩效执行过程中的信息，较大限度地规避农业科研单位短期化的行为趋势。此外，在农业科研单位年度绩效考核中，同样不能仅凭年度绩效而开展考核，而是要看近几年累计的绩效情况。

第二，静态考核与动态考核相结合。鉴于农业科研的投入和产出呈现出不对称性，而且农业科研绩效考核存在一定的滞后性，农业科研单位必须将静态考核与动态考核相结合进行绩效考核。对于农业科研工作而言，静态考核的重点在于对其在一定时间内的各种绩效进行评估，然而，由于农业科研工作的开拓性和复杂性，往往会忽视农业科研工作过程产生的绩效，因此需要分阶段、分时期地跟踪考核农业科研单位的绩效，这也是实施绩效考核时需要注意的问题。

第三，建立和完善绩效管理数据库。为确保农业科研单位绩效考核指标的准确性和可靠性，需要收集和验证相关的考核数据和信息资料，并建立和完善绩效管理数据库。为确保农业科研成果的准确性和可靠性，应建立定期提交和验证机制。在此基础上，通过制订奖惩办法来激励科研人员提高科研能力和水平。确保绩效考核的客观性和公正性，及时核实和纠正出现的偏差和失误，以确保获得真实的考核结果。针对时间跨度较长的绩效考核，必须确保考核指标体系的科学性和合理性，并契合农业科研单位的工作目标，以便及时进行调整和改进，更好地实现绩效考核目标、发挥考核作用。同时，公开考核结果并撰写评价报告，客观提出考核数据、依据、论据和结论，以充分有效地利用考核结果。

（3）解决绩效管理运行过程冲突

在绩效管理体系的运行过程中，将会遭遇许多困难和问题，这些困难和问题的根源可以归结为两个方面：一方面是系统故障，即绩效管理方式方法、工作程序等的设计和选择存在不合理和不得当的情况；另一方面，由于考核者对系统的认知和理解存在偏差，导致绩效管理体系运行不畅。系统的复杂性决定了绩效管理体系中存在着多种矛盾关系，而各种矛盾关系又相互联系、相互作用。为确保农业科研机构绩效管理体系能够有效运行，必须构建责任落实和监督检查机制，推进领导负责制，完善解决冲突的策略和方法，采取有针对性的措施，以确保目标任务能够按时完成。

通常而言，管理者和被管理者之间、考核者和被考核者之间的地位关系不同，并且存在看待问题、权责利害等视角差异，由此便会在绩效管理活动中发生矛盾、冲突。考核过程中，直接主管根据员工的品质、能力、态度及实际表现等进行审视评定，员工则对于自身存在的问题总是疏于检查和自评，反而将关注点集中在外部环境与条件上，并认为绩效表现不佳完全是因为他人原因，如上级主管扶持不到位、同事间合作精神不强、信息得不到及时反馈等。总之，上下级之间存在着认知差异，这是造成双方冲突与矛盾的原因所在。无论是考核者或被考核者，在面谈过程中，双方在自我保护意识的驱动下，常把自己的成功与表现归结为主观因素（如能力、态度和表现等），而把错误与不足归结为他人与客观因素（如领导、同事、装备、环境与条件等）。

此外，考核者和被考核者对绩效目标追求的差异，会引发三种矛盾或冲突。第一，员工自我矛盾。一方面，员工期望获得客观的考核信息，以明确自身在组织中的位置，从中找准未来应努力的方向；另一方面，员工也希望上级主管能给他们特殊扶持，给他们塑造一个良好的形象，让他们获得某种认可或回报。可见，员工需求目标的双重性，已成为绩效管理普遍存在的矛盾或冲突。第二，主管自我矛盾。上级主管对下级考核过程中同样会发生矛盾或冲突。上级主管在按照绩效计划、目标严格考核员工表现时，将对员工的既得利益产生直接的影响，如报酬、奖金、晋升等，如果上级主管对员工的考核呈松散化，那么员工就会拍手称快；反之，就会造成关系紧张。上级主管若无法有效完成绩效目标考核，督促员工改善绩效，则发挥员工潜能的目标亦较难达成。第三，组织目标矛盾。在员工自我矛盾和主管自我矛盾的交互作用下，就会不可避免地带来组织绩效目标与个体既得利益目标之间的冲突，以及组织开发目标与个体自我保护要求之间的矛盾。

员工、主管与组织间的矛盾冲突是不可避免的。为此，必须采取有针对性策略，把握主要矛盾与关键性问题，尽可能及时解决矛盾。首先，在绩效面谈时，主管要坚持行为原则，即用事实说话、用制度说话，要有实事求是和以理服人的态度，克服贬低下属的错误想法，做到心平气和地与员工进行沟通交流。其次，在绩效考核时，应适当地区分过去、现在和未来可能达到的目标，把近期绩效考核目标和远期考核目标区别对待。采取具体问题具体分析的解决策略，有助于消除员工在思想上存在的各种疑虑，使员工减轻包袱、轻装上阵。最后，适当下放权力以鼓励员工积极参与其中。针对绩效管理的各个阶段，上级主管必须简化流程并适当放权。例如，将原主管对员工工作成果进行登记、记录转变为员工自行进行登记、记录，从而提高员工的参与意识及工作责任感，消除员工不必要的自我保护的戒备心理，减轻上级主管的工作负担和压力。

3.绩效基础保障体系

绩效基础保障体系包括四个方面，分别是绩效管理的组织制度保障、绩效管理的组织机构保障、绩效管理文化培训保障和绩效管理信息技术保障。

（1）绩效管理的组织制度保障

农业科研单位组织制度能够指导农业科研单位在组织框架内建立相关制度，构建农业科研单位利益相关者互动的稳定结构，对组织和员工个体行为起到引导、约束和激励的作用，为实现组织目标提供基础制度保障。

①从规制性制度要素维度看，战略高层组织、研究所职能部门和研究部门共同参与制定单位绩效管理规则、岗位设置、薪酬制度、人才选拔制度，并利用强制性机制进行绩效管理与绩效激励实施活动，起到了制度规制性要素——"法"的功能。在实施绩效管理时，应结合实际情况，不断制定绩效考核的有关制度。

②从规范性制度要素维度看，制度价值导向作用至关重要。在绩效考核、绩效结果运用规则的制订过程中，应体现公平正义的价值准则，应充分考虑不同研究所学科背景及专业特点，按照"核定基准、反映差别"的原则构建考核指标体系及制订考核标准。职能部门绩效考核多表现为执行力、满意度调查。绩效激励主要是正向激励，指导员工把个人成长和研究所成长密切结合起来。同时，建立与绩效考核相匹配的实施、管理及监督制度，保证绩效考核结果能及时向相关方反馈并传达，发现并纠正相关工作项目在执行过程中存在的不足，增强评估效果。

（2）绩效管理的组织机构保障

在农业科研单位开展绩效管理活动时，对考核者与被考核者、决策者与管理者、部门职责权限及其相关范围，都要有明确的规定。绩效管理专门组织机构负责并推动建立绩效管理制度、绩效管理实施与监督工作，使领导能够参与其中并统一管理者和职工的思想认识。

①高层管理者。高层管理者主要负责倡导和推动建立绩效管理系统，并在组织层面上确定绩效管理相关政策、引导绩效管理走向。

②人力资源管理部门。人力资源管理部门主要负责管理员工绩效，是组织绩效管理的主要组织者和发动者，负责规划、设计和制定组织绩效管理制度，承担着主要的监管职责，参与组织绩效管理的全过程，并对组织的绩效管理进行全面评估。

③其他业务部门。正确地把握绩效管理的内涵，让员工正确地了解和理解绩效管理，使绩效管理顺利进行；做好工作目标的分配，明确员工完成的工作职责，让所属员工去接受各自的工作目标；准确把握考核指标，并与部门和员工的工作有效性结合起来，维持、完善和提高部门和员工的绩效，增强员工的工作满意度和工作积极性。

④部门主管。作为绩效管理的实施主体，部门主管既对组织绩效管理体系负责，又对员工绩效提升负责。

⑤员工。在组织的绩效管理过程中，作为被考核者的员工，必须承担对组织绩效管理系统有效性的管理责任。如果一个组织的绩效管理系统能够以充分、科学、合理的方式进行设计，并且能够深刻理解员工在工作中的内在需求，那么这将成为员工成长过程中不可或缺的一部分。

（3）绩效管理文化培训保障

实施绩效管理之前，必须为管理者和员工提供全面的绩效管理培训，以提高他们对绩效管理的认知和重视程度，从而降低绩效管理体系设计和实施的难度。

构建绩效管理培训机制。农业科研单位可以通过实施阶段性培训，强化绩效管理者工作意识，提升工作能力。此外，农业科研单位还可以通过对单位员工进行全面的绩效管理体系宣传和培训，使其深刻认识到绩效管理的重要性，掌握必要的知识和技能，明确绩效管理责任主体，明确目标设立原则和考核方式，掌握结果运用方法，降低考核者与被考核者之间产生矛盾或冲突的风险，从而提高考核效能。总之，农业科研单位要根据不同阶段的培训反馈和实际操作中的偏差，及时调整培训目标，以确保培训效果的最大化。

为了使农业科研单位的员工形成对绩效计划、绩效实施过程、绩效监控、绩效评价、绩效反馈和激励机制的符号系统的认知和认同，从而形成对农业科研单位绩效管理文化的认同，必须建立有效的绩效沟通机制。在农业科研单位绩效管理的全过程中，不同层次的绩效沟通相互交织，既向执行者传达上级意图，又向上级反馈执行过程中的问题。因此，通过反复、持续的绩效沟通，员工逐渐形成了对农业科研单位的绩效管理及其文化的深刻理解和认同。这种理解和认同能够形成一种内在的凝聚力，促使员工将其内化为一种自觉的行为，从而推动组织和个体的绩效得到提升。

（4）绩效管理信息技术保障

在信息技术发展与应用的背景下，农业科研单位需要构建以信息技术为支撑的数据信息管理系统，进而有效提升在立项、实施、验收及科研成果转化等方面的信息处理效率，借助权威、翔实的绩效数据，实现全面、客观、公正、准确的绩效管理，保障农业科研单位绩效管理制度的顺利贯彻执行。

数据信息管理系统主要在收集、整理、汇总现有绩效管理数据基础上建立绩效管理基础数据库，并通过集中维护和管理，达到信息共享、资源共享的目的，并为农业科研单位绩效管理体系提供保障，确保绩效管理制度得到贯彻执行。系统软件要求技术先进、功能丰富、方法灵活、标准化程度高、适用范围广、安全性能好，管理、使用和维护方便，既能满足现有农业科研单位绩效管理和应用现状，又能很好地适应农业科研单位绩效不断发展壮大的需要。

4. 绩效目标提升体系

任何一种绩效管理体系都不可能说100％适合某个农业科研单位，也不可能一成不变地适合某个农业科研单位，绩效管理体系是否有效必须在实施过程中进行验证，然后对绩效效果进行分析，建立绩效反馈和奖惩机制，并找出体系中所存在的问题，针对问题采取措施，再对体系进行绩效改进，以此循环，不断完善。

（1）开展绩效效果分析

农业科研单位绩效管理的最终目的是实现组织的战略目标，完成其使命，因此应先从战略目标的实现情况进行分析，然后对绩效管理实施过程进行分析评价，发现绩效管理过程中存在的问题。这样，从结果中发现问题，从过程中寻找原因，进而对不足之处加以改进，促进绩效管理体系的完善。

结果分析是农业科研单位绩效管理体系实施一段时间之后，对组织、部门、个人绩效目标的实现及提升情况进行分析评价。通过对具体数值进行对比分析，看组织目标的实现情况、部门目标的完成情况及员工工作业绩、工作能力及工作态度的提高情况，以此评价实施的效果等方面。

过程分析是农业科研单位绩效管理体系实施一段时间之后，对管理者、员工感官上的认识和体会情况进行分析。如管理者、员工对于绩效管理实施过程的满意度评价，对于绩效管理在各方面的作用大小的评价，或者管理者、员工对于绩效管理过程四个环节中具体行为的感触。这些方面都可以通过设计调查问卷，进行客观调查分析。

（2）建立绩效反馈机制

建立一套行之有效的农业科研单位绩效反馈监督机制，是提升绩效目标的重要手段。绩效反馈主要通过考核者就被考核者在考核周期内的绩效情况进行面谈，在肯定成绩的同时，找出存在的不足并提出改进建议。绩效反馈的目的是让组织、部门和员工了解自身在本绩效周期内的业绩是否达到预定目标，行为态度是否合格，使双方达成对考核结果一致的看法，如有异议向上级组织提出。同时，考核者要向被考核者传达上级组织的期望。通过绩效反馈发现组织、部门运行和员工在科研、管理服务工作中存在的问题，双方共同对下一个绩效周期的目标进行探讨，寻找结果与目标的差距，明确解决问题和消除差距的办法，形成一个绩效合约，并切实地加以解决，最终实现农业科研单位整体战略目标、各部门及个人的绩效目标。事实上，绩效反馈不仅用于考核之后，重要的是还融入了农业科研单位的日常管理中。

由于农业科研单位的主管单位和考核单位的不同，绩效考核的中间过程肯定会造成数据的失真，因此，在考核过程中应建立有效的信息反馈机制，对考核数据的准确性起到有效的检测作用。考核者将搜集到的考核数据反馈给被评估科研单位，不仅可以对考核数据进行再次核查，还可以防止评估者造成疏漏。若被考核农业科研单位认为数据有误，则可根据一定的程序进行申诉，从而提高考核的准确性。考核结果在最后呈交主管部门之前，也需要将结果报告反馈给被考核方，听取意见后再作处理，农业科研单位的人力资源管理部门要建立起完善的有关规章制度，及时根据考核结果，对相应的机构及有关人员采取必要的奖励与惩罚措施，真正发挥考核的作用。

（3）建立绩效奖惩机制

农业科研单位绩效考核结果的奖惩直接影响科研单位下一轮绩效管理的实施。要充分发挥农业科研单位绩效考核的积极作用，必须重视同步构建有效的奖惩机制。将农业科研单位的绩效水平与预算划拨结合起来，建立一套行之有效的绩效奖惩机制。根据绩效考核结果，对总体表现好的农业科研单位，在今后预算分配上加大支持，给予激励，使其做得更好，促其能够完成更高的战略目标。根据考核结果，对存在问题的农业科研单位，则采取惩罚措施，监督其改正，使其工作得以改进。对考核结果不佳的农业科研单位，要减少预算支持甚至关停并转。农业科研单位承担的科研项目大都会持续几年，甚至更长时间才能进行结题或显示出具体的经济效益，不同领域、学科间的差异又会使得情况变得更为复杂，这就需要与绩效考核相配套的奖惩机制综合考虑整体情况，从更加全面的角度制定奖惩机制，避免因为对某些院属单位或研究部门进行表彰奖励而给那些尚未产生科研结果但意义重大的院属单位或研究部门以不公平的待遇。

农业科研单位绩效奖惩制度的建立，不可忽视机构内部人员的重要作用，坚持以人为本的理念，因此要建立兼顾机构内部人员发展的激励机制。奖惩机制效果并不理想的原因除了本身内容存在不完善，还因为人们在观念上仍将绩效考核作为对个人的监管和束缚，这就造成一种抵触情绪。事实上，实施绩效奖惩机制，是要实现个人和科研单位的共同进步与发展，只有个人的科研能力得到最大限度的发挥，农业科研单位才能真正实现良性发展，因此在完善奖惩机制的过程中，建立个人发展规划将有利于突出个人在农业科研单位发展中的地位，增强科研人员的主人翁意识，使绩效评价变为提高个人能力的有效手段，降低抵触情绪的负面影响。

较为完善的各项规章制度，不仅降低了农业科研单位的管理成本，也为科研活动提供效率保障，科研人员可以安心进行科研活动，集中精力进行创新实验，充分发挥个人能力和潜力。制定并公开农业科研单位工作人员考核、培训、晋升、调整等方面的相关政策信息和评判标准及依据，帮助工作人员进行个人职业生涯规划，明确个人在组织和部门未来发展的前景和进步空间。农业科研单位内部也会形成良性的人员循环机制，避免科研活动因为人员年龄、专业、职务级别等方面无法衔接而出现问题，从而也会将人情等不确定因素的影响降到最低。

（4）提出绩效改进措施

农业科研单位需要通过绩效效果分析和反馈，针对存在问题采取相应措施，确保完成总体绩效目标。

首先，农业科研单位要重视科研项目的引导和资助方向，做好科研项目立项工作。由于不同科研项目的研究目的、研究方法和研究成果不尽相同，因此要重视科研项目与现实农业科技发展和经济社会发展的需求相结合，要协调好基础性研究与应用研究及实验研究之间的相互协调以及各种类型项目立项和资助的比例。确定中长期发展研究规划，确定重点引导和扶持项目及研究领域，适当增加对重点科研方向和科研项目的资金、技术及人才支持力度和投入比例，确保科研项目的顺利进行和按时完成。同时，科研项目的立项申请和审查过程要尽量组织同行专家对申报审批的项目进行评价，包括对项目的科研意义、研究目标和预期结果、经费预算及科研人员构成等方面，评选出符合要求的项目，并且为确保农业科研单位科研项目选题与资助的准确性，优化科研经费及其他科研资源的配置，重点、优先支持一些有较高学术创新价值、对区域经济和社会发展能起一定推动作用的项目。也要从技术、市场及潜在成果转让的角度强调加强应用性科研项目立项的成果转化率。

其次，农业科研单位要重视科研成果推广和转化的过程。科研成果推广和转化在一定程度上，反映了科研立项与实际需求的结合程度及科研成果的科研学术水平。农业科研成果的转化和推广，不仅包括各个学科领域之间成果的相互转化和扩散，也包括科研成果在农业生产、研究等领域的直接应用。也就是说，农业科研成果转化、推广所实现的经济价值需要多个环节的相互配合和共同努力，这也是对农业科研单位与政府、企业、中介及农户间合作关系的考验。

再次，农业科研单位要完善科研资金管理与科研投入机制。首先，要保证科研投入的力度，并充分发挥人力、经费等科研资料的作用，提高其利用效率，降低成本，切实提高农业科研单位科研效益。同时，在对绩效考核结果进行分析汇总的过程中，不仅要综合分析农业科研单位整体效益，还要兼顾农业科研单位的科研能力和潜力，注重分析总体指标的情况，也需要具体分析各项二级指标、三级指标的情况。对定量指标的分析，除注重数值本身的变化，还有综合考虑其变化的特点环境背景，这样才能较为全面地对考核结果进行分析汇总，同时才能从根本上找出考核结果反映的问题产生的原因，也只有这样才能更有针对性地进行改进。

最后，农业科研单位要重视提高科研产出效率。要根据不同农业科研单位的学科特点，有重点、有规划、有针对性地增加获奖成果，发明专利、实用新型专利、版权、著作权和授权品种等知识产权数量，推进动植物品种、农业机械、兽药、农药、肥料、添加剂等专有证书等指标的实现与发展情况。对科研人才的引入、培养和科研激励都能有效地提高农业科研单位的科研能力，也有助于提高科研产出的间接效益，不断提高科研实力。为实现提高农业科研单位科研效率和效益的目标，不仅要从整体绩效的角度对农业科研单位进行有针对性的政策指导，还要为各内设机构效益提出具体、有效的建议。

（六）绩效管理体系评估

在实际开展农业科研单位绩效管理的过程中，诸多因素的影响经常会使绩效管理产生一些偏差，影响科研绩效管理预期目标的实现，对农业科研单位的发展起到负面作用。因此，需要对绩效管理体系进行评估，论证或检验农业科研单位绩效管理效果是否科学、可信。

1. 绩效管理体系评估内涵与分类

（1）绩效管理体系评估内涵

农业科研单位绩效管理体系评估是以已有的绩效管理活动及结果为对象，从整体上多视角地进行反思和认识，进而对其可信度（可靠性）和有效度（功效性）作出客观、科学、全面的评价结论，即对绩效管理体系进行再评价。

绩效管理体系评估一方面是以绩效管理体系为对象的独立评估，具有一般绩效管理的结构与功能；另一方面绩效管理体系评估是以绩效管理体系为基础，对绩效管理体系进行的再评估，是农业科研单位绩效管理过程中非常重要的环节。

（2）绩效管理体系评估分类

①根据评估主体的不同，绩效管理体系评估分为两个层次。第一层次是内部绩效管理体系评估。被评估对象就是绩效管理的实施者，评估重点是分析农业科研单位绩效管理的风险及其对科学研究造成影响的不同程度。第二层次是外部绩效管理体系评估。实施者一般为行业协会和政府，评估的重点是针对整个农业科研系统的安全性和稳定性而进行的宏观监管。

②根据被评估对象的不同，绩效管理体系评估分为两大类。第一类是对绩效管理模式的评估。这类评估是结合农业科研单位绩效管理对象和管理内容，以定量分析为主，对农业科研单位绩效管理理论、功能、结构、方法的科学性进行分析和评价。第二类是对绩效管理活动的评估。这类评估以定性分析为主，针对评

估的外部环境对农业科研单位绩效管理活动的影响进行评价，以及各界对农业科研单位绩效管理的反馈信息等进行分析和评价。

2. 绩效管理体系评估方法和内容

(1) 绩效管理体系评估方法

为了检查和评估农业科研单位绩效管理体系的有效性，通常可以采用以下四种方法。

①座谈法。通过召开不同人员参加的专题座谈会，可以广泛地征询各级管理人员、考核者与被考核者对组织、部门和个人绩效管理制度、管理工具、工作程序、操作步骤、考核指标和标准、考核表格形式、信息反馈、绩效面谈、绩效改进等各个方面的意见，并根据会议记录写出分析报告书，针对当前农业科研单位绩效管理体系存在的主要问题，提出具体的调整和改进的建议。

②问卷调查法。有时为了节约时间，减少员工之间的干扰，充分了解各级管理人员和下属对组织、部门和个人绩效管理系统的看法和意见，可以预先设计出一张能够检测系统故障和问题的调查问卷，然后发给相关人员填写。采用问卷调查的方法，有利于掌握更详细、更真实的信息，能对特定的内容进行更深入、全面的剖析。

③查看工作记录法。为了检验绩效管理体系中考核方法的适用性和可行性，可以采用查看各种组织、部门和个人绩效管理原始记录的方法，对其作出具体的评价，如考核的结果是否存在着集中趋势、过松或过宽偏误、晕轮效应等。再如，通过查看各个农业科研单位的奖励记录，可以发现绩效考核被利用的程度；通过查看绩效面谈的记录，可以发现绩效面谈中存在的问题等。

④总体评价法。为了提高农业科研单位绩效管理的水平，可以聘请农业科研单位内外的专家组成考核小组，运用多种检测手段，对组织、部门和个人绩效管理体系的方法、结构、功能、方案、组织实施、结果和效用进行总体评价。通过对上述诸方面的深入探讨和剖析，可以揭示农业科研单位绩效管理体系中存在的各种问题，从而为农业科研单位绩效管理体系的调整提供客观的依据。

(2) 绩效管理体系评估内容

绩效管理体系评估内容包括绩效管理模式和绩效管理活动两部分，对绩效管理模式的评估主要评估科研绩效评价的理论基础、框架体系、结构与功能、方法体系和监控机制；对具体绩效管理活动的评估主要评估科研绩效的评价方案、组织实施、评价结果和效用。具体如表 3-4-1 所示。

表 3-4-1　农业科研单位绩效管理体系评估的内容

类别	指标	评价内容和要求
绩效管理模式的评估	对绩效管理理论基础的评估	运用辩证唯物主义观点,厘清农业科研单位绩效管理的价值主体、客体及其尺度,科学把握其内容、要求和关系,其本体论和认识论研究具有深刻性与合理性
	对绩效管理理论框架体系的评估	农业科研单位绩效管理的原理明确合理,其理论框架科学完备,理论正确适用,概括性强
	对绩效管理结构与功能的评估	农业科研单位绩效管理的结构具有组织统一性,从准备阶段到计划、实施、考核、改进、应用开发等各阶段之间协调一致,能够充分发挥合乎各种情况和层次需求的功能
	对绩效管理方法体系的评估	农业科研单位绩效管理方法科学、合理,满足各个环节的需要,方法体系完善,方案科学可行,信息搜集准确可靠,信息处理方便、全面
	对绩效管理监控机制的评估	农业科研单位绩效管理有良好的监控机制和导向功能,能够较好地控制、调节和自我完善,以实现系统目标
绩效管理活动的评估	对绩效管理方案的评估	(1) 农业科研单位绩效管理对象明确; (2) 农业科研单位绩效管理目的正确明了; (3) 农业科研单位绩效考核标准合理,依据充分,表述清楚,其指标体系的结构和内容体现管理的要求,界定清晰,权重分配恰当; (4) 农业科研单位绩效管理工作的计划周密得当,安排合理; (5) 选用的农业科研单位绩效管理方法科学可行,评价信息的搜集、分析处理方法得当,量表科学、可操作
	对绩效管理组织实施的评估	(1) 农业科研单位绩效管理的组织机构健全,职责明确; (2) 农业科研单位绩效管理的领导机构和成员对绩效管理的组织领导得力,指导思想正确; (3) 农业科研单位绩效管理人员能履行职责,协调一致,按照方案的要求,正确运用绩效管理工具客观公正地实施考核; (4) 农业科研单位绩效管理运行中各种信息的传递手段、方法和渠道顺畅,获得信息真实、准确、及时; (5) 被评者对绩效管理的认识正确、态度积极、主动配合,提供的资料完备

续表

类别	指标	评价内容和要求
绩效管理活动的评估	对绩效管理结果和效用的评估	（1）农业科研单位绩效管理结果可靠、有效，通过对考核信息采集和处理过程的分析，并结合抽样复核认定评价较高的信度和效度； （2）农业科研单位绩效管理结果解释合理，结论恰当，被评科研组织或个人对绩效考核结论认可； （3）农业科研单位绩效管理奖惩功效发挥较好，对被评科研组织或个人有促进作用； （4）农业科研单位绩效管理有较好的实用性和适时性； （5）农业科研单位绩效管理在时间、人力和财力上的投入合理，社会反响好

（3）绩效管理体系评估程序

①确定评估要素。为了能对农业科研单位绩效管理体系实施进行有效评估，首先要确定评估的要素。在评估要素的确定中特别需要注意：首先要选取直接影响农业科研单位绩效管理体系实施结果的要素；然后要设置与农业科研单位总体战略有关的要素，最好确定一些能反映农业科研单位总体发展情况的要素。农业科研单位根据自身情况对这些关键评估点进行分解，分别选择确定要素对绩效管理体系实施具体的评价。

②制定评估标准。评估标准是依据评估要素而制定的，农业科研单位绩效管理体系的评估标准作为理想预期值用来和实际情况进行对比，主要包含定性评估标准和定量评估标准两种。绩效管理体系评估标准必须能够与农业科研单位的历史状况进行比较，与竞争对手进行比较，或与国内外先进农业科研单位比较。为保证对绩效管理体系执行的有效评估，要确定一些关键衡量比率，使绩效管理体系的执行容易操作；同时，评估基准还应当适度地保留一定范围的幅度和弹性。

③实施科学评估。开展科学的农业科研单位绩效管理体系评估主要向各下属机构公开与明确评估目标、评估指标、评估主体、评估标准、评估方法、评估程序、评估周期、评估结果、评估使用等全程信息，开展有效的评估沟通；要加强对评估主体培训，提高评估技术水平，确保结果准确；要注重绩效管理实施信息系统的建设，全面、及时地提供评估相关信息，以更好地实施对农业科研单位绩效管理体系的评估。

④建立反馈系统。反馈就是农业科研单位绩效管理体系的实际评估结果与相关主体沟通汇报。要完成农业科研单位绩效管理体系实施的评估，必须要有一个完整的可以及时进行反馈的系统。该系统能够从绩效管理体系实施的具体部门和个人获得实施状况的信息，并迅速地传递到实施评估部门。评估部门可以将从实施现场所反馈回来的实施结果与评估标准进行对比、评估。

（七）绩效管理体系调整

在农业科研单位绩效管理体系的实施过程中，当通过的评估发现绩效管理体系实施结果与绩效管理体系制定目标存在一定偏差时，就需要对绩效管理体系进行调整。

1. 绩效管理体系调整的原则

农业科研单位绩效管理体系的调整需要遵循一定原则，这些原则是绩效管理体系顺利调整的保证，主要包括整体性原则、适时性原则、超前性原则和必不可少原则。

一是整体性原则。农业科研单位绩效管理体系在进行调整时，要充分考虑绩效管理体系的系统性，认识到绩效管理体系的调整可能会牵一发而动全身。因此，绩效管理体系的调整要针对需要调整的部分，将其放到农业科研单位战略管理整体之中进行整体性思考，从系统的角度制定农业科研单位绩效管理体系的调整方略。

二是适时性原则。农业科研单位绩效管理体系调整时，为了保证及时性，可以对绩效管理体系进行滚动调整。将绩效管理体系分为几个执行期，当第一个执行期结束时，就按照执行的结果对以后执行期的绩效管理体系进行修正。按照执行期进行体系的滚动修正，可以避免当绩效管理体系出现严重问题时才进行修正，造成代价太大，甚至无法修正而被迫放弃的情况。

三是超前性原则。农业科研单位绩效管理体系的调整与绩效管理体系的制定一样，同样需要超前性，也就是绩效管理体系的调整不仅是在对绩效管理体系实施结果进行评估出现问题后才作调整，而是应该根据预判各种影响农业科研单位绩效管理体系实施因素的变化，进行事前调整。事前调整要比事后调整更为经济、有效，是农业科研单位绩效管理体系调整发展的方向。

四是非必不可少原则。不要为调整而调整，这是对农业科研单位绩效管理体系调整特别重要的要求。绩效管理体系的调整环节并不是绩效管理体系实施过程中一个必不可少的环节，只有通过事前预判体系实施环境确实可能出现重大转变或评估环节发现绩效管理目标难以实现，或农业科研单位环境的变化使绩效管理目标的实现成为无意义的行动时，调整环节才出现在体系的实施过程中。

2.绩效管理体系的调整方法

农业科研单位绩效管理体系的调整方法主要有战略刺激方法、纠正活动方法和应急计划法。

（1）战略刺激法

农业科研单位绩效管理目标在实施过程中常常会由于管理层对日常事务的关注，而出现短期行为，使目标无法顺利实施。面对这种短期行为，需要采用战略刺激法加以克服，也就是制定绩效管理实施成果的评价标准和奖励制度。评价标准不仅要和体系实施的阶段性成果联系在一起，而且要和长远的发展相联系，以确保绩效管理体系实施的整体效果和长远目标。

（2）纠正活动法

纠正活动方法是在农业科研单位绩效管理体系实施中，通常采用的纠正偏差方法。该方法在应用中分四个阶段进行：确定阶段目标、收集实施信息、分析在内部条件和外部环境因素影响下农业科研单位绩效管理体系实施的偏差原因和提出解决偏差的方法。

（3）应急计划法

在农业科研单位绩效管理体系执行中，由于外部环境因素的不可控，往往会遇到一些事先难以预料的突发事件，对体系的实施产生各种威胁。此时，就需要启用事先准备好的应急计划。这些应急计划是事先假设某些关键因素发生变化时，如何进行处理的临时替代计划。有了这些替代计划，就可以有条不紊地使农业科研单位绩效管理体系继续正常地执行下去。

3.绩效管理体系的调整主要内容

在对农业科研单位绩效管理体系进行调整之前，必须对绩效管理体系实施过程中所发生的问题进行全面的、深刻的分析，找出问题发生的原因及其对体系实施所产生的影响程度，然后才能确定如何对绩效管理体系实施进行调整，并具体明确绩效管理体系的调整内容。

（1）绩效管理体系的整体调整

农业科研单位内外环境出现重大变化，比如农业科研单位总体发展战略出现重大调整，或者在对正在实施的农业科研单位绩效管理体系的评估中得出现有的绩效管理体系已不能适应农业科研单位发展需求的结果时，就要重新制定新的绩效管理体系。此种调整实际上就是进行新一轮的绩效管理体系，一切工作从头开始。

（2）绩效管理目标的调整和修正

农业科研单位的内外部发展环境及总体发展战略变化不大，只是在对现有绩效管理体系的评估中发现了诸如已经完成了绩效管理目标等问题时，才对原有农业科研单位绩效管理体系中的目标部分进行调整。对绩效管理目标的调整主要从两个方面进行：一是调高或调低目标；二是增加或删减目标。

（3）绩效管理体系的方案调整

当农业科研单位的内外部发展环境及总体发展战略变化不大，只是在对现有绩效管理体系的评估中发现了实施方案存在较大问题时，调整的内容才是对原有绩效管理体系中设计方案部分进行调整。这主要从三个方面进行：一是调整设计方案中实施的工具和手段；二是调整设计方案的工作流程顺序；三是调整设计方案的绩效考核指标、绩效过程管理、绩效基础保障和绩效目标提升体系。

第四章　农业科研单位科研团队与建设研究

本章主要从科研团队建设概述、农业科研团队的特点、团队领导力与团队精神研究、推动创新团队建设四个方面介绍了农业科研单位科研团队与建设研究。

第一节　科研团队建设概述

一、科研团队的相关知识

（一）科研团队的定义与内涵

科学技术的发展、科学问题的研究越来越社会化，科学研究的集体性、开放性给科研管理带来了挑战，以往研究小组的组织形式难以适应新的变化和挑战，而强调集体智慧的团队运作则适应了科学研究的变化和要求。

1. 科研团队定义

科研团队就是将科学技术的研究及开发作为主要的工作内容，它主要的构成群体是高等学校及科研单位里的研究人员，这些研究人员总体人数较少，彼此的技能可以互相补充，并且一起为相同的科研目的、目标、工作方法奋斗、努力，积极承担着自己的社会责任。

2. 科研团队内涵

科研团队就是一些技能可以互相补充并且能够为科研目的承担责任的科研人员在同一情境下就单个或者一组科学问题进行研究。科研团队和其他的团队一样，有相同的奋斗目标、会共享知识，行为之间具有联系，心理有较高的相容性等。除此之外，也有不同于其他团队的特征。和企业中的科研人员进行比较，科研单位里的科研人士所做的研究，最主要的目的就是"为科学而科研"或者"为职称而科研"，这就导致他们对科研成果在市场里的实际使用前景考虑得不够，对市场的观察和了解还需要加强。除此之外，科研单位里的科研团队主要进行基础研究及应用研究，但企业的科技创新团队会积极开发、研究新的设施和工艺、产品等，大学里的科研团队则依靠一些基础理论进行创新。

（二）科研团队的类型

按照不同的分类标准，科研团队可以划分为不同的类型，也呈现不同的特点。

1. 按科研活动的纵向流程分类

科研活动是任何旨在增进已有科学知识并予以实际应用的系统的、创造性的工作。按科研活动的纵向流程可划分为以下三类科研团队。

（1）基础研究型科研团队

此类团队以认识自然现象、探索自然规律、促进科学知识的增长为主要任务，以提出新概念、新定理、新定律和新理论等的学术论文为成果的主要表现形式。基础研究型科研团队注重研究成果的学术价值和研究活动的自由性与非功利性。一般来说，研究周期较长、风险较大，研究成果的市场应用前景难以预测，但若取得突破性成果则可对科学技术领域产生广泛而深远的影响。此类团队从事的是原始性创新。

（2）应用研究型科研团队

此类团队是以提高人类改造客观世界的能力，达到具体实际应用的技术发明和创新为主要任务。此类团队承担的课题在科学、技术、生产体系中居承上启下的地位。一方面是将基础研究中的理论成果转化为某一特定领域的技术原理；另一方面将应用研究和发展研究中提出的一些基本理论问题反馈给基础研究。此类团队研究成果的主要表现形式是提出新技术原理的论文和发明专利。应用研究型科研团队注重研究的实用性、课题的可规划性及研究周期的适中性，计划管理较严密，方案、途径一旦确定，通常不宜做大的变动。

（3）发展研究型科研团队

此类团队以开辟新的应用，生产新的材料、产品和装置，建立新的工艺、系统和服务，并对原来生产地和建立的上述各项进行实质性改进为主要任务，成果的主要表现形式是与生产实践紧密结合的新产品、新技术、新方法、新流程，或对现有的样品、样机进行本质上、原理上的改进。发展研究型科研团队所承担的课题通常是面向社会经济或企业生产的，研究的针对性和计划性较强，研究周期较短，相对其他两类科研团队来讲，获取成果的成功率较高。

2. 按研究所涉及的学科分类

按照科研团队研究所涉及的学科，可分为以下两类科研团队。

（1）单学科科研团队

科技创新团队的研究项目仅涉及某一学科的知识，团队成员来自同一学科。此类型科研团队成员间具有共同的研究基础，在科研活动中基本没有学术上的沟通障碍。一般来说，人文社会科学及理科的从事基础研究的科技创新团队大多数是单学科的。

（2）跨学科科研团队

科研团队的研究项目涉及多学科的知识，由具有不同学科背景的科研人员为达到共同的科研目标而组建科研团队。此类团队成员在科研活动中（合作过程中）存在着语言、研究方式与方法及价值观念等方面的交流障碍。跨学科科研团队的形成主要由研究项目的性质决定，由于课题涉及的问题较为复杂，单一学科难以解决，往往需要来自多个学科领域的科研人员组成团队，共同完成课题任务。一般来说，从事应用研究和发展研究的团队大多是跨学科的。

3. 按其他标准划分的类型

（1）学术大师或领军人物聚集型科研团队

在该类团队的形成与发展过程中，组成系统的各要素以某一极具人格魅力的学术大师或领军人物为核心加以集聚。由于该类团队是在个别人的影响下形成的，我们也可将其称为"人员主导型团队"。

（2）任务或项目驱动型科研团队

该类团队的形成与发展主要是因为一项特定的任务或项目需要一批人协同作战和攻关，从而挑选合适的人员，以目标为导向组合而成。

（3）以平台为依托的科研团队

这种类型的团队在组建时以平台为依托，通过充分利用和发挥平台的效能，力求在特定的研究领域或特定的问题上有所突破。

（三）科研团队的作用

1. 激励科研人员

工作团队可以创建出良好的工作氛围让员工积极投身工作中。这种工作气氛会给那些敷衍工作的人带来压力，促进他们为了团队的整体荣誉而努力工作。研究证明，个人在其他人在场时的工作成效比独自一人时更好。团队工作多样的任务能够提升团队成员对工作的满意程度并使其保持较为积极的工作状态。

2.提高科研成果的产出率

科学研究越来越复杂，在这种情况下，科研人员仅靠自己很难取得高质量的研究成果，毕竟个人的知识及能力无法全面覆盖各个领域，即便是科研机构的管理者，也无法全面了解科研运作的各个方面，这些都使科学研究以团队形式进行运作成为必然。团队运作形式可以很好地提升个人的生产能力及工作效率，并且还能产生一种协同的效应，减少其因走不必要的弯路而耽误时间。

3.促进对共同目标的承诺

团队积极鼓励科研人员将自己的个人目标与集体目标结合到一起，融合升华成为整个团队的工作目标。团队中暗含的社会压力也使成员之间互相督促、帮助，完成他们的共同目标。以团队的方式进行工作，可以加强团队成员间联系的紧密程度，全方位提升了成员的工作气氛。可以说，团队规范不仅能够激励成员获得更好的工作成果，还可以营造出高效、积极的工作氛围。

4.提高科研人员的归属感

人最基本、基础的一个需要就是归属感，每个人都希望自己归属于某个组织或者机构，成为其中一员，并因成为此组织的成员而感到自豪。团队可以构成组织，在此意义上也可以说一个人最终还是归属于一个团队。科研人员成为科研团队的一员就获得了自己的归属感，这样心里才会踏实，不会因为"失群效应"而难以发挥自身的才能。

5.增进团队沟通

团队需要成员彼此配合才能很好地完成工作，这就使成员间的沟通加强。科研团队是具有自主性的团队，它能够给成员提供很多的权利及更高的自由度，而享受了这些的成员也就肩负起了更多的责任。科研团队就是将知识、技能可以互补互助的成员聚集到一起工作，提高团队内部成员间的依赖程度和沟通频率。

6.促进科研人员个人成长

员工需要进行技能训练，这可以使团队成员在工作时彼此帮助，互相弥补彼此的不足。工作扩大化的训练可以培养成员的技术能力及决策、人际能力，促进科研人员的进步与成长。

7.协调人际关系

团队产生的最主要原因就是达成组织的目标，科研团队也不例外，它能够组成就是为了完成科研任务、项目，为了使团队更加稳健地发展，就需要制定一些规范来管理科研人士的行为及彼此之间的关系，进而成为一个实力强劲的科研团体。团体的规范有明文规定的，需要需要需要需要也有约定俗成的。只有团队内部和谐、稳定，才能提高科研效率。

二、科研团队建设步骤

高效科研团队建设的步骤与一般高效团队建设的步骤一样，具有共性但也有独特的地方。科研管理是对知识生产过程中的社会活动的管理。它不同于其他管理，科研活动具有较大的灵活性和不确定性，科研管理是对以探索性、创造性为主的脑力劳动的管理，工作过程中出现的问题也是难以被预测的。针对这些方面，一个良好的科研团队建设应该注重以下六方面的内容。

（一）制定团队的发展目标

制定团队的发展目标以完成明确的科研目标为依据。科研团队的建设首先要明确研究方向和目标。团队成员应共同商议并确定一个科研方向，明确研究的目标和内容。研究方向应与团队成员的专业背景和兴趣相匹配，同时要关注国家和社会的重大需求。明确的研究方向和目标能够指导团队成员的工作，提高工作效率和研究成果的质量。

（二）人才的层次

一个团队并不是由几位非常优秀的人组成的，好的科研团队既要有能够带领团队前进的优秀带头人，也要有擅长技术和其他工作的科研人员。团队在选取科研成员时要选有德行、有能力、有潜力的人，要选取有合作意识和创新精神的人。

团队中的人才层次应合理、和谐，保证团队中人才的稳定性，这样有利于工作的稳步开展；要制定合理、高效的激励措施，给人才一种归属感和认同感，以纺高素质人才外流。除此之外还要注意，就算这个团队具备了人才的层次性，也要坚持团队内部的平等、共享，避免出现前者侵占后来者权益的现象。

（三）分工合作

每一位科研人员都应该了解课题组、研究室短期和长期的课题目标及研究任务，在团队中找到属于自己的位置，担负起自己的责任，这样团队的管理效果才能更有效地呈现出来；另外，还应该明确怎样完成小组的任务，定期开会商讨，积极促进小组任务的完成。

（四）团队文化建设

无论一个科研团队规模是大还是小，想要长期、稳定地发展都离不开团队文化的建设。就算不具备系统性的团队文化，几条基本的团队精神也是非常必要的。如果团队的工作氛围暮气沉沉，科研人员的个人力量、能量就很难融为一体，成员间彼此推卸责任，项目也就很难获得成功。凝聚力对一个团队的和谐发展具有重要作用，团队的文化氛围差，科研人员就很难在一些重要的问题上达成共识，团队会出现高度的和睦交往，低度的团结一致的现象。

在人为因素占比很大的科研项目当中，更要关注团队精神的积极力量。人需要精神来支撑，科研也是如此。团队内部具备牺牲、敬业、合作精神，更有利于优秀团队的形成及发展。

（五）建立良好的沟通机制

在科研中，会经常出现研究接口问题。但是有些科研项目要结题，要审核，还会经常出现对项目研究内容的更改要求等，在这些时候，没有良好的沟通方式将导致更复杂的问题发生。建立成员有效沟通机制，才可使团队管理工作走向良性循环。

（六）制度建设

俗话说"不以规矩，无以成方圆"，要建设良好的科研团队和长期的公关合作，制度建设是必不可少的。高效的科研团队需要有严格的规章制度和较高的治理标准。

1. 采用工作责任制

如果团队分工不清，人员责任不明，互相推诿，那么什么时候才能搞好工作？所以要明确规定某个人在某个项目中的具体责任，并且尽量稳定地持续下去。

2. 完善激励机制

团队内工作成绩十分突出的成员应该同时获得精神和物质的收获，而工作成绩较差或者出力太少的员工则应该受到惩罚，将科研业绩与评优、职称晋升、培训等结合起来。另外，既要在工作中让每个成员承担一定的压力，又要在生活中多关心、多照顾科研团队成员，让大家都能感受到团队的温暖。

3. 制定平等交流的制度

平等也应该作为一种制度而制定下来。很多时候，课题组或研究室一说到"老师说的"，那就好像是对的，这极大地影响了研究生的积极性。在学术问题讨论上，要民、主要平等，不做学霸不搞"一言堂"，充分调动每个成员的积极性。

4. 完善实验室制度等

良好的实验室管理制度为科研工作的顺利开展提供保障和支撑。值得注意的一些问题：可以经常组织一些团队集体活动，增强团队成员之间的沟通意识；建立学习型科研团队，课题组或研究室成员经常在一起交流研究进展；培养和鼓励成员独立做研究，让他们尽量发挥潜力。

三、科研团队绩效管理

科研团队是团队工作中比较特殊的一种，其绩效管理既有一般团队的共性，又有其特殊性。

（一）科研团队绩效管理的特点

科研团队的共同特点是：一是团队成员学历高、能力强。科研团队成员普遍具有高学历，经过一定的实践后，成员主持和参与相关领域项目研究的能力普遍较强。二是科研领域日渐宽广。随着科技水平的普遍提高和技术需求的不断发展，科研团队所涉及的研究领域，不断向与行业相关的基础与应用相结合的领域拓展。三是科研工作具有风险性，投入与产出比很难被测算出来。

因此，科研团队的绩效管理有其特殊性：一是团队融合存在较大障碍。科研人员往往较多专注于自己的日常工作，对自身学术地位有较强的权威意识，对别人的质疑难以接受，这些特点可能让他们在专业领域能较好地潜心研究并有所成就，但这也可能成为科研团队融合的障碍。二是科研思路创新和科研能力提升存在认知壁垒。科研工作要求不断创新，研究思路的创新是关键。但科研团队的研究思路往往主要依赖于领导者个人的知识积累和判断，容易造成研究思路跟不上实际需求的现象。同时，一些团队成员担心传授知识和技术会危及自身的地位，不愿把自身知识和技术作为科研团队的共有财产而传授于人，既禁锢了自己也贻害了团队。三是科研成果的评价与成员的利益诉求容易发生冲突。研究成果是团队成员共同的结晶，但在成果评价时往往倾向于领导者或某些个人，很难完全做到按技术贡献和工作实绩的大小来进行评价。团队成员对评价结果的认可程度会对后续的工作热情和研究动力产生影响。

（二）科研团队绩效管理的问题

1.绩效测评的维度难以确定

测评维度就是项目中被用来评价团队绩效高低的一些要素。通常情况下，团队绩效的测评维度有定性和定量两种。而在实际运用中，科研团队的绩效评价很难被把控。举例来说，大的项目一般由多个子项目组成，这几个子项目分别由不同的科研人员操作完成，虽然一些成员完成的项目个数并不多，但这几个项目是大项目的核心部分，这种情况使用定量法并不合适；还有一种情况就是很多子项目在主项目中的作用只是辅助作用，但它需要完成的工作量却非常大，这时使用定性法也是不合适的。所以在选定科研团队的绩效测评维度时应该认真思考，慎重选择。

2.绩效测评的指标难以细化和量化

如果说测评维度是从宏观方面确定考核因素的话，那么测评指标就是具体的、细化的、可操作的考核内容。理论上，指标越细化，越能反映团队成员的工作业绩，越具体就越有可操作性，越能体现公平性，但实际操作中却很难做到。例如，一个科研项目的最终成果是一本著作或一篇论文或一份报告，那么如何设置测评指标才能不失公平，才能使每位成员的劳动成果得到全面、准确的反应呢？是以团队成员完成内容的字数还是撰写的具体部分在整体研究中的重要程度？如何做到测评指标与团队成员的自我评判相符合，工作业绩与报酬相符呢？这是一个重要而困难的问题，需要团队领导者权衡各方利益和工作业绩来作出决定。

3.绩效测评的过程很难做到公平、合理

公平体现为纵向公平和横向公平。纵向上，科研团队的成员会比较不同时期业绩测评的结果；横向上，成员会比较同一团队其他成员的业绩测评结果。而合理是指团队成员的工作能力及工作价值是否能得到真实的反映，这本身就很难找到足够客观的标准。

4.绩效测评难以形成相对稳定的运行机制

一个相对稳定的测评机制可以持续发挥对科研团队成员的激励作用。但实际上，科研团队面临的课题及项目在多数情况下都是完全不同的，此项目的考核方式、考核标准不一定适用彼项目。而且，根据科研事业发展的需求，研究项目和内容及标准和要求也要与时俱进地进行调整，这都给科研团队绩效评价增加了难度。

（三）科研团队绩效管理的建议

1. 确立团队的愿景和目标

建立明确的团队愿景和目标是打造高绩效科研团队的第一步。共同愿景是团队存在的基础，也是团队开展工作的前提。科研工作一般周期较长，目标较为长远、宏观，在确立科研团队目标时，可从两个方面着手：一是根据研究所的战略目标确定科研团队目标，再对目标进行阶段性分解，使每一个小目标都具体、生动，以增强团队成员达成目标的信心；二是团队成员就目标进行广泛讨论，达成共识，增强成员对团队目标的认可度和接受度。

2. 营造良好的沟通氛围

科研工作特别需要团队合作，而合作需要通过有效的沟通来进行。有效的沟通能使团队成员迅速掌握各种信息和技术，从而使工作绩效得以提升，目标得以实现。营造良好的沟通氛围，必须在团队成员间培养相互尊重的自觉意识，当意见产生冲突时，应冷静下来，多听取对方的不同观点，求同存异，最终化解冲突，使问题得到圆满解决。营造良好的沟通氛围，还必须建立科研团队与外界组织畅通无阻的双向沟通渠道，使彼此清楚工作进展及资源需求，从而增强团队的科研实力。

3. 建立客观、公正的绩效测评体系

科研团队的特性使其在衡量成员的工作绩效时，无法采用与其他独立劳动者工作绩效相同的衡量方法。科研团队的贡献难以在短时间里转变为具体的成果，所以科研团队的绩效测评涉及多个方面、维度，关注短期成效的同时也不能忘记长期的效益；既要聚焦工作的成果，也要关注工作的过程、能力等要素；既要注重单独成员自身的绩效，也要注重整个团队的绩效。仅关注单独个人的绩效会使团队之间产生激烈的竞争，削弱合作性，甚至会牺牲掉整个团队的利益；当然也不能只重视团队的绩效，这样就会有一些成员自身不努力，以团队的成果为自己的成果。科研团队的绩效测评主体也应该多元化，将定性与定量的考核方式结合起来。定量指标应该获得大部分成员认可并且切实可行；定性指标则可以使用360度评估模式，它的评估主体是上级、主管之外的团队成员以及使用科研成果的内外部客户，目的就是对团体及单独的每个成员都作出全面的评价。

4. 建立富有竞争力的薪酬机制

完善的奖酬体系应该是激发团队取得更高业绩水平的保证。科研团队的薪酬

设计应该遵守"对内具有公平性、对外具有竞争力"的原则。不管是经济性的报酬还是非经济性的报酬，它最终的目的就是刺激员工的创造能力及团队合作精神。所以在设计薪酬时，就要以科研团队对组织作出的贡献为基础来进行首次分配，然后再在成员绩效的基础上进行二次分配。物质方面的奖励可以将取得的成果转化为提成，精神方面的奖励可以给成员晋升、表扬，或者分派一些具有挑战性的工作。团队的领导者可以给表现优秀的科研人员一些荣誉称号，也可以给科研成果署名。这些奖励可以提升成员的成就感、荣誉感、价值感。

第二节　农业科研团队的特点

一般认为团队具有四大特点：一是要有共同的目标；二是成员技能互补；三是成员要相互沟通、协作；四是成员要共同承担责任。

在此基础上，国内学者进一步对科研团队进行了定义：科研团队以科学技术研究与开发为内容，一般由一个或者多个相关课题的研究人员组成。这些研究人员以课题为纽带而被联系起来，属于典型的问题解决型团队，团队成员之间的分工、约束比较明确，在专业上具有较强的协作特征。科研团队中的科研人员应该能自我管理并且愿意为共同的目标而承担各自的责任。科研团队里的权力即影响力主要来源于专业的影响力，决策权掌握在拥有专门知识的成员手中。科研团队的结构是扁平式的，强调人人平等。农业科研团队所具备的特点具体体现在以下几个方面。

一、团队以保持行业领先地位为目标

每一个农业学科团队都会有比较稳定的单个或者很多个研究方向，研究的整体方向会在团队开始成立的时候确定，与团队的科研定位相符，在很多年的沉淀积累后，具有一定的行业影响力；或者它以生产需求和学科发展为依据，在之前就具备的研究基础上开拓全新的研究方向。农业这一学科团队的主要目标就是，以研究方向为中心进行科学研究，并且将科技的成果成功转化，然后可以将其应用到农业生产中，解决农业面临的现实问题，获取科研突破，使研究方向持续领先。

二、团队成员知识层次高，需求强烈

农业学科团队成员大多都是高学历、高素质、高技能、创新型的知识型人才，自身拥有深厚的知识底蕴，同时掌握相关领域的专业知识和技能，能够独立开展科学研究，工作能力普遍突出。另外，其主要从事较强探索性和创新性的科研工作，工作自主性和独立性更强，规章制度难以约束，工作过程难以监督，工作成果难以横向比较，团队成员的主观能动性对工作绩效的影响更大。

与普通团队成员相比，农业学科团队成员在自我需求上有其特殊性，除工资高、福利好、工作稳定等保障性的低层次需求外，团队成员也很重视归属、尊重、自我实现等高层次需求。一是对工作本身比较看重，希望从事与自己能力相匹配的科研工作，希望团队研究方向与个人研究兴趣相吻合。二是有强烈的个人成长和成就需求，对知识增长、技能提升和信息交流的需求更为迫切，希望团队为个人成长、潜能发挥、理想实现提供平台条件，同时希望科研业绩获得同行认可，本人拥有较高的学术地位。

三、团队成员相对稳定

团队内部成员的能力素质以及他们对团队作出的长期的努力，对团队目标的达成具有很重要的影响，团队成员之间的互补有利于优势学科的发展进步，还有利于创造出新的优势学科，如果团队里缺少重要的成员，那么优势学科也可能逐渐失去它的优势。而农业科研单位的学科团队，具备工作岗位稳定、竞争压力较小的优势，团队成员的稳定性较强，即便如此，团队的工作氛围、晋升机制等不够合理也会造成人员的流失，高素质人才流失对学科的发展影响巨大。

四、研究方向明确且相对稳定

研究的方向确定之后便具有长期性和相对的稳定性，这是原创性的科研成果提出的客观要求。

五、对学科带头人要求较高

科研团队的带头人在业务上应是学术带头人，能把握研究方向；在管理上要扮演教练和后盾的角色，能为团队提供指导和支持。

六、可持续的竞争优势

高素质的科研队伍、先进的设备、完备的资料和信息资源，以及良好的学术氛围、健全的规章制度、健康的人际关系，这是保证科研团队生存和健康、持续发展的前提条件。

七、注重团队学习

当前科技发展迅速，变化极快，信息、知识量飞速增长，为了适应迅速更迭的外部环境，最主要方式就是持续学习，充实丰富自己的知识量，学习更新自身的思维模式及观念。

八、团队维持时间长

由于农业科研周期较长，需5—8年才能培育出一个品种或产出一个成果，需要团队成员精诚合作多年，比生产型、管理型团队维持的周期要长。

九、团队成员技能的互补性要求高

农业科研单位以基础研究和应用研究为主，工作地点从田间到实验室，工作内容从简单的农事操作到复杂的生化实验，工作跨度大，需要人员结构更加合理，对成员技能的互补性提出了更高的要求。

第三节　团队领导力与团队精神研究

一、团队领导力

（一）领导与领导力

领导工作包括五个必不可少的要素：领导者、被领导者、作用对象（即客观环境）、职权和领导行为。领导的本质是影响。领导者通过影响被领导者的判断标准，进而统一被领导者的思想和行动。

总体上，"领导"的概念从名词的角度来看是：指挥、激励下属（被领导者）

完成特定目标的人。从动词的角度来看，领导是对一个组织集体设置目标以及实现目标的活动施加影响的过程。

1. 合格领导者的特质

最好的领导应该是不被员工感知到存在的，合格优秀的领导应该具备以下六个方面的特质，因为这六个特质的英文都以 P 开头，所以称其为"领导的 6P 特质"。

（1）领导远见

领导者应该明确未来要向哪一个方向发展，应该告知下属自己想要达成的目标，然后引导鼓励下属向梦想前进。只要下属有需要，领导就应该及时出现，就像彼得·德鲁克（Peter F.Drucker）所说："优秀的经营管理和平凡的经营管理有一个不同，那就是优秀的经营管理能够取得长期和短期的平衡。"[①] 在制定领导远见的时候，同时必须要有领导的目标来进行配合。优秀的领导者应该也是一个方向的制定者。

（2）热情

领导者要对自己的职业和工作充满热情，优秀的领导既对自己的未来信心十足，还能够激励下属对工作的热情。一个领导如果不具备上述能力，那么就说明他不具备成为领导的资格。领导的工作热情无法被代替，也难以被量化，但其可以在无形中促进企业任务的完成和目标的实现。

（3）自我定位

领导要明确自己的身份以及这个身份应该背负的责任。领导要牢记自己的定位，持续学习、不断进步，给自己施加压力并且化压力为动力。

（4）优先顺序

优秀领导者的一个特点就是能够明确地判断处理事务的优先顺序。领导者要想提高领导绩效，就必须有所取舍，在有限的时间和资源范围之内，决定到底先做什么，这就是优先顺序的思维方式。领导者应当能决定自己需要什么，而且能决定应当放弃什么，这两个决定具有相同的重要性。也许决定放弃什么会比决定要做什么更难，但是领导者需要这种勇气和智慧。

（5）人才经营

领导者应该相信，无论是上司、同事还是下属都是一个组织可以依赖的资源，都是组织的绩效伙伴。但是，人员也可能成为组织的负担。领导者需要识别人才并善用人才，发挥他们的才干。

[①] 姜法奎，刘银花．领导科学 [M]．2 版．大连：东北财经大学出版社，2006：278.

（6）领导权力

自古以来，领导和权力是密切相关的。领导能力包含着领导风格的因素，也包含着权力的因素。所谓"权力"就是一个人影响另外一个人的能力。权力的关键是依赖性，领导者对谁有很强的依赖性，反过来他对领导者就有很大的权力。权力须与领导者个人的魅力结合起来。

上述的六个特质是成为一个合格的领导者必不可少的。请记住这句话：真正的领导者不是天生的，而是奋斗出来的，而且通常是自己奋斗出来的，即领导者自己造就自己。

2. 领导者影响力内涵

组织行为学理论认为，领导的核心是影响力，影响和改变他人心理和行为的能力是有效领导的关键。领导者影响力，是指领导者在被领导者的思想意识中产生的一种外在的心理影响与行为能力，作为影响和改变下属行为的一种力量，既是实现有效领导的重要因素，又是提升领导能力的前提条件。

领导者影响力主要分为五类，即法定权、惩罚权、奖励权、专长权和个人影响权。前三种为权力性影响力，是由领导者所处的地位决定，是由上级组织赋予个人的领导权力，具有明显强制性，时间和范围都有一定的局限性；后两种为非权力性影响力，由领导者个人的品质、道德、学识、才能等方面的修养在被领导者心目中形成的形象与地位决定，表现为被领导者对领导者的敬佩、信赖、认同和服从等心态，它取决于领导者本人的素质和修养，无法由组织赋予。

对于领导者来说，权力性影响力和非权力性影响力都是不可或缺的，但后者在领导者影响力方面是更长期与持久的因素，对领导行为效果能产生重大影响。"居高声自远，非是藉秋风"，品德高洁、人格高尚、能力高超，其影响力自能传之久远。领导者要在正确行使职权、提高权力性影响力的同时，不断完善自我，提高非权力性影响力。

3. 领导力概念

领导力是引领组织前进的能力，是影响他人积极行动的艺术。也就是说，领导力是怎样做人的艺术，而不是怎样做事的艺术，最后决定领导者领导力的是个人的品质和个性，即非权力性影响力。领导能力是把握组织的使命及动员人们围绕这个使命奋斗的一种能力。领导者是通过其所领导的人的努力而成功的。领导者的基本任务是建立一个高度自觉的高产出的工作团队。领导者的成功不是自己专业能力的成功，而是通过他所领导的人、所感召的众人去实现他的目标。像爬珠穆朗玛峰那样不是他自己爬上山顶就行，而是要感召别人。领导者的基本任务就是建立一个高度、自觉的高绩效高产出的团队。

我们所说的领导力不是用制度或者命令来约束一个团队，而是要让大家自觉地、高效率地实现高业绩目标。这个时候领导者要建立沟通之桥，就是通过沟通的方式让大家追随领导者，被领导者感召。

4. 领导力的层次

国内著名的管理大师、领导力专家林正纳先生把领导力分成三个层次，分别是个人领导力、团队领导力、面对组织和外界变化的变革领导力。其中，个人领导力还可以划分为以下五个层次，也就是说，个人领导力的提升包括五个层次，这五个层次的进阶过程实际上也是一个人的修炼过程。

（1）领导力的第一个层次：职位

当领导者进入这个层次时，就开始踏上了培养领导力的进程。大部分的人都认为职位是体现领导力的最高表现，一个人的职位越高其领导力越高。其实这只是领导力的开始，因为在这个阶段，人们是靠权力去领导他人。人们之所以跟随领导者是因为他们不得不听从领导者，但领导者的领导力是被别人赋予的。

如果一个领导者只能用权力去指挥、调度他人，那么整个团队往往会士气低落，效率低下，团队成员只会做自己该做的事情而不会付出额外的努力，并且领导者无法发挥出团队真正的潜力。如果长期待在这个层次，那么领导者会开始慢慢习惯使用权力去让别人屈服。但每个希望成为出色领导者的人都必须从这一个层次开始。当然，要达到这一个层次，领导者也必须要有一些出色的个人能力与经验，毕竟领导者要有足够的能力从一群人中脱颖而出，最终才能被委任一个领导者的职位。

（2）领导力的第二个层次：认同

人们之所以跟随领导者是因为他们认同领导者。关系是这个层次的关键词。当领导者要从第一个层次进入第二个层次的时候，领导者要学习如何与团队建立良好的关系，如何真正发自内心地去关心他人。当进入这个层次，领导者才开始走向真正的领导者。往往这时候领导者要负担起建立良好人际关系的压力，领导者将肩负更多的责任，要对其团队负责任，因为团队不再因为职位而跟随领导者，他们跟随领导者是因为领导者这个人本身。

当然，如果领导者在这个层次真正做好的时候，其得到的回报也是丰厚的，团队会更加地团结，有更高的生产力，每个人都更加热爱自己所做的事情，团队的工作效率会是第一个层次的几倍。

（3）领导力的第三个层次：生产

人们跟随领导者是因为领导者能做出成绩、产生效益。人们希望跟随成功者，希望进入行业里的龙头公司。当领导者不断做出成绩的时候，不用去宣传自然会有人要跟随。当领导者故步自封、犹豫徘徊的时候，人们不会来找领导者，甚至那些曾跟随领导者的人也会一个个离开。

（4）领导力的第四个层次：立人

人们跟随领导者是因为其可以培养他们成为想成为的人。如果领导者是一个很好的第三层次领导者，那么其会开始建立信誉度和品牌。虽然这个阶段有生产力，但生产力还是很低下。所以领导者需要开始学习如何培养他人从而进入第四个层次。把自己会的东西传授给他人，让他人也可以和领导者做同样的事情，这样就可以倍增领导者的生产力。

要进入这个阶段的前提是领导者必须做好第三个层次的工作。很多人希望教别人怎么做，但自己却没有做到，这时候就会碰到一个信誉的问题。第四个层次是生产力最高的阶段，领导者的组织开始有各种各样优秀的人才，这些人才和领导者团结在一起，每个人都发挥出自己的潜能，每个人在领导者的带领下都在不断地成长。与此同时，他们也在培养他们的属下，建立起同样的组织文化与行为习惯。所有的一切都是因为领导者在第三个阶段设立了一个好榜样，同时在第四个阶段领导者无私地培养了他们。

（5）领导力的第五个层次：巅峰

人们跟随领导者是因为人们敬仰领导者的所作所为。当把第三、第四个层次要做的事情做得足够好的时候，领导者和其组织会影响并培养更多的人才，领导者将赢得更多的信誉，并将会自动来到第五个层次。

（二）提升领导者在团队建设中的领导力

领导者在团队建设中扮演了三种角色。一是导演角色，在团队建设中不仅要为下属搭建一个施展才华的舞台，也要实时督促和指导员工按照自己指明的方向前进；二是教练角色，团队领导者就像一位教练，他不是为被教练者解决具体问题，而是利用教练技术反映学员的状态，让被教练者主动察觉自己的状态和厘清自己的目标；三是掌舵者角色，一个团队的一路行程就像一艘大船行驶在茫茫大海，面对不可预知的挑战和苦难时，需要一位具有远见卓识的领头人指引这个团队闯过难关。可见，领导者在团队建设中的地位举足轻重。团队建设的一个关键问题就是通过如何正确地发挥领导者的作用来最终实现团队的发展。

1. 领导者应明确岗位职责

领导者的定位是：贯彻者、组织者、管理者、协调者，做员工的表率与道德模范。

（1）将自己定位为"服务人员"

在"团队创造企业价值"越来越明显的今天，领导者与被领导者更应该是一种互相依赖的工作关系，即被领导者依赖领导者科学的领导和管理创造个人绩效，领导者更依赖被领导者竭诚协同工作来创造团队的整体绩效。现代企业认可领导者的标准不再是领导者个人怎样，而是领导者领导的团队怎样。要实现这样一个目标，领导者就应该多为下属着想，多为他们创造更好的工作条件和更多的发展机会，即多为下属提供"服务"。

（2）平衡单位与员工的关系

领导者是连接单位与员工的桥梁，一个合格的领导者应该对单位和员工"双向"负责，通过带领团队为单位创造绩效，并在创造绩效的同时合理地为员工谋福利。

（3）采用"和缓"的交流方式

安排和检查下属的工作是领导者的职能之一，但需要注意方式、方法。我们知道，人都有一种被尊重的需要，作为领导者，工作中要有意识地尽量淡化上下级差别，采用建议或商量的方式来安排工作一定会比命令更有效；采用晓之以理，动之以情的方式指出下属的过失或不足一定会比斥责更管用。

（4）少考虑自己多考虑别人

作为领导者，需要有一种高尚的思想境界，要多为单位、团队和下属着想。当部门利益、个人利益与单位利益有冲突时，要优先考虑单位的利益；当个人利益与下属利益有冲突时，要优先考虑下属利益。

（5）正确对待上司、下属和自己

作为中层领导者，需要"敬以向上""宽以对下""严于律己"。

2. 领导者发挥在团队建设中的作用

针对领导者执行力差，甚至出现的"亲友团"领导层的现象，应该尽量避免。领导者的选拔应该是能者上，庸者下，领导者要具备团队建设能力、学习能力、细节管理能力、执行力、流程管理能力和绩效管理能力等六个方面的具体工作能力，既涉及战略层方面的问题，又涉及具体操作方面的问题。领导者在团队建设中必备的能力有以下五个方面。

（1）团队建设能力

增强团队的团结意识，发挥团队的整体效能，是一名领导者应具备的基本能力。"火车跑得快，全靠车头带"，一个企业的团队无论大小，工作做得好坏，关键在领导者，因为领导者是这个团队的核心。领导者作为所在团队的负责人，不仅要有强烈的责任感、事业心和大胆创新的精神，更重要的是要在自己部门、系统内部形成一种民主的气氛，让大家畅所欲言，把各自的潜能发挥出来，使大家的智慧凝聚在一起，形成整体的合力。

（2）学习能力

领导者自身整体素质的高低，对团队建设的发展起着决定性作用。因此，作为领导者，必须强化自身素质，加强学习。首先，领导者应加强业务学习，提高自身的理论素质，增强把握全局的能力；其次，要适应复杂多变的市场形势，提高自己的决策素质。作为一名领导者，在谋事布局上要站得高、看得远，跳出小圈子，站到全局的高度去看待周围的一切事物。针对上级的指示，要"吃透"精神，结合实际深入调查研究，树立超前意识，精心谋划组织，作出正确的决策。

（3）细节管理能力

老子曾说："天下难事，必作于易；天下大事，必作于细"。[①]一心渴望伟大、追求伟大，伟大却了无踪影；甘于平淡，认真做好每个细节，伟大却不期而至，这就是细节的魅力。一个人的价值不是以数量来衡量的，成功者的共同特点就是能够抓住生活中的一些细节。

（4）执行能力

对于一个成功的团队，最重要的是团队的执行力。领导者的能力将直接决定这个团队整体的执行能力。领导者的核心点是管理，通过有效管理，经过计划、组织、实施、控制、反馈、改善等管理环节，最终实现组织的所有目标。确保执行力的有效实施，完善执行体系的细节等，这些都只有通过管理才能实现。

（5）绩效管理能力

绩效管理是一个完整的系统，是以目标为导向，以绩效指标为标准，进行过程控制并取得预期结果的一个螺旋式上升的动态循环过程。这个过程包括绩效目

---

① 崇贤书院.《道德经》200句[M].北京：文化艺术出版社，2018：180.

标的明确、绩效实施、绩效评价、绩效改进等四个阶段，着重考虑绩效目标和绩效指标的建立过程。

3. 提高领导者影响力的方法

（1）全面开发领导者权力的来源

法定权、惩罚权、奖励权、专长权和个人影响权，它们都是领导者影响力的基础，需要着重开发。领导者权力的其他来源是指部门间相互依赖、信息控制和应对不确定因素等，在许多组织里，部门间互相依赖是领导者权力的一个重要来源。

（2）建设性运用自己的职位权力

法定权力决定个人在组织中的地位。高水平的领导者在运用其法定权力上是颇下苦心的，较注意检讨自己的领导方式是否有不当之处，这是因为他们认识到个人的领导方式通常会影响个人行使其法定权力。领导者可用法定权力来影响其下属，反过来下属也可使用他们的法定权力来影响领导者。

（3）多方提高自己的个人影响力

领导者可采取诸如参加培训、向专家学习、参与专题研讨会等措施以使自己拥有胜任本职工作所必需的专长权力，成为被下属认可并被下属当作榜样的领导者，就拥有了较大的个人影响力。

（4）把权力交给更适合的下属去运用

这点有三层意思：一是可以分散权利主体，靠一人智慧不如集众人智慧；二是通过分权、授权来实现权力的部分下授；三是要有胜任受权者来接受下授的权力。

（三）农业科研团队领导力提升的特殊要求

农业科研团队领导力是农业科研团队领导者在特定的情境中吸引和影响科技人员与利益相关者以持续获得团队竞争优势并实现团队领导绩效的综合能力。

根据农业科研工作的特殊性，农业科研团队领导力提升须着重考虑提升七个方面的能力：引领经济社会转型的能力、把握发展机遇的能力、创造发展空间的能力、追求自我完善的能力、创新文化塑造的能力、科技资源整合能力和科技协同能力，具体如下。

①对于农业科研团队来说，首要问题是处理团队战略方向与创新型国家战略需求之间的关系。因此，农业科研团队应着重对团队外部的政治环境需求和现有科技领域结构进行分析，以便及时将竞争战略转向有吸引力的科技领域上。

因而，在如今必须依靠自主创新提升国家综合国力和核心竞争力的时代，农业科研团队领导者根据建设创新型国家需求进行战略定位的能力越强，团队领导力越高；在我国必须加快转变经济发展方式的时代，农业科研团队领导者通过科技创新引领和促进经济社会转型和发展的能力越强，团队领导力越高；科农业技团队领导者洞察科技发展方向和爆发点、把握发展机遇的能力越强，团队领导力越高。

②对于农业科研人员来讲，目前科研人员的典型特征是自我实现需求、独立性和自主性很强，渴望专心开展科研工作，而且农业科研队伍年轻化趋势明显；另外，压力大、心理健康水平较低，学术道德缺失、学术腐败现象导致有失公允的事件发生。

因此，在"70后""80后"逐渐成为科研主要力量的背景下，农业科研团队领导者为广大科技人员创造发展空间和优化科技平台的能力越强，团队领导力越高；在科技道德伦理缺失、风气日益浮躁的背景下，农业科研团队领导者追求自我完善和塑造团队创新文化的能力越强，团队领导力越高。

③科技竞争与合作，归根到底是对科技资源的竞争与合作。对于农业科研团队领导者来说，可以以团队优势资源整合外部资源，也可以通过战略联盟来创建新的科技合作体系，积极创造条件以实现内外优势资源的整合与利用。因此，在全球化竞争越来越激烈，科技整合越来越普遍的背景下，农业科研团队领导者整合科技资源的能力越强，团队领导力越高。

④团队协作是提升农业科研团队竞争优势的关键，因此农业科研团队领导者的科技协同能力越强，团队领导力越高。

二、团队精神

（一）团队精神概述

所谓团队精神，是指团队成员为了团队的利益与目标而相互协作、尽心尽力的意愿与做法。简单来说，就是大局意识、协作精神和服务精神的集中体现。团队精神的基础是尊重个人的兴趣和成就，核心是协同合作，最高境界是全体成员的向心力、凝聚力，反映的是个体利益和整体利益的统一，保证组织的高效率运转。

团队精神的内涵：团队精神的形成并不要求团队成员牺牲自我，相反，挥洒个性、表现特长保证了团队成员共同完成任务目标，而明确的协作意愿和协作方式则使其产生了真正的内心动力。团队精神是组织文化的一部分，其中管理文化扮演着重要的角色。如果没有正确的管理文化，没有良好的从业心态和奉献精神，那么就不会有团队精神。

1. 团队精神的实质

①在个人对待组织的态度上，团队精神首先表现为组织成员对组织具有强烈的归属感，即对组织的认同和忠诚。人总是希望自己在社会中有一个确定的位置，以获得物质上和精神上的满足，这就是归属感。它首先表现为对组织的认同。组织成员把组织视为"家"，强烈地感受到自己是组织的一员，将自己在社会中的位置具体定位在所在的组织，认识到组织为自己提供了工作、学习、生活、社会保障所需的条件，自己的命运与组织休戚相关，并且把自己的前途与组织的命运系在一起。在处理个人利益、目标与组织利益的关系时，归属感又表现为组织成员对组织的忠诚。组织成员采取集体利益优先的原则，个人服从集体，愿意为集体的利益尽职尽责，作出贡献；组织成员相信、支持组织的目标，并把自己的个人目标融于组织目标之中，以组织目标为重，自觉为了实现组织的目标而尽心尽力，努力工作。

②在对待团队事务及工作的态度上，团队精神表现为组织成员具有强烈的责任感和奋发向上、积极创新的敬业精神。组织成员把组织事务视为自己的事，不仅尽职尽责而且积极主动，充满活力和热情，全方位地投入，创造性地工作，表现出锲而不舍、孜孜以求的恒心和坚定、积极的作风。

③在组织成员相互之间的关系上，团队精神表现为成员之间的相互协作及友好联系，即一种亲和意识。现代化大生产流程式管理的特点决定了生产必须井然有序，人们在工作中互相依从、互相服务、密切配合。同时，为了实现共同的目标，还要求人们相互之间有理解、有信任。亲和意识就是在此基础上产生的一种爱人、仁慈、和谐、互助、团结、合作、忍让、自尊、互尊、相互承认个人价值、懂得人际关系和谐的重要性、互相关心的意识。

2. 团队精神的基础

团队管理看重的是团队的宗旨、价值，认为掌握了团队价值观和信念宗旨的人能够完全主动地提出无数具体的规则和目标。团队管理的价值性体现在关注人精神的满足，而真正的团队精神应挥洒个性、表现特长。树立个性意识，鼓励个性发展是形成团队理念、塑造团队精神的前提和基础。树立个性意识，就是注意到个人是自由的，能够自主地支配自己。团队精神是以人的充分解放和全面发展为基础的。

3.团队精神的核心

团队的所有工作成效最终会毋庸置疑地在一个点上得到检验，这就是协作精神。而良好的人际关系则是协作精神的前提，因为良好的人际关系有助于加强团队成员之间的团结，团结是团队赖以生存和发展的重要条件。没有团结，团队就缺乏凝聚力，甚至当成员之间的矛盾和冲突超过一定"度"的时候，团队就会失去凝聚力。为了团队的生存与发展，就必须协调好团队的人际关系。

4.团队精神的境界

在一个组织中，没有个人的自我克制，组织就很难对个人行为进行支配，那么整个组织就难以有协作行为产生，组织活动也难以持久。然而，在日益提倡个性化、讲究个人能力的今天，要使那些几乎在各个方面都相差甚远而且工作独立性又强的人自我克制、相互理解、信任、协作乃至甘当配角，不是一件说到就能做到的事。这需要一种奉献精神，即人们在处理事情时不只是看到自己，而是应从大局出发，在为他人、为社会、为集体的奉献中，在与他人的协作中实现自我价值。从这一角度来看，团队精神的境界就是一种奉献精神，因为它要求团队中的每个人都在自己的岗位上尽心尽力，主动为了整体的和谐而甘当配角，与他人协作，自愿以整体利益为重，甚至为了整体的利益而放弃自己的利益。

5.团队精神的实现方式

沟通是团队协同合作、树立共同目标的必然途径，是形成一个优秀团队不可或缺的重要条件，是团队精神的黏合剂。在现实的管理活动中，沟通比权力更重要，激励成员的积极性，依赖的是良好的沟通而不是权力。因此，团队应该在思想上、精神上充分地把价值目标进行合理、有效的传播和建设，以坦白、开放、沟通作为团队的基本原则来实现团队管理。

6.团队精神的功能

团队建设是实现创新的革命性手段。团队建设特别强调人是组织中最宝贵的财富和资源，它把人的基础职能定位为进行创新和超越。团队建设通过在团队中树立团队精神，从而激励个体从更加勤奋地工作发展到创造性地工作。

团队精神的树立，使组织中的个体在精神上融为一体，让个体以共同的价值观为准则来自觉地监督和调解组织中的日常活动，从本质上营造了民主、自由、开放的氛围，使主体性与个体性得以充分的发挥与展现，从而增强了组织的内聚力、向心力和能动力，为齐心协力实现组织目标创造了有利的前提条件。

（二）团队精神的功能

1. 目标导向功能

团队精神的培养使所有成员齐心协力，拧成一股绳，朝着一个目标努力，对单个成员来说，团队要达到的目标即是自己所努力的方向，团队整体的目标顺势分解成各个小目标，在每个成员身上得到落实。

2. 凝聚功能

任何组织群体都需要一种凝聚力，传统的管理方法是通过组织系统自上而下的行政指令，淡化了个人感情和社会心理等方面的需求，而团队精神则通过对群体意识的培养，利用成员在长期的实践中形成的习惯、信仰、动机、兴趣等文化心理，来沟通人们的思想，引导人们产生共同的使命感、归属感和认同感，反过来逐渐强化团队精神，产生一种强大的凝聚力。

3. 激励功能

团队精神鼓励成员自觉地要求进步，力争与团队中最优秀的成员看齐。通过成员之间正常、有序的竞争可以实现激励功能，这种激励不仅单纯表现为物质奖励，而且还体现为精神激励——荣誉，即得到团队的认可，获得团队中其他成员的尊敬。

4. 控制功能

成员的个体行为需要控制，群体行为需要协调。团队精神所产生的控制功能，是通过团队内部所形成的一种观念的力量、氛围的影响，进而去约束、规范、控制成员的个体行为。这种控制不是自上而下的硬性强制力量，而是由硬性控制转为软性内化控制，由控制成员行为转为控制成员的意识，由节制成员的短期行为转为对其价值观和长期目标的控制。因此，这种控制更为持久且有意义，而且更容易深入人心。

总之，团队精神对任何一个组织来讲都是不可或缺的，否则组织就如同一盘散沙。"一根筷子容易弯，十根筷子折不断"就是团队精神重要性的直观表现，这也是我们所理解的团队精神。

（三）农业科研团队打造团队精神的路径

1. 树立共同的目标和愿景

所谓共同愿景，是指大家共同愿望的景象，最简单的说法是"我们想要创造什么"。共同愿景是人们心中一股令人深受感召的力量。高效团队作为一个相关利益者的共同体，它的愿景是相关利益者的意象的汇合。

农业科研团队建立共同愿景要注意：第一，要有长远的目光；第二，要进行持续、永无止境的工作；第三，要系统思考问题。建立的方法和步骤是：首先，农业科研团队领导要有正确的追求理念；其次，团队通过沟通整合个人愿景；最后进行培训，分享共同愿景。

2. 拥有卓越的领导

一个优秀的农业科研团队少不了一名出色的领导，领导素质的高低很大程度上决定了团队战斗力的强弱。一名优秀的农业科研团队领导者应有以下五点特质：第一，要有个人魅力，有感召力；第二，要有眼光、胸怀和魄力；第三，要有协调能力和凝聚力；第四，要善于倾听，善于决策；第五，要勇于承担。

3. 建立良好的沟通机制

所谓沟通，是指通过使用共同符号传递信息和理解信息。沟通的过程一般包括五个因素：沟通者、信息、媒介、接受者和反馈。

沟通是农业科研团队功能的内在部分，它贯穿于农业科研团队的整个活动中，是使任务在团队中得到完成的过程。人们注重沟通不在于沟通的过程，而在于沟通的效果。所谓"有效的沟通"是指沟通者与接受者有共同了解的结果。只有当接收者能够理解沟通者传递的信息时，沟通才会成功。但在现实生活中，人们往往没有形成有效的沟通，致使问题产生意外的结果，比如一个不经心的玩笑导致人与人之间的争吵，领导的非正式评论被歪曲等。因此，怎样改善沟通，提高沟通的有效性，是当前人们研究的重要课题。

有效的沟通必须遵守以下原则：第一，提供上下级互动的机会；第二，建立正式的沟通渠道；第三，组织业余文化活动；第四，积极、有效地倾听。

4. 创建互信的环境

信任是团队成功的重要因素。信任是合作的开始，也是团队管理的基础。一个成员不能相互信任的团队，是一支没有凝聚力的团队，也是一支没有战斗力的团队，一个高效的农业科研团队必须以信任为前提。信任意味着一种凝聚力的产生，高效的团队，其成员必须学会彼此欣赏、信任，勇于承认自己的错误、弱点，还要乐于认可别人的长处。所谓信任，是对他人言词、能力、行为、承诺的可靠、肯定的期望，相信他人有能力会自觉按自己的意愿做出对自己有利的事情。

由于信任是人们协作的前提，因此对信任的研究注重的不是其本身，而是其形成的过程，也就是怎样才能建立信任。要形成农业科研团队成员之间的相互信任，必须采取以下措施：第一，要遵循公开、公平、公正的原则；第二，充分授权；第三，有效地沟通；第四，不能任人唯亲。

5. 形成适当的激励机制

人是情绪化 de ，在遇到不顺心的事情时往往会表现出消极的态度。如果这些消极的态度得不到正确的引导，那么就会对个人生活和团队工作产生负面影响，这时最有利的一剂良药就是激励。正面激励要注意以下四点：第一，对于人事的安排要遵循"人尽其才，才尽其用"的原则，为团队每一位成员作出最合适的安排；第二，尽可能地去满足成员合理的愿望；第三，物质奖励和精神奖励"两手抓"；第四，建立合理的升迁机制，考虑每位成员的职业发展。

6. 引入良性竞争机制

通过良好的团队竞争可以激发成员的积极性和创造性。竞争能激发一个人无尽的智慧，每一个人都有一种拼搏取胜的愿望，一种展现自我价值的意愿。鲇鱼效应同样适用于农业科研团队，经验丰富的领导者在面对一个毫无活力的团队时，他便会引进一批充满活力、行动积极的新人，以打乱团队中原来已经形成的较为稳定的工作人际关系。由于新人不畏强者，敢于竞争，因而让原来的老成员为了维护自身的利益而不得不解放思想、积极行动，以适应激烈的竞争，从而使团队焕发新的活力与创造力。

竞争与合作是统一、不可分割的，竞争要求合作，而合作促进竞争。为了将良性竞争引入农业科研团队，应从以下三方面做起：第一，打造学习型团队，授人以渔，团队之间相互交流、相互学习、共同提高，实现资源的共享；第二，成员制定自己的目标，超越自我；第三，开展"学、比、赶、帮、超"活动。

第四节　推动创新团队建设

一、制定团队目标

一是要统筹兼顾先进性和可行性，合适的团队目标应是团队成员通过努力能够实现的目标，不能实现的团队目标再美好，也不能成为激励团队成员努力工作的动力。二是团队目标要获得团队成员的认可和支持，如果团队成员认为团队目标有重要意义，与自己的研究兴趣和个人发展目标一致，那么他们的工作积极性就会被调动起来；反之，如果团队成员认为团队目标与自己无关，或者个人发展目标与团队目标相悖，那么他们的工作积极性就会受到抑制，工作效率就会降低。

为了确保团队目标合理，团队负责人要熟悉团队成员的科研能力和科研兴趣；同时在制定团队目标时，鼓励科研人员参与团队目标的制定。此外，根据学科发展制定团队愿景目标和阶段性目标，通过阶段性目标的实现，激励团队成员持续努力。最后，为了发挥团队目标的指引作用，制定的团队目标要相对稳定，这是保证团队稳步发展的基础。团队成员只有围绕研究方向精耕细作、厚积薄发，才有可能获得上级的支持和同行专家的认可，实现团队可持续和高质量的发展。

二、补充团队成员

不同岗位的团队成员需要的能力不同，团队成员的能力要符合岗位要求和团队发展需要。在农业科研团队中，科研骨干需要熟悉本学科领域国际前沿动态，具备完成岗位工作的专业知识和操作技能，能正确把握学科方向，具有创造性地开展科学研究并获得科研突破的潜质。领军人才除了具备上述能力，还需具备较强的领导、协调和组织管理能力，能够充分调动团队成员的工作积极性，增强团队凝聚力和稳定性，促进团队的可持续发展。

补充团队成员时，一是要考虑能岗匹配，能力达不到岗位要求则无法胜任岗位工作，能力远高于岗位要求，则会造成能力浪费，产生消极怠工甚至引起职工不满的问题，只有能岗匹配才能"人适其岗、岗得其人、人尽其才、才尽其用"。二是在满足岗位能力要求的前提下，团队成员的特质应与岗位要求相匹配。特质是每个人独特的、比较稳定的思维习惯和行为风格，一个人在与其特质相一致的岗位上工作，则容易感到满足，也最有可能发挥其才能。补充团队成员时，也要考虑其特质是否适合从事岗位工作。具备吃苦耐劳、心思缜密、善于思考、耐得住寂寞、富有创新精神等特质的人员，容易在科研上获得满足并取得成功。三是团队成员在知识背景、工作能力、年龄结构、职称情况等方面存在异质互补的情况，这样的团队越容易协同攻关，越容易发挥团队优势。团队要及时补充成员，保证团队在未来一定时间内拥有能够实现和发展团队目标的合适数量和质量的人员。

三、制定激励措施

在激励措施中，一是薪酬奖励、职称晋升等生存保障激励是最直接的激励手段，是保障团队发展的首要条件，团队需通过技术服务、成果转化等措施来提高成员的整体薪酬待遇；同时在进行生存保障激励时要兼顾团队发展的需要，除考虑文章、项目、成果等科研指标，还需考虑其公共事务的参与度以及为团队发展作出的其他贡献。二是农业科研单位的生存保障激励由于行业和事业单位工资总额限制等原因而缺乏优势和竞争力；此外，知识型团队成员的需求更复杂，简单的生存保障激励难以满足成员的多样化需求，因此高层次激励也是必不可少的激励措施。

在制定激励措施时，一是短期效益应与长期发展相结合，短期效益只是为了解决发展困境和促进长期发展，团队在任何时候都不能脱离长期发展目标，要始终发展核心研究方向，确保核心研究方向始终保持行业领先地位。二是多元化的评价标准与差异化的激励机制相结合，在充分了解团队成员工作特点的基础上设计多元化的评价标准，在充分了解团队成员最迫切需求的基础上制定差异化的奖励机制，确保大部分团队成员对奖励机制满意并能显著提高工作绩效。三是个人激励与团队激励相结合，合理把握个人激励与团队激励的平衡，在适度竞争的基础上加强团队内部合作，通过激励政策，既要调动核心骨干的工作积极性，又不能影响其他团队人员的工作热情，最终实现"1+1 > 2"的用人效果。

四、打造良好的团队氛围

良好的团队氛围有助于强化团队凝聚力，提升团队工作绩效。为营造良好的团队氛围，一是要营造胸怀祖国、服务三农、潜心研究、甘为人梯的奉献氛围，团队要将关注点集中在科学研究上，从科研工作中获得满足并自觉追求科研奉献精神；二是要营造勇攀高峰、敢为人先、攻坚克难、勇往直前的探索氛围，在把握科研规律的基础上寻求突破，提升团队的原始创新能力和成果转化能力；三是要营造初心不改、矢志不渝、静心笃志、潜心研究的工匠精神，围绕核心研究内容十年磨一剑，为实现原创成果的重大突破而甘坐"冷板凳"。

五、完成农业科技创新团队建设的任务

（一）农业科技创新体制的完善

建设农业科技创新团队需要积极推进组织创新和管理创新，完善农业科技创新体制。根据农业科研单位和行业特点，克服现有管理模式的组织弊端，打破人才归部门和单位所有的壁垒，打破影响创新团队形成和发展的制度壁垒，积极探索和建立有利于学科交叉、融合和汇聚的科研体制，逐步建成以重点学科和学术带头人为核心，有利于凝练学科方向、汇聚人才队伍和构筑学术平台的工作机制

和优势互补、资源共享、联合攻关的创新机制，为组建更多的多学科集成的创新团队和创新群体提供制度保障。

（二）农业科技创新平台的搭建

农业科技创新平台是加强农业科技创新团队建设的基础，国家或部门的重点实验室、研究基地，是进行农业科技创新的重要场所。同时，农业科技管理机构要瞄准国际、国内重大科学前沿问题和热点问题，以国家发展战略为目标，积极开展对三农和国家经济、社会发展具有重要战略意义的研究，密切结合单位的优势学科和新兴交叉学科，以国家和省市级重点学科、重点实验室、研究所（研究中心）为依托，通过进一步整合学科资源，凝练学科方向，优化科技资源配置，确立相对集中的研究方向，搭建高水平的农业科技创新平台，构建在国内领先或特色鲜明的农业科技创新团队。

（三）创新团队领衔人才的培育

一个创新团队首先是一个管理团队。没有一个合格的团队管理者，是不可能有良好业绩和发展前途的。团队领衔人才，即学术带头人，也是团队科研活动的领导者和组织者，肩负着科学研究、队伍建设和促进科研工作发展等重要任务。一个优秀的学术带头人，不仅能带动一个团队的发展，而且对整个科研工作的发展起着至关重要的作用。科研工作能否及时、有效地完成，能否得到高水平的科研成果，在很大程度上取决于学术带头人所具备的素质和能力。要想在竞争中立于不败之地，就要有一个好的学术带头人，从而带动整个创新团队科研实力的提高。优秀的农业科技创新团队学术带头人既要有高深的学术造诣、创新性的构想和战略性的思维，又要有高尚的品德、严谨的治学态度和对三农事业的无限热爱；既要有较强的组织协调能力和团结互助的协作精神，又要有务实、民主的工作作风，公平、公正的处事风格；既要是学科带头人，又要是处世为人的楷模。

（四）创新团队成员结构优化

农业科技创新团队建设离不开合理的学术梯队。首先，有旺盛的实验能力、有较强的成长性的年轻科研梯队，才可以保证群体科研任务的高效率实施和高水平创新。成员不必个个都是学术大师，关键是研究方向一致、志同道合，能够形成知识和智力优势，在整体上形成强势以保持团队结构的稳定性；其次，团队成员应具有合理的年龄梯队，要注重"老中青"的合理搭配，以便更好地发挥团队的"师承作用"，保持团队的创新潜力；最后，团队成员要有合理的学科结构，以实现多学科、跨学科的优势互补和强强联合，从而有利于团队集体优势的发挥。

（五）创新团队人文精神的培植

团队人文精神是团队成员为了团队的利益与目标而相互协作、尽心尽力的意愿与作风，具体表现为以下三个方面：一是团队成员对团队的强烈归属感；二是团队成员间的相互协作；三是团队成员对团队事务的尽心尽力及全方位投入。作为一种价值取向，良好的团队人文精神能够为人才的成长提供和谐的环境和目标动力。特别是在农业行业里，它更是创新团队的灵魂所在，集中体现着团队的组织追求、管理理念及其成员的素质和价值取向，是团队成员个人发展目标与团队愿景的有机结合。另外，还要实现团队人文精神与科学精神的统一，具体体现为科学、严谨的治学态度，求真务实、勇于创新的科学精神，坚韧不拔、顽强拼搏的奋斗精神，不畏艰险、勇攀高峰的探索精神，能吃苦、耐寂寞的意志品质，团结协作、宽容谅解、淡泊名利、谦虚随和的优良品质和强烈的集体荣誉感。

六、创新团队的评价体系的完善

（一）实施农业科技创新团队的分类评价

针对不同性质、不同学科的创新团队实施不同的评价。例如，偏重基础研究的创新团队主要以评价学术创新价值为主，以潜在经济价值为辅，相应的学术创新权重可设得高一些，经济效益的权重可设得低一些；针对偏重应用研究的创新团队；其评价标准是学术与经济评价相结合；相应学术创新的权重和经济效益的权重应基本相当。

（二）实施农业科技创新团队的分层评价

农业科技创新团队中不仅需要学科带头人而且还应具备不同层次的科研骨干和科研辅助人员。这三个层次的人员在科研活动中承担不同的任务。只有他们相互协同，才能取得创新性成果。为保证评价的公正、公平，使每个人各尽所能，必须实施分层、分角色评价。对于科研骨干，他们作为团队中的主力必须具有独到和高超的分析与解决问题的能力、精深的专业知识、较强的沟通能力和合作精神。对于科研辅助人员，他们可能是技术能手，具有一定的知识和实验技能，并具有踏实、认真、任劳任怨的品质及服务意识。

（三）建立科学、合理的激励和约束机制

一方面，需要外界和上级主管部门从整体角度评价、考核农业科技创新团队，强化团队的凝聚力；另一方面，在农业科技创新团队内部，需要团队领导坚持公开、公正、民主、科学的原则，在参考团队成员的自我评价和同事评价的基础上，对优秀者予以奖励。另外，还应改革财富分配方式，提高分配制度的激励效果。除了传统的加薪、奖金和高价值奖品奖励，还应倡导精神类的奖励。

七、完善创新团队过程管理

（一）确立创新团队的发展目标

首先团队建立时应确立其发展目标，比如某一团队是跨学科团队还是单一学科团队，主要从事基础性研究还是应用性研究。其次是定愿景，比如团队是力求发展成为国际一流的团队还是国内一流的团队。再次是定目标，根据团队的性质和发展愿景，确定发展的目标，其中包括长远目标和近期目标。从次是定任务，根据目标确定团队的工作任务，比如应当研究哪些问题，申请什么样的课题等。最后是定人员，根据团队的性质、愿景和发展目标确定团队的主要核心成员，根据具体任务确定流动人员。

（二）实施创新团队的协调管理

在短期内，如果所有人的目标一致，那么其就可以发挥出团队的最大效能。但是在不确定的市场和科技领域，过于刚性的目标不利于团队的可持续发展。为了使团队具有可持续性，团队成员的发展方向也应当有适当的差异性。当"分"与"合"之间保持必要的张力后，团队才能够在内部形成各种适度的随机涨落，并在与环境的互动之中，把握未来发展的机遇。为此，应加强对团队成员的沟通方面的培训和教育。通过确定有吸引力的团队愿景和稳定的研究方向，建立广泛的尊重和信任以及相互关爱的工作氛围，把具有多目标的团队成员的精力持续集中在可实现的成果上，充分发挥团队的整体协同力。

（三）构建学术管理与行政管理相协同的运行机制

建立学科带头人负责制以及责任连带制，扩大学科带头人的资源配置权，明确行政负责人的服务角色，按民主与集中相结合的管理原则，在维护学科带头人权威的基础上，充分调动团队成员参与的积极性和创造性。

（四）营造以人为本、相互关爱的文化氛围

大力提高成员之间的沟通能力，使每个成员向团队及其他成员投入感情，建立广泛的尊重和信任。为此，管理者一方面应建立创新团队内部的积极沟通机制，另一方面要对研究人员进行管理沟通的培训或组织行为科学的培训，帮助科研人员建立正确的沟通理念和主动沟通的意识，提高他们的沟通技巧，缓解创新团队内部冲突，促进信任、理解、尊重以及科学精神在团队中的弘扬，避免学术浮躁，推动科技创新。

第五章　农业科研单位科技创新成果研究

本章主要从农业科技创新激励机制与评价机制、农业科研单位科技成果转化、农业科研单位科技成果管理研究、科技成果转化收益分配中的障碍与制度设计四个方面介绍了农业科研单位科技创新成果研究。

第一节　农业科技创新激励机制与评价机制

一、农业科技创新内部激励机制

农业科研单位是目前我国最重要的农业科技创新主体，预计在未来很长时间都将是我国农业科技基础研究和创新的主体，因此构建农业科研单位内部的激励机制对于推动农业科技创新十分重要。

（一）农业科研单位内部科技创新激励现状

1. 目标激励制度

目标是农林科技工作人员的价值导向，只有拥有明确的科技创新目标，才能为农业科技的创新提供源源不断的动力。目标就像牵着农业科技人员这个风筝的线，它时刻提醒科技人员不能安于现状，而要保持激情、勇于创新，为农业科技的发展发挥个人的价值。[①] 目前，我国农业科研单位主要包括各级农科院、农科所、农业大学等，大多数为国家事业单位，属于财政拨款单位，科技人员在一定程度上缺乏目标，存在人浮于事的情况。甚至有些单位将行政目标作为主要目标，而缺乏科技创新目标。因此，科研单位应在事业单位分类改革的大背景下，结合单位实际制定目标，特别是制度科技创新目标，建立创新目标责任制，将创新目标

---

① 陈啸云. 农业科研单位激励机制探析 [J]. 云南科技管理，2005（4）：31-33.

作为单位各项目标的重中之重，将创新目标管理作为年度考核的重要依据。

2. 人才激励制度

科技创新工作最重要的是人，必须将科技人员的激励作为重点。首先是创造环境、建立吸引人才的激励制度，将国内优秀农业科技人才吸引到农业科研单位工作，特别是吸引优秀大学毕业生到农业科研单位工作，制定详细人才引进政策，尽可能地提供其工作所需的条件和生活待遇，使农业科技人员感受到工作的自豪感、归属感、成就感。其次是创造条件和机会，建立科技人员的培训激励制度，鼓励科技人员再学习和再培训。一方面可以激发科技人员的创新欲望，另一方面也可以提高他们的创新能力。因此，对于农业科研单位而言，应该制定切实可行的人才培养计划，通过各种培训形式，提高他们的专业知识和认识水平，增强农业科技创新能力。

3. 体制机制创新激励

一直以来，由于受人事制度、行政化等因素影响，我国农业科研单位创新体制机制存在较大弊病，一直制约着我国农业科技发展。要提升国家农业科技能力，就必须要不断探索创新体制机制，最大化激发科研单位和科技人员的活力。党中央、国务院高度重视科研机制体制的创新，党的十八大以来，国家出台了大量政策。国务院印发的《关于进一步做好新形势下就业创业工作的意见》提出，对于高校、科研单位等事业单位专业技术人员离岗创业的，经原单位同意，可在3年内保留人事关系，与原单位其他在岗人员同等享有参加职称评聘、岗位等级晋升和社会保险等方面的权利。原单位应当根据专业技术人员创业的实际情况，与其签订或变更聘用合同，明确权利义务。同时，还提出完善科技人员创业股权激励政策，放宽股权奖励、股权出售的企业设立年限和盈利水平限制等优惠政策。这对于破解体制束缚，激励体制内科研人员加大创新创业力度有着重要的意义。

（二）农业科研单位内部科技创新激励完善对策

1. 物质激励和精神激励相结合

（1）加大物质激励力度，调动农业科技人员的积极性

目前，我国农业科研机构科研人员普遍收入不高，物质需求仍然是其主要需求之一，因此，加大物质激励仍然是较为直接有效的激励方式之一。在法律法规允许的条件下，农业科研单位应尽可能地对农业科研人员的科研贡献进行奖励，

使其收入水平与其科研贡献相适应。科研贡献较大的农业科研人员,可以根据其科研项目的转化程度,对其实行项目比例提成或固定高额奖金奖励。同时在实行比例提成奖励时严格把控比例的合理性,防止农业科研人员"一招鲜吃遍天",导致科研创新的停滞。

(2) 注重精神激励

在满足科研人员物质需求的前提下,还需要加强科研人员对本职业的归属感与荣誉感,让科研不仅是枯燥的,也是可以满足科研人员的精神需求的。

2. 加强农业科研单位体制机制创新

在国家科研体制改革和农业科研体制改革的背景和要求下,农业科研单位要不断强化内部改革,要不断创新体制机制,建立符合农业科研规律、符合国家需要、符合时代发展潮流的科研管理机制。一方面改革优化现有用人制度,建立完善的科研人员竞争应聘与流动机制,设立具有创新性的竞争流动岗位,并建立与绩效挂钩的激励机制,以及实行有进有出、选贤举能的人才选拔和使用机制。通过建立激励约束并重的分配制度来调动科技人员的积极性和创造性。创新岗位的设置要求能够科学、有效地筛选出科研能力、思想道德素质全面发展的优秀人才。建立符合创新工作实际情况的人才评价体系和薪酬分配制度。对创新岗位人员一视同仁,不根据职级等因素判断人才,而是综合考虑人才的岗位适配度。建立科学合理的绩效考核体系,把科研业绩作为聘任科技人员的重要指标之一,并根据其工作实际确定相应的奖惩措施。在创新岗位聘任制度上,坚持公开、公平、公正,做到"有岗必评,有才必投,能上能下",使优秀人才脱颖而出。通过严格的考核评价和合理的流动动态管理,建立科研人才的竞争活力。

3. 建立和完善科研创新团队激励制度

科研创新团队是拥有相同志向、科研目标的科研人才,通过团队的鼎力合作,不断发挥创新精神,将个人及团队的科学技术知识运用到实际生活中的优秀创新团体。农业科研创新团队是我国农业科研创新领域不断发展的引领者,因此,建设农业科研创新团队的激励制度对于优化和整合创新人才、发挥整体力量、推动农业科技创新有着重要意义。

(1) 建立科研创新奖励制度,保证科研创新学科领军人物充分发挥其作用

科研创新团队的发展与技术的创新离不开每个科研人员的奋斗,团队的领军人把控着科研创新的方向,时刻关注前沿技术,优秀的领军人还能鼓舞整个团队人员的士气,掌控团队的创新氛围,所以,需要建立完善的科研创新团队带头人

奖励机制，明确带头人的分配职权，保证科研创新的资源得到有效的利用。

（2）关注团队中的每个个体人员

科研创新团队的成长不仅需要团队之间的合作，也需要每个内部成员充分发挥不同个体的创新能力，要完善制度和措施，激发不同知识层次、不同能力的团队成员在不同的岗位上尽可能地发挥其潜力，形成团队的规模最大效益。

（3）要建立竞争激励制度

虽然科研创新团队应保持相对稳定，但其也不是一成不变的，也要保持一定的流动性。要完善科研团队聘用制度，建立合理的人员流动、竞争机制。

4. 创新文化建设

创新文化是科研单位创新工作的灵魂。要建立高效的科技创新激励制度，关键就是要营造一种以科技报国为核心、遵循科学精神、积极向上的文化，形成鼓励创新、勇于创新、不怕失败的环境和氛围。

（1）培养农业科技人员的创新精神

在科技人员中推崇"勇于创新、允许失败"的科技创新理念，要奖励敢于去冒风险进行科技创新的人。要摒弃那些不犯错误，没有失败，但是不积极创新的科技人员。特别是要促使单位科研骨干改变观念，丢掉"面子思想"，不要把科技创新失败当成一种耻辱，要容忍失败、享受失败。

（2）培养科研创新团队的创新精神

科研创新团队的发展既需要团队人员的合作，又需要个人天马行空的想象力和创造力，科研团队应在保证个人个性与发展的同时，加强团队成员之间的羁绊，鼓励个人提出创新想法并提供相应的帮助，整个团队的凝聚力的提升会极大增强科研团队的创新发展能力，加速科研创新目标的实现，达成团队与个人的双赢。

二、农业科技创新评价机制

（一）存在的问题

1. 评价主体存在的问题

（1）评价主体行政化导向过重

长期以来，我国的科技创新评价活动主要由政府来主导，政府始终是评价活动的实质主体，包括科技创新评价的发起、组织、实施等各个环节。然而，随着社会主义市场经济的不断完善，传统行政管理体制使农业科技创新活动始终处于被动状态。农业科技创新的主体结构和科技人员受到多方面的行政制约，直接影响了创新的发展方向和质量。为了适应知识经济时代发展的要求，必须构建新的符合市场经济规律的科技评价体系，其中最重要的就是要确立一个合理且科学的评价主体——农业科技创新主体。

（2）评价主体评价责任转移严重

在我国，社会对农业科技创新的机构和人才的评价主要是依据其对农业科技进步的贡献，对农业科技的创新贡献评估难度较大，单凭社会对农业科研人才或机构的认可无法完全准确地判断创新对农业的影响力，因此，科研机构及人才的奖项激励评定责任转移给了农业科技主管部门和科研单位。

而农业科研机构在评定科技人才的职称和科技奖励时，主要的判断标准是学术期刊和科研项目的数量。论文数量越多，获奖级别越高，单位就会获得更高的职称或更多的奖金。论文被收录后，科研人员就有可能获得相应级别的职称或科研奖。此时，科研机构已将其评价权移交至学术期刊单位和政府部门，以确保其在学术界和政府部门中的权威性和影响力。

此时掌握评审权的政府相关部门需要相关领域的专家给出评定，科研机构及人才的评定权及科研项目的立项权又交给了领域专家。科研人员的评定权的不断转移，不利于责任源头的追溯，同时，紧密相连的评价权转移环节也极容易因小纰漏而造成评价环节整体的失败。

（3）评价机构较为单一

目前的科技创新成果鉴定、组织及监督都是各级科技主管部门来进行的，隶属于同一个系统的部门的评价无法做到完全的公正，科研创新团队及人才的评价常常会由于行政干预或其他因素而搁置，没有既独立于各级科技管理部门又懂得公平、合理、和谐的评价标准的第三方机构的介入。目前参加评审的外部专家，容易受到相关科技主管的部门的影响，作出不公正的评价。部门专家既当选手又当裁判，带有强烈主观性地评价科研人员，常常有极大的偏见。评价机构缺乏有效的监督机制，评审的独立性经常遭受质疑。

2. 评价的程序存在的问题

长期以来，科技创新评价所面临的一个重要难题在于缺乏有效的监管机制。缺乏有效的监督机制，会阻碍科技创新能力的发展，科技成果转化率也会逐步降低。在农业科技查新单位和其他查新单位中，管理机构与监督机构尚存在重合，监管没有独立性，创新项目无法得到公平、公正的评价；另外，科技创新项目中存在着大量的非专家参与的重复申报现象，这导致了许多科技创新项目最终以失败而告终。此外，对于科技成果评定的科学性也缺乏有效的监督。

3. 评价标准和方法存在的问题

（1）不重视过程，只重视科研的转化成果

对于科研创新项目的研究过程的重视程度远不如事后验收，对于创新研究的准备阶段的工作也关注得不够。这样只看结果不看过程的评价标准助长了急功近利的研究风气，不利于农业科技创新的长久发展。

（2）农业科技创新评价体系和方法还不完善

评价指标、评价分类、指标权重的科学性、合理性还有待提高。从目前各级科技奖励评审工作实践来看，所用的评价指标多为一级评价指标，而且其指标多数笼统、模糊，有些指标甚至难以被理解，使评审者难以进行科学、客观的评价，只能根据直觉进行直观判断。

目前广泛应用的文献计量方法采用量化的方式对科研创新进行评价，其忽视了科研项目或论文的思考高度与论文的实际水平，而一味地以刊物级别、发表数量等因素来判断科研创新项目的好坏，由于缺少公平的第三方监管，主观的评价指标权重，无疑加深了科研创新评价系统的不科学性和不客观性。

（3）专家评议制还存在一定缺陷

现有的农业科技评价活动中或多或少存在打招呼、拉关系、找熟人等现象，特别是在一些农业成果鉴定、地方科技奖励等评价活动中，影响了评价工作的客观性与公正性。一方面，我国许多评审专家库入选专家一般采用个人申报和单位推荐相结合的方式，以单位推荐为主，缺少专家民主选举程序；另一方面，省、市等地方评审专家库以当地专家为主，很少选用其他地区的专家，地方性较强，交流性、开放性不足。

（二）构建我国农业科技创新评价机制

1. 完善中国特色的农业科技评价体系

在充分尊重农业科技规律、基本国情的基础上，构建多元化的覆盖宏观、中观及微观三个层次的农业科技评价体系。

（1）完善制度化的农业科技创新评价保障体系

应从农业科技创新评价立法、评价制度建设、评价监督制度、社会公众参与等方面进行完善，保障农业科技创新评价工作。

（2）完善农业科技创新评价多元化组织体系

建立完善的评价体系规则后，各级部门应在公正的监督机构的看管下，明确评价主体，恪尽职守，减少对其他部门的工作干预。政府部门应做好对农业科研创新的方向指导工作，建立合理、科学的农业科技创新评价标准与指标权重，从上层建立合理的评价秩序，并严格把控监管机构的客观公正性，将评价的工作更多地交给社会、交给市场。完善的由上到下的评价体系可以释放各层次部门的专属作用，发挥其各自最专业的能力，促进科技创新评价工作的开展。

（3）完善农业科技创新评价微观层面的操作体系

将完善的评价理论与实践相结合，从操作层面上指导科研创新的评价指标、评价体系、监管机构、评价标准等细节，实现农业科技创新评价的客观、公正。

2. 提高评审机构的独立性

政府应发挥对科研创新评价体系的方向指导作用，营造公正、宽松的科技创新氛围，将科技创新评价的工作更多地交给市场与第三方机构，评价机构在符合评价体系标准与要求的前提下，应被给予更多的独立权。第三方评审机构应能够尽可能多地接触到除机密农业科技以外的科技评估，保证评价系统的公开性；应引入竞争机制，联合科研人员及领域专家建立第三方机构的竞争标准，盘活科技创新评价，才能真正克服行政干预、人为主观性等因素对科技创新评价的不良影响。

3. 完善农业科技创新评价管理制度

政府及相关部门逐渐退出农业科技创新评估具体工作后，应将主要工作放在农业科技创新评价制度、法律法规、监督及宏观引导上。首先是加强相关法律、制度及标准的建设。笔者认为，应按照《关于改进科学技术评估工作的决定》和《科学技术评估办法》等国家相关文件和标准，围绕农业科技创新评价的特点，制定出一整套科学、高效、公平、公正的农业科技创新评价管理制度及操作规范。例如，建立健全农业科技创新评估单位的监督监管制度，健全农业科技创新评价专家信誉制度建设，完善农业科技创新评价相关的申诉制度等。其次，为农业科研人员创造宽松的工作环境。优化农业科技创新评价类型、内容及程序，减少不必要的评价，为科研人员制定合理、规范的晋升和分配制度。

4. 加大农业科技创新评价指标体系研究

科技创新的评价体系及评价方法、指标权重需要根据科技创新项目的实际方向与深度进行综合性的动态变化，协调好定量评价与定性评价的评价比例，减少科技创新自己内部评价的问题。在分析评价的过程中，尽量多结合不同学科的不同特点，不断完善科技创新评价指标体系，从而促进农业科技创新指标体系的不断发展。

同时，农业科技创新评价的目的和对象不同，其评价方法和指标体系也应有所不同，评价方法和指标体系应具有针对性和适宜性。例如，对于农业科研项目立项评价，应将研究基础、科研团队、研究思路作为重要评价指标；对于农业科技创新理论的评价，应在同行评议的基础上，重点考察其科学价值、学术影响；对于农业科技奖励的评价，应重点考察其社会贡献，对农业增产、农民增收、农村经济所作的贡献。

（三）完善农业科技创新评审程序

1. 完善农业科技创新专家评议制度

农业科技创新评价离不开同行评议，要避免主观偏见，就必须尽可能完善专家评议制度，尽量减少单个专家在评价中的影响力。笔者建议，在农业科技创新评价中，一是要打破地域限制，广纳地区外的专家，甚至吸收海外评审专家，尽量减少行政干预和所谓"人情干扰"；二是改变单一的专家推荐制度，逐步建立专家自荐、专家推荐及专家民主选举相结合的制度，并构建网上公示制度，接受社会监督；三是扩大评审专家数量，降低单个专家的影响力与偏执；四是进一步完善专家回避制度，细化回避方案，最大程度地保障评审的公平、公正、公开；五是构建评价专家责任追究体系，对于在科技创新评审活动中违反评审行为准则和相关规定的，给予相应的处罚和处分。

2. 健全评价过程监督体系

目前，《关于改进科学技术评估工作的决定》《科学技术评估办法》《国家科学技术奖励条例实施细则》等都对科技创新评价的监督作了具体规定，但是在具体操作过程中，还需要从以下三个方面进行完善：一是建立评价专家诚信体系，对评价专家非诚信行为进行监督和处理；二是拓展监督举报渠道，应向社会充分公布评价机构及评价的相关信息，便于社会监督；三是完善专家公示制度，提高评价专家的责任感，各类农业科技评价专家库应向社会进行公示，当期科技奖励、成果鉴定等专家团队成员也应及时向社会公示。

第二节　农业科研单位科技成果转化

一、农业科技成果概述

（一）概念

根据农业农村部《农业科技成果鉴定办法（试行）》的有关规定，农业科技成果是指"在农业各个领域内，通过调查、研究、试验、推广应用，所提出的能够推动农业科学技术进步，具有明显的经济效益、社会效益并通过鉴定或为市场机制所证明的物质、方法或方案"[①]。

（二）分类

1. 按照成果的性质分类

根据农业科技成果的性质可将农业科技成果分为基础型研究性成果、应用型研究成果、开发创新性成果。开发创新成果是对应用型研究成果的继承与发展，是在应用型研究成果的基础上作出的改善与创新；而基础型研究性成果是支撑农业科技实践的理论指导，它反映了农业科学领域的事物本质特征和运动规律，为应用型研究成果及开发型创新成果工作的开展铺平了道路。应用型研究成果主要在提高资源的利用率、科学地保护并利用自然环境、改善农业产品质量、防止有害生物等不良因素对农业的侵害、提高劳动单位和土地的产出率等方面发挥主要作用。

2. 按照成果的表现形式分类

根据成果的表现形式，将农业科技成果分为物化技术类有形成果和非物化技术类无形成果两类。物化技术类有形成果就是根据农业科学创新研究理论研究出的具有具体物质形态的研究成果，它是非物化技术类无形成果的技术延伸与实体表现。与之相对的，非物化技术类无形成果偏向于理论指导领域，它是物化技术类有形成果的理论前提，常常以论文、影像、图纸等形式展现。两者相辅相成，非物化技术类无形成果为物化技术类有形成果提供理论指导，而物化技术类有形成果则是非物化技术类无形成果的延伸。

---

① 张博，李思经. 我国农民对农业科技成果信息的需求特点及服务对策[J]. 安徽农业科学，2010，38（9）：4849-4851.

（三）特点

农业科技成果的研究周期较长，它涉及多学科融合的知识，将理论与实践有机结合，凝聚了农业科研创新人员的极高难度的技术。创造出的成果受天气、地区等因素的影响较大。由于农业科技成果一般具有社会公益性，且转化速度慢、转化复杂、效率低，因此一般直接经济效益较低。

二、农业科技成果转化概述

（一）概念

《中华人民共和国促进科技成果转化法》将科技成果转化定义为："为提高生产力水平而对科学研究与技术开发所产生的具有实用价值的科技成果所进行的后续试验、开发、应用、推广直至形成新产品、新工艺、新材料，发展新产业等活动。"[①]

（二）特点

1. 成果转化时间跨度长

农业科技成果的转化时间跨度非常长，与人们生活息息相关的事物的推广往往需要花费更多的时间，至少5—6年，有的甚至十年或十年以上。

2. 成果转化流程烦琐

农业科技成果的转化需要各个层级部门之间的相互合作、良好沟通，层级之间信息的传递需要经历众多繁杂的流程。农业科技成果的转化不仅需要农业科技相关部门的合作，还需要根据科技成果性质积极联合市场分析、市场推广、用户群体画像分析、综合政策等多方面合作部门，是集合多方面因素的流程，也是极为烦琐的过程。

3. 成果转化受外部因素影响

由于各地自然条件差别较大，同一类型的农业技术很难在全国范围内得到大面积推广。将农业科技成果转化为实际应用，需要考虑到农业生产对自然环境的高度敏感性，包括但不限于纬度、地形、植被情况、洋流等因素，而不同地区的农业生产实践活动存在较大差异。除了自然因素，各地区的政策因素、科技发展

---

① 张梅申，王慧军. 农业科技成果转化的长效机制及实例分析 [J]. 农业科技管理，2011，30 (2)：24-28.

水平和农业设施配比也对成果转化的效果有巨大的影响。

4.成果转化受经济价值影响

农业科技成果的经济价值很大程度上决定了项目成果的转化速度,科技成果的经济价值极高时,各部门希望其尽快投入实践应用,提高相关农业的科技生产力,那么科技成果的转化速度就会大幅增长。

5.成果转化效果的不确定性

农业科技成果受外部自然因素和政策因素、实际应用地域条件的影响,转化的效果不能确保与实验室内的一致。在漫长的科技成果转化过程中,这些外部或内部的影响因素可能会发生极大的变化,此时农业科技成果的转化效果也将发生极大的波动。农业科技成果转化效果的波动性是其转化周期长、受外部因素影响大、转化流程烦琐等各方面特点的综合体现。

(三)转化过程

农业科技成果转化过程中,农业科技成果在农业科技系统中经由农业技术科研主体研发成功后,经过或不经过农业科技中介系统流向农业产业系统中的应用者手中,在农业企业或农户的农业生产活动中转化为实体产品。农业科技成果转化的基本过程具体如图 5-2-1 所示。

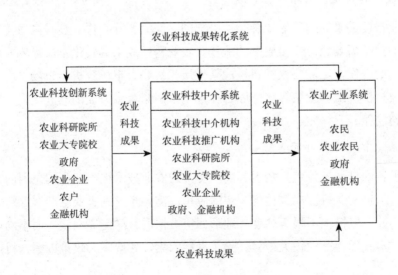

图 5-2-1 农业科技成果转化的基本过程

三、农业科技成果转化的主体概述

（一）主体的概念

在哲学上，"主体"是指对客体具有认识能力和实践能力的人，其具有个人、群体和社会三种形式。在本书中，农业科技成果转化主体是指农业科技成果转化过程中各个阶段的具体实施者。

（二）主体的分类

由于农业科技成果转化过程的复杂性和主体定位的多样性，同一个相关主体可能在转化过程中担任着多重身份，具体的身份选择依赖于主体本身在转化过程中所起到的实际作用。如农业企业，其既可以作为农业科技成果的供给者，也可以作为农业科技成果的需求者。本书为了简化博弈分析，确保主体身份的单一性，结合农业科技成果转化基本过程并在现实中查阅资料和调研所得数据，按照农业科技成果转化过程中相关主体分工和主要作用的不同，将主体分为四大类，即调控者、农业科技成果供给者、农业科技成果需求者和中介组织。在分类中，为了使主体定位适应于博弈模型的分析，将有关主体的多重身份简化为一种身份。具体分类结果如表 5-2-1 所示。

表 5-2-1　农业科技成果转化过程中相关主体的分类

主体分类	代表	分工和作用
调控者	政府	农业科技成果转化过程中的监督者和协调者、政策的制定方，规范转化市场、引导成果转化方向、制定成果转化流程、提供相关优惠措施
成果供给方	科研单位、农业院校、农业部门、农业科技推广中心、农业技术推广部门等	农业科技成果的创造者和提供者，技术创新的源头与主力
成果需求方	农户、农业企业、农业科技园等	农业科技成果的最终需求者，将其应用到农业生产活动中，吸收和消化农业科技成果
中介组织	农业技术市场、农业协会、技术产权交易所、科技风险投资公司等	平衡农业科技成果供需双方的信息不对称，是连接双方的桥梁和纽带，协助供求双方促进转化的完成，政府和市场互补的一个机制

在这里需要特别说明以下两个问题。

第一，在农业科技成果的转化过程中，涉及的利益相关主体主要包括政府代表的调控者、科研单位代表的农业科技成果供应方及农户代表的农业科技成果需求方。其中，政府的行为影响着整个转化过程的进程，而科研事业单位则直接面对农民群体，承担起推广农业科技成果的重要责任。在农业科技成果转化过程中，中介组织的利益需求并不强烈，其主要职责是协调农业科技成果供应方与需求方之间的信息交流，保障需求方合理价格的同时确保供应方科技成果的经济效益，因此不被纳入利益分析、博弈分析和实证分析的范畴。由于农业科研成果转化涉及多个环节，各参与主体的利益目标存在差异，并且各参与主体之间还具有较强的关联性，这使得各利益主体对成果转化率都有着不同程度的影响，农业科技成果在满足公益性的同时也追求成果的经济效益，因此，科研单位作为科技成果的供应方可以作为一个博弈主体。

第二，在中国积极推进市场经济的大背景下，将农业科技成果投入市场，其转化过程的成功实现以最大化相关主体的利益为目标，强调其公益性和经济性的双重特性。另外，由于各地自然条件差别较大，同一类型的农业技术很难在全国范围内得到大面积推广，保障科技成果转化的利益显得更为重要。尽管当前农业科技成果的公益性日益凸显，然而不可否认的是，其经济性也是农业科技成果的一个重要特征。农业科技成果的外部性表现得最为明显，在发挥公益性的公共产品职责的同时也包含经济性的私人产品的特征。目前我国的农业科研体系中存在着诸多问题，尤其是科研成果产业化程度不高，难以真正满足广大农民对科技创新的需求。大力推动农业科技成果与市场经济的有机结合，有助于保障各主体的利益和科技成果的后续发展。

四、农业科技成果转化理论

（一）科技进步理论

在农业科技成果转化方面，科技进步理论将马克思主义思想融入其中，揭示了科技成果与经济发展之间相互依存、相互促进的辩证关系，为科技成果转化的动态发展提供了理论支持。

（二）创新理论

创新理论是企业家等市场人员将农业科技成果进行市场分析、市场调研与推广后进行的利于发挥科技成果经济效益的经济创新活动，创新理论中市场的调控使得农业科技理论走出实验室、迈入实践应用。

（三）创新扩散理论

创新扩散理论主要研究对象是农业科技成果转化过程中出现的不利于科技成果推广的因素。将科技成果转化过程的信息透明化、操作简易化，使技术可操作性提高的同时降低操作风险，提高农业科技成果的市场应用比例，促进农业科技创新能力的发展。

（四）市场需求拉引理论

农业科技成果转化可以在科技成果需求方的需求引导下发展，科技成果的转化也需要追求经济效益，因此，不能忽视市场的需求，农业科技产品的研发要紧跟市场的需求，按照符合市场需求的标准进行农业科学技术的创新、转化和实践应用。

（五）复合动力理论

农业科技成果转化受外部因素影响极大，其发展需要政府部门对科技创新方向的指导和相关发展政策的实施，也需要科研单位的经济和技术方面的不断更新。农业科技成果转化也同样需要市场的适当调控，多方面的动力支持才能促进其转化过程的顺利进行。

第三节　农业科研单位科技成果管理研究

中国农业面临着严峻的挑战，包括粮食、食品和生态安全问题，以及发达国家通过知识产权制度垄断优势技术，限制中国农产品出口的技术障碍。这些问题严重影响着我国的国际竞争力和经济发展速度，也成为制约我国农业现代化进程的重要因素之一。科技创新是解决上述问题的关键所在，只有通过自主知识产权的获取，才能获得真正的解决方案。

我国农业知识产权的主力军是农业科研单位，然而，由于农业知识产权制度的实施时间较短，这些单位的知识产权保护工作仍处于起步阶段，缺乏应对整体战略的能力，因此迫切需要进行全面的战略研究。

一、农业科技成果知识产权保护特点

（一）保护难度大

目前世界各国均将农业技术作为重要的财产纳入法律体系进行管理，但对其具体内涵仍存在不同看法。农业生产涉及自然环境和经济效益，但农业科技成果需要在实际农田中展现，这使得农业科技成果的暴露性很强，易被抄袭和复制。农业科技成果的商业化应用需要通过一定的市场交易机制进行，而农业技术产品的公共特性决定了其易被复制的特点，相关知识产权保护工作的难度更大。同时，由于农业科技自身特点，其成果推广过程中需要投入大量人力、物力，而这些又都可以通过市场进行交换或转让。因此，尽管农业技术的研发和创新所需的成本高昂，但一旦被模仿，其经济收益会大幅度降低。农业科研成果一旦获得专利权后就无法再转让和扩散，与工业集中化生产不同，其科技成果的保护性很低。

（二）成果公益性和社会性强

农业作为一项战略性基础产业，其效益相对较低，直接关系到国家的经济和民生状况。在市场经济条件下，农业科技成果的应用推广也必须遵循市场规律，充分发挥市场机制对农业科技资源合理配置的作用。农业科技成果的服务对象主要是农民，其推广应用涉及国家和公众的利益，具有高度的社会性和政策性，需要得到充分的关注和支持。因此，加强农业科技成果知识产权保护对提高农业科技创新能力、促进我国经济发展意义重大。农业科技成果的知识产权保护需要在维护科技成果权益的同时，兼顾国家和公众的利益，因此在保护范围和程度上需要保持一定的平衡。

（三）知识产权保护专利少、风险大

农业科技成果的推广应用必须有一定的时间间隔，研究范围广泛，成果获取周期长，受到自然环境的干扰较大，可控性较低。此外，农业领域的最新成果和技术必须在户外进行展示和应用，这一过程极易发生扩散和流失，因此，对农业科技成果进行有效的保护是非常必要的。此外，农业科技成果在市场方面的转化和开发所面临的风险极高，需要高度警惕。由于农业是国民经济中相对薄弱的环节，因而其对科研成果的需求与供给之间存在着一定的矛盾。农业科技成果的知识产权保护涉及多个复杂的因素，包括但不限于保密性差、专利数量稀少等。

二、农业知识产权管理的机制措施

（一）将知识产权管理纳入单位管理

知识产权是指对智力成果所享有的专有权利，是一种无形财产。知识产权的有效建立有助于提升科研人员的信心，促进科学技术的创新发展；另外，由于我国现行专利法和商标法对专利、商标的授予条件及权利范围都作了明确的规定，使得许多人对自己的技术成果拥有绝对的排他性。农业科研机构应当积极构建完备的知识产权管理体系，将知识产权纳入科研管理的核心范畴。随着知识经济时代到来，农业科研单位作为知识密集型行业，其发展离不开知识产权的保障，农业发明创造等科技成果在法律上缺乏相应的保护，就会导致其在国际上缺乏通行性和通用性，无法被纳入国际化的知识产权保护领域，也无法参与国际交流和竞争。应在农业科研单位科技管理部门的积极引导和协调下，建立完善的知识产权管理制度，以知识产权管理为导向，对科研规划、重大专项和重点科研项目进行知识产权状况分析和评估，从而提高科研计划立项的质量和目标的准确性，避免低水平重复研究，推动并协助科研人员增强知识产权意识。同时要建立健全相关法律法规体系，加大对农业科研创新活动中知识产权保护和管理力度，促进科研成果向现实生产力转变。进一步完善农业科技计划和农业成果管理等各项管理工作中的知识产权内涵，妥善处理涉及农业科技成果转化的知识产权问题，将知识产权保护和管理提升至卓越地位，以加强农业科研单位的科技知识产权管理水平。

在科研计划的全过程中，必须将知识产权管理融入其中，以确保其得到充分的关注和管理。从立项开始就将知识产权工作列入科研项目管理工作的内容之中，并建立相应的管理制度和办法，确保各项管理工作落到实处。对已完成但尚未结题的项目也应做好跟踪调研工作，防止因查新及后续课题而影响下一次申请课题。

第一，在项目管理中，将知识产权的产出作为重要的考核指标，同时建立有效的激励机制，使科研人员有充分的时间从事高水平科研攻关活动。在项目管理中，根据知识产权进展反馈适时对科研技术进行修正，避免科研工作无效化；同时，要建立与知识产权相关的规章制度，使知识产权管理有章可循。在启动引进技术项目之前，必须对其知识产权法律状况进行全面、综合分析，以确保不会因失效技术而产生额外的费用负担。

第二，要把知识产权管理纳入科技成果管理工作。将知识产权管理纳入科技成果管理体系，提升科技成果的法律内涵和市场外延，在申请成果鉴定和申报成果奖励时，项目完成单位必须提交完整、准确的知识产权报告、查新报告和拟采取的保护措施意见等书面报告，对于产权不清晰以及未能提供切实有效的保护措施的项目一律不予鉴定和推荐报奖。

第三，将知识产权管理融入单位的人力资源管理中，以确保员工的知识产权得到充分保护和维护。根据企业实际情况制定相关管理制度，明确岗位职责。在未完成研究开发项目或未申请知识产权保护前，主要人员需要签署技术保密协议，避免泄露项目所涉及的技术秘密；在职工因退休、离职、辞职等原因离开工作岗位之前，需要对其持有的知识产权做好移交工作；引进人才时，要特别注意其已持有的知识产权，提前做好调查和移交准备，防止造成侵权问题。

（二）规范科研档案管理

根据企业实际情况制定相关管理制度，明确岗位职责，确立一套严谨的科技档案管理制度。科学地整理、保管科技档案资料，对于促进科技进步具有十分重大的意义。所有涉及科学研究全过程的信息载体，包括但不限于书面技术资料、影像资料、计算机软件等，均应被归档于档案室之中。对有价值或需要保密的科技文件材料及声像资料应移交档案馆保管。

为确保科研档案的规范化管理，必须实行集中、统一的管理模式，由专人负责，以确保档案的完整性、准确性、系统性和安全性。同时要加强对科技档案人员的培训和考核工作，使之不断提高管理水平。将科研档案工作纳入科研管理程序，实现建档与科研工作的同步管理。为确保科研档案管理的有效实施，课题组应遵循科研程序和科研文件材料的归档范围，积极推进科研课题文件材料的形成和积累工作，并及时进行整理和移交归档。在进行课题申请成果鉴定之前，需要向档案管理部门递交一份科技成果鉴定申请表。档案管理部门将根据申请表对科研档案进行验收，并与科研管理部门合作对档案的完整性和准确性进行审查，最终提出审查意见。完成申报单位报送的科技成果鉴定申请书后，由项目承担单位根据国家或行业有关规定及相关标准撰写科技成果鉴定报告书。

（三）建立监察审核制度

在科研计划、课题立项及成果管理中，必须确立知识产权保护条款，并对科学研究的全过程进行全面监控，以确保定期检查和报告的有效性。申报科研成果后，还要通过成果鉴定或评审才能正式公布成果。这样一来，管理部门就能做到心中有数，避免因人员流动而导致知识产权流失的风险。科研成果一旦形成后，要认真审查其是否符合国家法律规定和有关技术标准。当出现知识产权归属或转让问题时，单位主管部门应加强监察和管理，由精通知识产权业务的管理人员全程了解和掌握，重点审核合同条款，明确知识产权的归属。通过及时发现问题或提出各种条件，可以有效避免精神和财产的损失，保障利益相关方的权益不受侵犯。

审核非职务智力成果是知识产权管理中的一大挑战，需要特别关注。在以个人名义申请专利或对外转让技术的过程中，必须向单位主管部门进行申报，申请非职务智力成果需要提交的文件主要包括专利申请书、专利审查通知书、非专利技术说明书及附图等材料。为确保非职务智力成果的及时审核，主管部门应及时提出审核意见，并要求单位出具相关证明，以确保不会影响个人申请专利的进程。在审查中发现问题需要处理时，应当进行必要的解释。对于存在争议的事项，主管部门应当进行深入的调查研究和思想工作，对于已授权但未实施的专利，要积极创造条件加以推广使用。对涉及国家安全、社会公共利益及个人隐私等方面的专利申请，必须经主管机关审查批准后才能办理。

（四）建立评估制度

参照国家《国有资产评估管理办法》，建立知识产权的评估制度。凡对知识产权进行拍卖、转让、入股、投资创办中外合资经营企业等，应委托专业的资产评估机构评估，单位也要组织精通评估业务的人员参加，改变随意计价现象，确保计价科学合理。

科研成果的评价方法有四种：鉴定、评审、评估、认定。农业科研成果多采用鉴定和认定两种方法进行评价。实用新技术、新产品一般通过专家鉴定；新品种须先通过省（市）品种审定再进行成果认定；农业领域的发明创造如农机具的发明与改进等可以先申请发明专利，待获得授权后再进行认定。成果评价方法的选择要充分考虑成果特点、应用前景和保护知识产权的需要。

由于科研成果必须具备新颖性，授予专利权和植物新品种权都遵循申请在先的原则，因此在科研项目完成时，要及时对科研成果进行评价，防止因为评价不及时而丧失科研成果的知识产权。对有必要申请专利保护或植物新品种保护的成果要及早办理申请手续。可以采取先申请专利（品种权）后发表论文或进行成果鉴定（品种审定）、产品定型、展览、展销（品种宣传推广）等方式。

（五）运用法律法规保护农业科研成果

知识产权保护最终要依靠知识产权保护制度来实现。目前我国已基本形成了以专利、商标、版权为三大支柱的知识产权保护法律框架，主要有《中华人民共和国专利法》《中华人民共和国商标法》《中华人民共和国著作权法》《中华人民共和国计算机软件保护条例《中华人民共和国反不正当竞争法》和《中华人民共和国植物新品种保护条例》等。农业科研单位应充分利用这些法律法规有效地保护自己的科研成果。

第一，加强对科研成果专利保护的认知和重视。在研究开发时，应重视运用法律武器保护好自己的成果，防止成果流失或被他人所窃取，并通过各种途径获得专利权。对于那些已取得专利权并具有实用价值的成果应积极向国家或地方政府的有关部门申请专利，由主管部门予以确认后才能获得专利授权。农业科技领域可获得专利的成果之一是，对农机具和渔具进行创新和改进，农作物种子的保存方法和贮藏容器、繁殖材料的改良。申请发明专利的加工技术范围涵盖了肥料和饲料新配方、农药和兽药组合物、食品、饮料和调味品等领域；申请发明专利的资格已经授予了新的微生物菌种和产品；农作物栽培方面的新成果可以申请专利权。

第二，保护育种成果。目前，我国已有许多科研单位通过各种方式进行品种权登记并获得品种权，拥有世界上数量最多的优良品种资源，但由于多方面因素影响，对良种认识的不足，导致新品种不能尽快进入产业化发展轨道。新品种育成之后，应立即进行品种权申请手续，确保其合法、有效。在推广新品种的过程中，授权他人生产、经营和销售授权品种，不仅可以加速成果的推广应用，促进农业科技的进步，同时还能有效地防止市场上充斥着伪劣种子和苗木，有利于保护育种单位的合法权益。

第三，种子商标是种子企业在生产经营活动中形成的对其所属产品具有专用标识的文字或图形及其组合，是一种特殊类型的商品标记。通过授权品种注册商标并同时申请种子包装外观设计专利，可有效遏制假冒种子在市场上的传播。

第四，在合作研究、成果开发转让等活动中，必须签署保护知识产权的协议书，以确保科研成果的合法权益得到充分保护，避免知识产权纠纷或流失。对科技成果进行合理分类。根据《中华人民共和国反不正当竞争法》保护企业的商业机密，保护农业科研成果的商业价值。

（六）建立农业知识产权信息系统

只有高质量的科研成果才能使其真正变成现实生产力，而高质量的成果又需要高水平的科研人才和良好的运行机制。因此，在立项前进行查新检索是科学研究的必要前提，必须始终坚持高起点，以确保研究的科学性和可靠性。同时要注意科研成果的创新性和实用性，使之尽快转化成现实生产力，以适应社会需求。为了全面了解国内外的农业知识产权信息，农业科研单位需要开发自己的农业知识产权信息系统，以便收集最新的国内外信息。同时还要注意及时跟踪国际上有关领域的动态与发展，掌握国外先进科研成果及专利文献，以便为我国农业科技事业服务。另外，还要充分利用现代信息技术，如互联网、数据库、多媒体等，积极引进并随时补充国内外最新的农业知识产权、科研技术数据库和相关科技数据库等，广泛收集、加工国内外最新的农业知识产权和农业知识产权相关科技信息资源，致力于打造一个经济价值高、专业和地区特色突出的农业科技、农业知识产权信息库。同时还应根据需要建立一批有影响力的农业知识产权网站和数据库，以最先进的技术手段和最新、最完整的信息资源，为农业科研单位提供高效、优质的农业知识产权和相关科技信息检索、查询、远程联机检索、展示宣传等知识产权信息服务。

（七）树立保护知识产权意识

农业科研成果是一种知识形态产品，其知识产权应当得到法律保护。我国的知识产权保护制度尚未达到成熟阶段，人们对知识产权的认知程度较低，农业科研人员缺乏公平、公正的科技成果竞争意识，无法根据市场情况来评估知识产权的价值。农业科研人员和农业科技管理人员的知识产权意识欠缺，管理理念陈旧，对知识产权保护的认识亟待提升。

要想发挥农业科技产品成果的经济效益，必须提升对农业科研成果的知识产权保护，改变传统的依靠上级拨款的旧观念，树立依靠科技成果产生经济收益的新方向。农业科技单位需要改善的观念有如下几点：第一，确立单位所拥有的无形知识产权的重要性；第二，必须确立职务发明创造归属，自觉维护单位无形资产的新理念，不能把职务发明创造等同于一般的财产所有权或财产权；第三，在加强知识产权保护的同时，需要树立名誉权和经济利益权同等重要的理念，增强发明创造的自我转化力，激发发明创造者的积极性；第四，应该树立一种新的理念，即在为广大农村和农民创造社会效益的过程中，注重提高自身经济利益的回报率，同时也要兼顾单位利益。总之，必须充分认识加强农业科研机构的知识产权保护和运用工作的重要性和必要性。只有在领导层更新观念、提高认识的情况下，知识产权工作才能真正成为农业科技管理工作的核心内容，因此单位主要领导必须转变观念。随着我国经济体制改革不断深化，市场对农业科技成果的需求越来越迫切，知识产权工作必将成为促进科技进步的一个重要方面。在市场经济的背景下，农业院校和科研单位若想在竞争激烈的市场中生存和发展，必须将知识产权的保护和利用作为科技管理的核心。

农业科研创新人员需充分利用已建立起的知识产权信息平台，在科研项目开始研究之前，进行详细的项目方向及知识产权的对比，掌握国内外先进的研究技术和方向选择，避免出现方向重复或产权冲突的情况。有目的地选择科研创新方向，可以节省科研资金，更易于科研成果向实际应用的转化和经济效益的提升，充分发挥农业科技成果在农业经济建设领域的引领作用。

想要科技成果的知识产权管理合理，就要将知识产权相关法律法规、奖励政策在科研人群中普及开来，加强在农业科技科研领域内部的知识产权知识的宣传力度。可采取多种宣传形式与方法，如农业科技学术研讨会、知识产权保护与转让交流会或是就专一方向的知识产权知识召开相应的培训班。只有让知识产权理念在科研人员群体生根发芽，农业科技的成果才能得到良好的保护。为了确保单位管理人员和研发人员的合法权益得到更好的保护，需要有针对性地为他们提供不同层次、不同内容的知识产权普及教育，以帮助他们更好地理解、遵守、运用法律工具。

另外，面对知识产权被侵犯的情况，及时拿起法律武器。农业科研人员积极了解农业科技知识产权知识，防止他人侵犯自己利益的同时，也能避免自己无意侵权。当部分人抵不住利益的诱惑，侵犯科研人员的科技成果产权时，科技人员应勇敢运用法律，给予侵权人应有的惩罚。

（八）引进和培养知识产权管理人才

当前科研单位在知识产权人才培养方面存在着一些问题，需要引起足够的重视，并采取切实可行的措施来解决这些问题。科研单位需要切实落实知识产权相关人才的引进，以加强对农业科技成果的保障，只有对农业科技成果知识产权有足够的重视，加大对知识产权相关领域的资金配比，督促农业研究人员重视产权知识，才能对科技成果有足够的保障。

科研单位的科技成果知识产权相关工作人员对科技成果的知识产权的申报流程已经较为熟悉，但涉及知识产权侵权时则显得力不从心，尤其是在科研成果全球化的今天，科技成果知识产权的全球化促进了技术的出口，在面对技术出口、知识产权侵权时，接受过相关理论与实践教育的专业知识产权人才显得格外重要。为满足农业科技市场国际化的要求，专利相关代理人员也应接受更为国际化的知识产权知识培训，将专利侵权这方面的产权知识薄弱点加以增强，将现在科研单位对科技成果知识产权申报流程熟悉的优点与外部单位交流，将国际科研单位对国际专利产权侵权的优势学为己用，通过双方的互通交流，促进农业科技成果知识产权的全面保护的发展。

根据科技成果知识产权国际化的保护要求，建立完善的知识产权保护体系，善于利用相关法律对知识产权的保护，根据相关知识产权法律与保护要求，建立完整的科技成果知识产权保护制度，加强科研单位知识产权人才的国际化、全球化的知识产权知识掌握能力的提升，注重专利保护、商标注册、商业机密保护等科技成果保护工作。

科技成果知识产权申报与保护过程中，除了科研人员的艰苦付出，也少不了全流程中各个相关部门的管理人员的帮助，因此，除了要重视科研单位知识产权人才的培养，还需要加强对流程管理人员的培养与嘉奖。

科技成果知识产权人才的培养，需要完善的培养流程与制度。完全的培养制度离不开对培训内容的精心挑选，知识产权培训内容应因材施教，根据科研人员的兴趣与特长，选择相对应的知识产权知识内容，在科研人员了解基本流程的前提下，允许他们深耕自己擅长或感兴趣的领域。另外，也要不断探索与创新知识产权的培养模式，将知识产权的学习主体交还给农业科研人员，将知识产权的理论与实践相结合，避免出现重视理论而忽略实践的情况。随着科技成果知识产权的保护工作越来越国际化，科研人员还应掌握信息检索能力，这对于判断科技成果是否构成侵权有重要作用。

第四节　科技成果转化收益分配中的障碍与制度设计

一、农业科技成果转化收益分配中的障碍

（一）农业科技成果转化中主体动机分析

1. 政府

作为农业政策的制定者和利益的协调者，政府有责任确保全社会居民获得最大程度的福利保障。在农业政策的制定过程中，政府通过法律、税收、行政管理、补贴、基础设施建设等多种手段对各利益方进行影响，并制定博弈规则以约束参

与方；同时，政府作为利益协调的监管者，要对参与博弈各方进行监管与引导，公平、公正地对待不同主体的利益需求，确保博弈双方达到最优的平衡状态，社会的整体利益得到充分的保障。为了推动农业科技成果的研究和开发，政府应当大力支持科研单位的发展，并在政策、法律、税收等方面提供优惠倾斜，以激发其动力，推动农业的繁荣；对于企业，政府则要为其创造良好的市场环境，并加强监督与管理，防止垄断经营，维护公平竞争。为了促进农户致富、提高生活水平、实现共同富裕，政府应当积极推广农业科技成果的应用，为农户提供必要的支持和鼓励。政府所追求的行为动机在于将社会效益、经济效益、政治效益和生态效益有机地融合在一起，以达到最佳的整体效益。

2. 科研单位

农业科技成果转化过程中，科研单位的最大动机即追求经济效益最大化，科研单位可就农业科技产品的成本控制、市场发展趋势等方面进行计算并控制自己农业科研产品的经济效益。科研单位应充分利用自己在农业科技成果转化的经济效益，保证过程中的主体地位，专注自己农业科技产品的开发，确保科技成果在经济市场的"垄断"地位。在科技成果受知识产权保护的前提下，根据研发成本与科技成果的专一方向服务性，制定合理的能保证经济效益最大化和后续科研开发的产品售卖价格，为农户提供多样化的产品选择，解决农业科技产品选择余地不多的困难，从而提升自身科研产品的优势，确保经济效益的最大化。科研单位不仅要重视农业科技产品的开发，还需要重视相关产品的市场推广，认真分析科技产品用户的用户画像，充分了解他们的产品需求、个人喜好与价格承受能力，对用户给产品的反馈积极响应，将农业产品的市场推广与后续研发结合起来，只有产品研发和市场反馈互相促进，才能在促进科研单位科技产品研发进步的同时，保障科研单位的经济利益。

3. 农户

农户是农业科技成果的实践应用者，农业科技成果在市场的实际应用离不开农户的生产选择。在农业科技成果转化过程中，农户的经济利益保障处于相对弱势的地位，一方面科研单位制定了农业科技产品的价格，并且农业科研的成本等信息对于农户来说相对不透明，而且政府在农业科技成果转化过程中的扮演的监管监督、政策制定角色，无法根据农户的实践反馈进行实时调整。农户在农业科技成果转化过程中追求的经济效益可以从两方面来体现：第一，农业科技成果可以帮助农户提高农业产品的质量，更好的质量自然对应更高的售价，在产量相同的条件下，农户可获得的经济利益自然更多；第二，农业科技成果可以帮助提高农户农产品的产量，在付出一定人力的条件下，产量的提高也能显著提高农户的收入。

（二）主体之间的利益冲突

农业科技成果转化过程中，政府、科研单位与农户追求的经济利益互相影响、互相促进，转化过程中的每个参与方都存在着一定的利益冲突，供给关系、利益分配的相互影响也错综复杂（图5-4-1）。

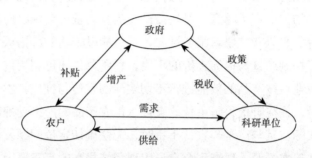

图5-4-1　农业科技成果转化过程中相关主体之间的关系

1. 政府与科研单位

农业科技成果转化过程中，政府是公共利益的代表，而农业科研单位是个体利益的代表。政府在科技成果转化过程中起到制定相关政策、对经济和科研环境进行监管的作用，其目的是保障农业产业的整体利益；农业科研单位追求科技产品经济效益最大化，在追求经济效益最大化的过程中难免损害到其他科技成果转化参与方的利益。政府为实现农民增收、农村发展、农业增收的目标，需要农业科技成果在市场的良好运用，这离不开农业科研单位的积极研发与推广。整个农业科技成果转化过程中，政府与科研单位相互制约，在追求部分共同利益的同时，也有着各自不同的目标。政府需要科研单位的农业科技成果带来的农业产品质量、产量的提升，农产品发展带来的税务收入以及农业产业发展带来的就业率的提升，而科研单位也离不开政府政策的支持和对市场环境的监管与整顿。除了这些对于农业产业发展有利的促进关系，政府与农业科研单位追求的本质利益仍旧不同，科研单位追求科技产品的经济效益最大化，而政府追求整个产业的繁荣发展，在保证一定的经济效益的同时，期望满足整个社会对于农业产品的需求，促进社会整体经济的发展。

2. 科研单位与农户

科研单位作为农业科技成果供给方，农户作为需求方，他们之间的关系相互依存又相互冲突。根据微观经济学理论，当一项产品的需求与供给达到均衡状态时，其均衡产量和均衡价格如图5-4-2所示，E_1和E_2分别表示完全信息下和不完全信息下的均衡状态。在信息相对透明的环境下，农业科技产品的价格与产量明显比信息不透明的环境下的更利于农业产业的发展与整体经济效益的提升。科研单位如果一味地追求农业科技产品的经济效益最大化，而不顾整体社会利益的完善发展，那么就会采取阻断科技产品信息传播的方式。当信息不透明时，科研单位对科技产品的定价更为随意，对科技产品的发售量也会加以控制，完全达到垄断地位，此时农户只能"蒙着眼"过河，很可能以较高的价格买到极少的农业科技产品。除了控制产量与提高售价的手段，科研单位还可利用信息不透明的优势对研发出的农业科技产品的效能进行不切实际的宣传与推广，农户为提升农产品的质量与产量，往往听信科研单位的宣传，但农产品的产出受外部环境因素的影响较大，当实际质量与产量与宣传不符时，无法确切定位问题发生的环节，此时农户往往无法追本溯源，探查到令自己出现经济损失的真正原因，无法切实保障个人的利益。因此，农业科技成果转化过程中农户与科研单位的利益冲突的源头就是信息的不透明。

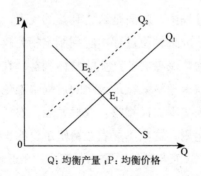

Q：均衡产量 ；P：均衡价格

图 5-4-2　农业科技成果供需平衡状态

3. 政府与农户

农业科技成果转化过程中，信息的不透明会严重损害农户的利益，进而影响农业产业发展，限制社会整体利益的提升。农户为农业产品增产作出重大贡献，政府也应为保护农户的切实利益而制定相关法律法规，对整个农业科技成果转化过程的各个环节进行强有力的监管，为农户提供相应的农业补贴。但农业产品的发展受外部因素的影响较大，各个地域的土壤、降水，农业产业发展情况及人力资源的多少都会影响农业产品实际效益的转化，政府在对农户进行农业补贴时，须因地制宜，根据各地区不同的发展情况提供相应的农业科技产品补贴，这一举措在保障了农户经济效益的同时，也限制了农业补贴对应产品品类的多样性，使得政府对农户的农业科技产品的补贴政策无法照顾到转化环节的方方面面，造成了政府与农户之间一定的利益冲突。因此，政府与农户在农业成果转化过程中的利益冲突主要表现在政府的农业补贴产品的多样性与补贴力度上。

二、农业科技成果转化时主体间利益冲突的原因分析

（一）主体之间的地位不平等

农业科技成果转化过程中，政府是法律法规的制定方，农业科研单位是控制农业科技产品成本与效能的研发方，并且能控制农业产品信息是否透明，而农户作为产品的实践应用方在整个成果转化的过程中，常常遇到科技产品的效能得不到保证、政府补贴政策落实不到位的问题，无法确保其在科技成果的应用过程中的经济利益。在社会整体利益不断发展的同时，农户的个人经济利益与其他两个参与主体的利益常常出现冲突，农户的参与感不强、主体地位得不到明确。

（二）成果方面信息不对称

由博弈论可知，信息对于博弈主体而言非常重要，能否掌握完全的信息关系到博弈参与者是否能够选择正确的策略。信息不充分容易对信息劣势参与者的判断和行为选择造成误导，使其做出的策略选择往往不是最适合自身利益的选择；而信息充分的一方却可以利用所掌握的信息做出最佳的策略选择，使博弈结果的最终收益更多地倾向于己方。农业科技成果转化过程中，科研单位对科技产品的信息有充足的掌握，无论是农业产品研发成本，还是产品的真实效能，科研单位都在产品实际研发过程中有充分的控制。为追求经济效益最大化，科研单位在进行农业科技产品的宣传与推广工作时，可能利用信息的不透明，将价格高、效能低的产品出售给农户，并且在农户追究责任时推诿责任。在科研立项与资金申请时，科研单位也可能利用信息的不透明夸大科研难度，损害国家的经济利益。

（三）法律法规及政策方面不健全

政府制定的农业相关法律法规的实用性和具象化不强，造成在农业科技成果

转化过程中对农户利益的保障和对农业科研单位的监管工作的实施困难。农业科技成果转化的过程中，涉及农业科技产品的推广与应用、农业知识的普及与教育、个人利益与社会整体利益的协调等，政府制定的农业相关规章制度应落地性强，在保证制度的引导作用的前提下，完善法律法规的结构与内容，切实保障社会整体利益不受损害。

（四）不平衡的利益分配机制

农业科技成果转化过程中各个参与方获得的经济收益差别明显。农户接受政府与科研单位的宣传而选择农业科技产品后，经过长时间的实践应用所获得的经济效益依旧颇低，农户在购买农业科技产品时往往已经付出了极大的成本，尽管农业产品的产量和质量得到提升，但对于农户的总体收益来说依旧杯水车薪，更何况农业产品实际效能的发挥极为不稳定。而作为发挥监管作用的政府，在农业科技成果转化过程中可以获得科研单位的大量税收，还能促进整个农业产业的发展，提升政治收益。科研单位在控制产品流程信息的优势下，可以极大地提升自己的经济收益。

三、农业科技成果转化的制度设计

（一）加大资金投入力度

政府只有增加对农业科研单位和农户科技产品使用补贴的资金投入，才能在农业科技成果转化的整体博弈中取得理想的成绩。农业科技成果受外部因素影响大，被剽窃的可能性高，因此，科研单位需要资金的支持。农户的经济收益总体不高、抗风险能力差，接受新鲜事物需要一定的时间，因此，要想农户接受农业科技成果就需要政府的大力宣传与推广，使用科技成果需要政府的大力补贴。农业科技成果转化过程中的各个环节与参与主体的需求，无不体现了政府加大资金投入力度对农业发展的重要性。加大农业科技成果转化资金的投入力度，对于农业科技成果的成功转化具有巨大的推动力。[①]

（二）建立农业科技成果供需协调机制

从前面的主体分析和博弈分析中可以看出：我国的农业科技成果绝大部分

---

① 刘霞，王生林. 甘肃省典型贫困县农业科技贡献率的测算与分析 [J]. 云南农业大学学报 (社会科学版)，2013，7 (5)：32-36.

是以政府立项为起点，并不是来自最终需求者即农户的实际要求。从微观经济学的观点来看，形成一件产品良好的需求与供给循环遵循着下列过程，如图 5-4-3 所示。

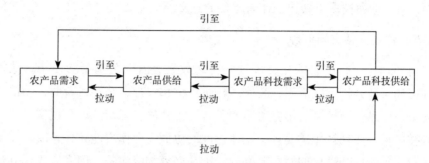

图 5-4-3　农业科技成果转化因果与动力过程

农户对于农产品的需求决定了农产品的供给方向，这是农业科技发展的基础，农业科技的发展需求为农产品的供给平衡、农户的农产品需求的满足提供动力，科研单位与农户之间相互促进，为满足各自的需求而相互影响。我国目前的农业科技转化工作流程固化，从政府的农业科技产品立项出发，不注重农业市场的调控作用，不能真正满足农业科技产品使用者即农户的需求，也不利于农业科技研发的发展。为满足农户这一产品转化主体的需求，政府应坚持以市场为导向，协调市场需求，促进农产品的有效利用与创新研发，避免固化的规划。

（三）拓宽农业科技成果来源和应用渠道

农业科技成功转化过程中，科技成果的来源与应用渠道常常被政府机构的农业科研单位掌控，农业科研单位与产品使用者（农户）和农业企业的联系不够直接，无法真正发挥农业科技产品的效能。应建立真正与产品使用方紧密连接的农业产品提供单位，如农业企业、农民合作团体等，减小科研产品与农户之间的距离。与农户联系更紧密的农业科技产品提供方，可以切实考虑农户的实际需求，满足农户对农业产品的质量与产量的期望，在相互促进的作用下，企业也可以增加农业科技产品转化的经济效益，从而更好地创新研发农业科技产品。同时，农业企业等单位也是农业科技产品的使用者，这种利益的互通可以极大地满足农业科技成果转化过程中各个参与主体的不同需求，促进农业产业的繁荣发展。

（四）提高农业技术人员和农户的科技素质

农业科技成果的成功转化，对转化过程参与主体的农业知识、技能的掌握有很高的要求。西奥多·舒尔茨（Theodore W. Schultz）研究表明：推动农业产量增长的主要因素已不是土地、劳动力或资本存量的增加，而是参与者科学技能与知识水平的提高。提升农户的农业知识掌握能力，加强农业相关技术人员的技能培训，对农业科技成果转化工作有重要的意义。

（五）建立信息交流平台

在博弈理论中，信息的充分程度和传递效果有着至关重要的作用。从以上博弈分析和实证分析可以看出，政府、科研单位和农户之间存在着明显的信息不对称现象，信息传导机制的不完善阻碍了各个主体的相互交流。在现实中，一项农业科技成果的成功转化需要各个主体之间的协调、合作方能完成，缺乏交流互动机制对成果的成功转化明显是不利的，因此必须加以完善。国家应当建立信息交流平台，此平台应囊括转化过程中的所有主体，使各个主体掌握的信息在相互之间可以充分地流动，消除信息不对称的现象，从而避免道德风险和逆向选择的发生。

（六）建立与完善农业科技成果转化制度

政策的不完善及转化过程的复杂性阻碍了转化的成功进行。改革开放以后，我国为了大力促进农业科技的发展，制定了一系列相关的法律法规，但仔细研究可以发现，这类法律法规多是整体的部署，缺乏与之配套的具体的、可操作的规范。再者，我国农业科技成果转化过程复杂，一项成果的产出和认定要经过层层考核和审批。因此，加快完善农业科技成果转化制度，简化转化过程，为农业科技创新创造一个良好的外部政策环境，能够有效地促进农业科技成果转化。

参考文献

[1] 樊胜根，钱克明. 农业科研与贫困 [M]. 北京：中国农业出版社，2005.

[2] 中国农业科技管理研究会，农业农村部科技发展中心. 全国农业科研机构年度工作报告 2020[M]. 北京：中国农业科学技术出版社，2021.

[3] 杨晓蓉，王剑，常蕊，等. 农业科研信息化发展态势与启示 [M]. 北京：电子工业出版社，2021.

[4] 中国农业科技管理研究会，农业农村部科技发展中心. 全国农业科研机构年度工作报告 2019 年度 [M]. 北京：中国农业科学技术出版社，2021.

[5] 黄杰，左强，赵秋菊. 农业科研院所农业科技综合服务试验站建设理论与实践 [M]. 北京：中国农业科学技术出版社，2021.

[6] 黄杰，陈香玉，赵秋菊. 农业科研院所科技推广服务的理论与实践：以北京市农林科学院为例 [M]. 北京：中国农业科学技术出版社，2021.

[7] 李晨英，赵勇，师丽娟. 全球视角下农业学科发展研究 [M]. 北京：中国农业大学出版社，2019.

[8] 贾敬敦，卢兵友. 农业科技创新方法研究 [M]. 北京：中国科学技术出版社，2013.

[9] 左停，旷宗仁，高晓巍. 中国农业科技创新发展研究 [M]. 北京：中国农业大学出版社，2015.

[10] 徐先捍. 贵州农业科技创新与实践 [M]. 贵阳：贵州大学出版社，2018.

[11] 沈雪明，范治荣. 农业科研事业单位劳务派遣用工管理激励机制探析 [J]. 农业科研经济管理，2023（1）：39-42.

[12] 瞿阳，姚远方. 科研事业单位科技人才培养和激励机制初探：以北京农业信息技术研究中心为例 [J]. 中国科技人才，2021（2）：58-63.

[13] 巴桑普赤. 浅析新时期农业科研管理存在的问题及对策 [J]. 西藏农业科技，2020，42（3）：88-90.

[14] 王晓燕，石淑萍，王军，等. 新时期基层农业科研管理人员的素质提升 [J]. 辽宁农业科学，2020（1）：79-80.

[15] 刘友梅，樊军，杨立军．新时期农业科研管理存在的问题及对策 [J]．湖北农业科学，2019，58（S2）：460-462．

[16] 宋斌，刘伟，李扬，等．加强农业科研管理创新，助力乡村振兴 [J]．天津农林科技，2019（4）：32-33；36．

[17] 何晓莹，吴郁青，夏白梅，等．农业科研管理中廉政风险防控现状及对策 [J]．安徽农学通报，2019，25（4）：159-160．

[18] 胡明慧．浅谈新时期农业科研管理人员应具备的素质与能力 [J]．山西农经，2018（22）：123．

[19] 卢劲梅，林国容，陈玉水．新时期农业科研管理创新发展的思考 [J]．福建热作科技，2018，43（1）：67-70．

[20] 李飞．农业科研院所科研管理信息化现状及措施 [J]．通讯世界，2017（5）：268-269．

[21] 吴成诚．地方科研院所参与农业科技推广的模式构建与绩效分析 [D]．武汉：华中农业大学，2021．

[22] 刘俊睿．涉农企业和科研机构参与农业科技园区价值共创研究 [D]．泰安：山东农业大学，2021．

[23] 周舒敏．地方农业科研机构科技服务质量提升研究 [D]．南宁：广西大学，2021

[24] 胡唯一．贵州省农业科学院科研人员激励机制优化研究 [D]．贵阳：贵州大学，2021．

[25] 王静静．河南省农业科研投资的农业全要素生产率增长研究 [D]．郑州：河南农业大学，2020．

[26] 丁璐扬．农业科研机构科技资源错配及影响因素研究 [D]．桂林：桂林理工大学，2020．

[27] 程运安．农业高校持续创新的科研组织模式研究 [D]．南京：南京农业大学，2013．

[28] 刘爱兰．农业院校科研管理综合评价研究 [D]．哈尔滨：东北农业大学，2012．

[29] 穆仁．地方农业高校科研工作问题研究 [D]．呼和浩特：内蒙古农业大学，2009．

[30] 张丽玲．石家庄市农林科学研究院科研管理信息化现状及发展对策 [D]．北京：中国农业科学院，2011．